Dispersionen synthetischer Hochpolymerer

Teil I

Chemie, Physik und Technologie der Kunststoffe
in Einzeldarstellungen
Herausgegeben von K. A. Wolf

13

Dispersionen synthetischer Hochpolymerer

Teil I
Eigenschaften, Herstellung und Prüfung

Von

Friedrich Hölscher

Mit 39 Abbildungen

Springer-Verlag Berlin Heidelberg GmbH 1969

Ursprünglich erschienen bei Springer-Verlag Berlin Heidelberg New York 1969.
Softcover reprint of the hardcover 1st edition 1969

Library of Congress Catalog Card Number 68-55 619.

ISBN978-3-662-39270-6 ISBN 978-3-662-40298-6 (eBook)
DOI 10.1007/978-3-662-40298-6

Titel-Nr. 4313

Vorwort

Der vorliegende Teil 1 des Buches über die wäßrigen Dispersionen synthetischer Hochpolymerer handelt über ihre allgemeinen Eigenschaften, die Herstellung der technisch wichtigen Dispersionen und die Prüfung ihrer allgemeinen Eigenschaften. Er soll den an Kunststoffdispersionen interessierten Chemikern, Chemieingenieuren und Chemiestudierenden einen allgemeinen Überblick geben über die Kolloidchemie und die Kolloidphysik der wäßrigen Dispersionen der synthetischen Hochpolymeren, über die für ihre Herstellung, Handhabung und Prüfung erforderlichen Maßnahmen und Einrichtungen verfahrenstechnischer und sicherheitstechnischer einschließlich gewerbehygienischer Art. Er soll ferner einen Einblick vermitteln in die Abhängigkeiten des Prozeßverlaufs und der Eigenschaften dieser Kolloidsysteme von Stoffen und Kräften. Er soll überdies für diese Kolloidsysteme aus dispergierten Molekülpopulationen, die in ihrer Empfindlichkeit gegen „Umweltseinflüsse" manchen biochemischen Kolloidsystemen nahestehen, auf viele bisher noch unerklärte Stoff- und Kräfteeinflüsse aufmerksam machen, die bei den im Teil 2 des Buches für die wäßrigen Dispersionen synthetischer Hochpolymerer näher beschriebenen anwendungstechnischen Möglichkeiten besondere Beachtung fordert.

Die in der Fachliteratur des Inlandes oder des Auslandes wechselnd bevorzugten traditionsgebundenen Bezeichnungen „Kunststoffdispersion", „Latex", "polymer dispersion" und selbst "polymer emulsion" werden sinnverwandt stellvertretend gesetzt.

Die im Text angeführte Buch-, Zeitschriften- und Patentliteratur ist am Ende des Bandes zusammengestellt. Die in Klammern angeführte Jahreszahl nach Patent- oder Auslegeschriften gibt das Jahr der Anmeldung.

Zu Dank bin ich verpflichtet der Badischen Anilin- & Soda-Fabrik AG, Ludwigshafen am Rhein für die Freigabe des Buches zur Veröffentlichung, Herrn Professor Dr. K. A. Wolf für die Anregung zur Abfassung und Gestaltung dieses Beitrags, Herrn Professor Dr. Gerhard Kanig für die Überarbeitung des Abschnitts über Glasübergangstemperaturen (1.4.3.1), Herrn Dr. Joachim Stabenow für die Überarbeitung des Abschnitts über elektronenmikroskopische Methoden (3.8.2), Herrn Dr. Bernd Stanger für die mühevolle Vorbereitung der Drucklegung und den Herren Dr. Manfred Gellrich, Dr. Gerd Schröder und Dr. Bernd Stanger für die Durchsicht der Korrekturen. Dem Springer-Verlag sage ich besonderen Dank für die verständnisvolle Zusammenarbeit und für die Mühewaltung um eine gute Ausstattung des Buches.

Ludwigshafen am Rhein, Oktober 1968

Der Verfasser

Inhaltsverzeichnis

Zur Geschichte

Das Vorbild für Herstellung und Anwendung der synthetischen Hochpolymerdispersionen ist der Naturkautschuk-Latex. Im Hinblick auf den ansteigenden Bedarf suchten Chemiker bereits vor 1910 nach Möglichkeiten für einen Synthesekautschuk-Latex.

Im Jahre 1912 beschrieben F. HOFMANN (Fa. Bayer, Elberfeld) u. Mitarb. [*1*] ein Verfahren für die Polymerisation der Diolefine in wässriger Emulsion. Zwei Jahre darauf beschrieben A. HOLT und G. STEIMMIG (Fa. Badische Anilin- u. Soda-Fabrik [*2*]) die technisch wichtige Reaktionslenkung und Beeinflussung der Polymerisateigenschaften durch Anwendung der Reglersubstanzen.

Durch die Grundlagenforschung über Struktur und Molekülgröße der Hochpolymere, im besonderen durch das seit 1920 begonnene grundlegende Studium der Hochpolymerenstruktur und ihre Deutung durch klassische Valenzformeln (H. STAUDINGER [*3*] und W. H. CAROTHERS [*4*]), wurde die Forschung über Kautschuksyntheseverfahren stark gefördert. So wurden im Rahmen der I.G.-Farbenindustrie AG (Werk Leverkusen) ab 1926 von W. BOCK, E. KONRAD und E. TSCHUNKUR u. Mitarb. [*5, 6, 7*] in rascher Entwicklung die wirtschaftlich und technisch wichtigen Verfahren der Emulsionspolymerisation des Butadiens geschaffen. Entscheidend hierfür war die Erfindung synthetischer Emulgiermittel [*5*] und neuer Polymerisationsbeschleuniger [*5*]. Ein wirtschaftlich entscheidender Fortschritt war die Einführung der Emulsionspolymerisation der Mischungen aus Butadien mit Styrol, Acrylnitril oder Methylmethacrylat [*6, 7*]. Die großtechnisch im Bunawerk Schkopau der I.G.-Farbenindustrie AG nach der Emulsionspolymerisation hergestellten „Buchstaben"-Buna-Marken Buna S und Buna SS (Styrolcopolymere), Buna N und Buna NN bzw. später Perbunan und Perbunan extra genannt (Acrylnitrilcopolymere) sowie Buna M (Methylmethacrylatcopolymere) gelangten seit 1936 in den Handel.

Einen Überblick über die Entwicklung der wässrigen Hochpolymerlatices in Deutschland geben E. KONRAD und W. BECKER [*8*], W. KERN [*9*] und H. FIKENTSCHER [*10*]. Über die Entwicklung der Emulsionspolymerisation der Diolefine in den USA berichteten H. W. STARKWEATHER u. Mitarb. [*11*]. Eine historisch gerechte Darlegung der Folge der Erfindungen und der technischen Entwicklungen auf diesem Gebiet ist dadurch erschwert, daß die Erfindungen, Erfahrungen und Verfahren, die weit überwiegend von der chemischen Industrie der im ersten Viertel des 20. Jahrhunderts führenden Industrieländer erarbeitet wurden, von den im Wettbewerb stehenden Unternehmungen als Betriebsgeheimnisse zu schützen waren und nur in eingeschränktem Umfang öffentlich bekannt wurden.

1 Eigenschaften

1.1 Definitionen

Für die zu beschreibenden wässrigen kolloiddispersen Systeme besteht z. Z. weder eine strenge Systematik noch eine international einheitliche Terminologie. Im Sprachgebrauch des In- und Auslandes werden vielfach synonym verwendet: Dispersion – Emulsion – Latex.

Die hiermit bezeichneten kolloiddispersen Systeme der Kolloiddispersionen sind nach physikochemischer Betrachtungsweise im wesentlichen Zweistoffsysteme. Ihre Komponenten scheinen bei oberflächlicher Betrachtung eine einzige Phase zu bilden. In Wirklichkeit sind sie jedoch nicht molekular miteinander gemischt, wie dies bei Gasgemischen, Lösungen oder Mischkristallen der Fall ist.

Die Bezeichnungen der Kolloiddispersionen richten sich zweckmäßig nach den Aggregatzuständen der beteiligten Komponenten, wobei das Verteilungsmittel (Wasser, wässrige Lösungen) als Dispersionsmittel oder Dispersionsmedium (auch kontinuierliche, externe oder äußere Phase) und die darin verteilte Phase als disperse Phase (auch diskrete, diskontinuierliche, interne oder innere Phase) bezeichnet wird. Ist das Dispersionsmittel bei Raumtemperatur eine Flüssigkeit, so nennt man das System ein Sol. Ist die Flüssigkeit Wasser, so spricht man von einem Hydrosol-System (vgl. Tabelle 1).

Tabelle 1. *Bezeichnung der Kolloiddispersionen*

Dispersionsmittel	Disperse Phase	Bezeichnung der Kolloiddispersion
Gas	Gas	molekulare Mischung (Luft)
Gas	Flüssigkeit	Aerosol (Nebel, Wolken)
Gas	Festkörper	Aerosol (Rauch, Staub)
Flüssigkeit	Gas	Schaum
Flüssigkeit	Flüssigkeit	Sol, Kolloidemulsion (Milch)
Flüssigkeit	Festkörper	Sol, Kolloiddispersion (Naturlatex) und Kolloidsuspension (Tonschlamm)
Festkörper	Gas	kolloiddisperse Festkörpereinschlüsse
Festkörper	Flüssigkeit	kolloiddisperse Festkörpereinschlüsse
Festkörper	Festkörper	kolloiddispers erstarrte Eutektika

Hiernach sind zu unterscheiden:

Emulsionen: kolloiddisperse Sole, deren Komponenten aus praktisch nicht miteinander mischbaren Stoffen bestehen, die bei Raumtemperatur Flüssigkeiten sind;

Dispersionen: kolloiddisperse Sole, deren Komponenten aus einem bei Raumtemperatur als Festkörper zu bezeichnenden Stoff und einem bei Raumtemperatur als Flüssigkeit vorliegenden Stoff bestehen.

Für die hier zu beschreibenden wässrigen kolloiddispersen Systeme läßt sich daher definieren:

Synthetische, wässrige Hochpolymerlatices oder Kunststoffdispersionen sind Kolloiddispersionen hochpolymerer Stoffe in einem im wesentlichen wässrigen Medium.

Der Begriff wässrige Polymerlatices oder wässrige Kunststoffdispersionen grenzt diese Systeme gegenüber den technisch wichtigen Plastisolen ab, d. h. Hochpolymerdispersionen, bei denen die Flüssigkeitsphase im wesentlichen ein flüssiger Weichmacher ist, der im Verlauf der Anwendungstechnik bei erhöhter Temperatur vom Hochpolymeren bleibend absorbiert wird.

Der Begriff Emulsion wurde und wird herkömmlicherweise auf kolloiddisperse Hochpolymersysteme unzutreffend angewendet, auch wenn das bei der Herstellung des Systems angewendete Verfahren unter den gewählten Verfahrensbedingungen zunächst eine Emulsion ergibt, z. B. durch Emulgieren geschmolzener Wachse oder Harze oder wasserunlöslicher polymerisierbarer Flüssigkeiten in wässrigen Dispersionsmitteln, wenn der dispergierte Stoff (Wachs, Harz, Polymer) im Enderzeugnis bei Raumtemperatur als dispergierter Festkörper vorliegt, z. B. Glanzmittel-„Emulsionen" für Polymerdispersionen, emulsion paints für Polymerdispersionen als Anstrichbindemittel u. a.

Der ursprünglich von Botanikern geprägte Begriff Latex als Bezeichnung für den Milchsaft aus Kautschuk liefernden Pflanzen wird in neuerer Zeit und in Bedeutungserweiterung zunehmend für die Bezeichnung der kolloid-physikalisch und technologisch nahestehenden Hochpolymer- oder Kunststoffdispersionen angewendet.

1.2 Klassifizierung

Hochpolymerlatices oder Kunststoffdispersionen sind in großer, ständig wachsender Anzahl bekannt. Sie sind oft wissenschaftlich und technologisch eingehend untersucht und in stark steigendem Umfang Handelsprodukte und wichtige Rohstoffe oder Hilfsmittel für eine Vielzahl der Verarbeitungsindustrien geworden. Sie lassen sich nach verschiedenartigen Merkmalen klassifizieren:

A nach der Entstehungsart:
Natur(kautschuk)latices als natürliche Stoffwechselprodukte verschiedener Pflanzenarten, z. B. Naturkautschuk-, Guttapercha-, Balatalatices und Syntheselatices oder Kunststoffdispersionen als Produkte

(a) einer Emulsionspolymerisation entsprechender Monomerer oder Monomerenmischungen (Primärlatices, synthetic latices), z. B. Polyvinylacetat-, Polyacrylatdispersionen

(b) des Dispergierens von Hochpolymeren in wässrigen Medien (Sekundärlatices, artificial latices), z. B. Butylkautschuklatices

(c) der chemischen oder physikalischen Veränderung des dispergierten Hochpolymers in der Latexform (modifizierte Latices) durch

(c1) Aufpfropfen von Monomeren auf das dispergierte Hochpolymere (Propfpolymerisatlatices, grafted polymer latices), z. B. ABS-Kautschuklatex

(c2) Vorvulkanisieren des dispergierten Hochpolymers (vorvulkanisierte Latices)
(c3) Oxydieren, Halogenieren, Dehydrohalogenieren, Methylolieren und andere chemische Umsetzungen, z. B. Chlorkautschuklatices (z. B. vernetzte Latices)
(c4) Isomerisieren und Zyklisieren.
B nach der physikalischen Natur des Dispersionsmediums und der dispersen Phase:
(B1) O-W-Dispersionen: Sie enthalten eine innere öllösliche oder organische Phase (O) dispergiert in einer äußeren wässrigen Phase (W), z. B. Polyvinylacetat- oder Polyacrylatdispersionen
(B2) W-O-Dispersionen: Sie enthalten eine innere wasserlösliche Phase (W) dispergiert in einer äußeren öllöslichen oder organischen Phase (O)
C nach dem Fließverhalten oder der Viskosität:
nieder-, mittel- und hochviskose sowie thixotrope und rheopexe Dispersionen
D nach der Dispergiermittelnatur:
(D1) „Seifendispersionen": Sie enthalten als Dispergiermittel mizellbildende, natürliche oder synthetische, seifenähnlich wirkende oberflächenaktive Verbindungen (Tenside)
(D2) „Schutzkolloiddispersionen": Sie enthalten als Dispergiermittel (nichtmizellbildende) natürliche oder synthetische hochpolymere Schutzkolloide
E nach dem Dispersitätsgrad des dispergierten Hochpolymers
fein-, grob- oder gemischtdisperse Dispersionen mit statistisch breiter (polydispers) oder enger (monodispers) Teilchengrößenverteilung
F nach der Natur der elektrischen Ladung der dispergierten Teilchen
(F1) anionaktive Dispersionen mit negativer Teilchenladung
(F2) kationaktive Dispersionen mit positiver Teilchenladung
(F3) nichtionogene Dispersionen mit im wesentlichen neutralen Teilchen
G nach den mechanischen Eigenschaften des dispergierten Hochpolymers
(G1) Elastomerdispersionen, z. B. Kautschuklatex (rubber latex)
(G2) Plastomerdispersionen, z. B. Polyvinylacetat-, Polyacrylatdispersionen
H nach der chemischen Natur des dispergierten Hochpolymeren
(H1) nach der Anzahl der verschiedenen chemischen Grundeinheiten:
Homopolymerdispersionen; Sie enthalten ein Hochpolymeres dispergiert, z. B. Polystryol
Copolymerdispersionen: Sie enthalten ein Copolymer dispergiert, z. B. ein Styrol-Butadien-Copolymer, Terpolymerdispersionen
(H2) nach der chemischen Natur der Grundeinheiten, z. B. Polyvinylacetat-, Polyacrylat-, Polyvinylchloriddispersionen
(H3) nach der Raumanordnung der Grundeinheiten, z. B. Vinylchlorid-Vinylacetat-Blockcopolymerdispersionen
I nach Warenzeichen (Schutzmarken), z. B.
Acronal-Dispersionen, Badische Anilin- u. Soda-Fabrik AG
Butakon-Latices, Imperial Chemical Industries (UK)
Geon-Latices, The B. F. Goodrich Comp. (USA)
Mowilith-Dispersionen, Farbwerke Hoechst AG
Rhoplex-Latices, Rohm & Haas Comp. (USA)
oder Handelsnamen, z. B.
Dow-Latices, Dow Chemical Comp. (USA)

1.3 Allgemeine Eigenschaften

1.3.1 Teilchengestalt, Teilchengröße und Teilchengrößenverteilung des dispergierten Hochpolymeren

Die dispergierten Polymerteilchen nehmen unter der Wirkung der Grenzflächenspannung im allgemeinen angenähert Kugelgestalt an (Abb. 1).

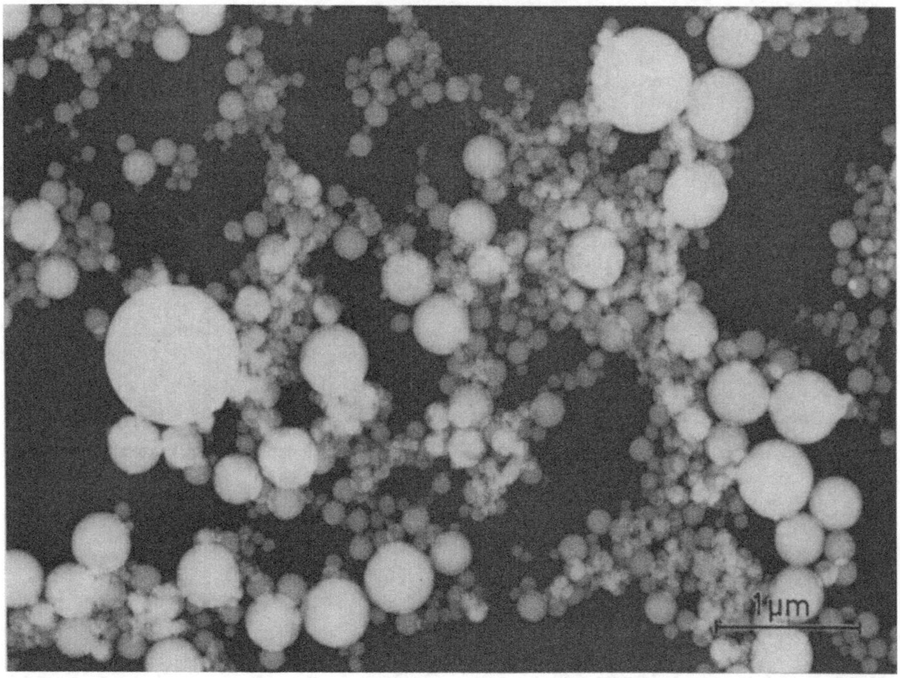

Abb. 1. Elektronenmikroskopische Aufnahme einer polydispersen Polystyroldispersion (Aufnahme: J. Stabenow, BASF)

Selten treten Teilchen niedrigerer geometrischer Symmetrie auf, z. B. ellipsoide oder sehr unregelmäßige Gestalten (Naturkautschuklatices, Abb. 2).

Die Teilchen werden durch oberflächenaktive- oder Schutzkolloidstoffe, die an der Oberfläche adsorbiert oder gebunden sind, durch Solvathüllen und durch die zwischen den Teilchen, dem Dispersionsmittel und den gelösten Ionen herrschenden Kräfte vor dem Ausscheiden aus der Dispersion geschützt.

Im allgemeinen entstehen durch die Emulsionspolymerisation oder durch das Dispergieren der Hochpolymeren in wässrigen Medien verschieden große Teilchen. Technische Latices oder Dispersionen sind in der Regel mehr oder minder polydispers. Einen Überblick über die Teilchengrößenverhältnisse disperser Systeme gibt Tabelle 2 (nach Sutheim [*12*], ergänzt).

Unter besonderen Bedingungen entstehen „monodisperse" Latices [*13*] mit außerordentlich enger Größenverteilung der dispergierten Teilchen. Sie zeigen oft einen irisierenden Glanz (Perlmutteffekt) an der Gefäßwandung. Die Adsorptionsschicht an der Grenzoberfläche solcher flüssiger „monodisperser" Latices verhält

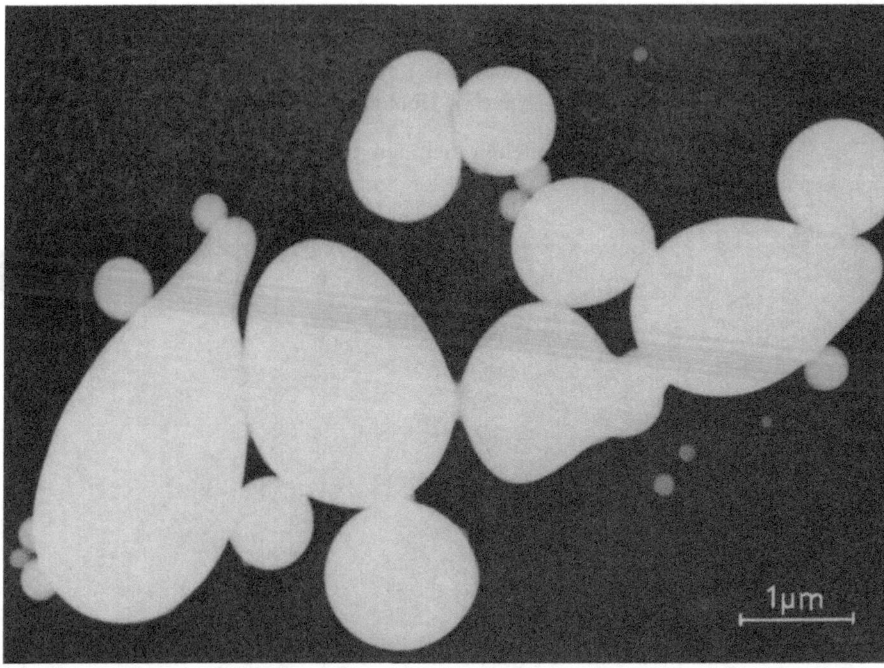

Abb. 2. Elektronenmikroskopische Aufnahme eines natürlichen Kautschuklatex (Aufnahme: J. Stabenow, BASF)

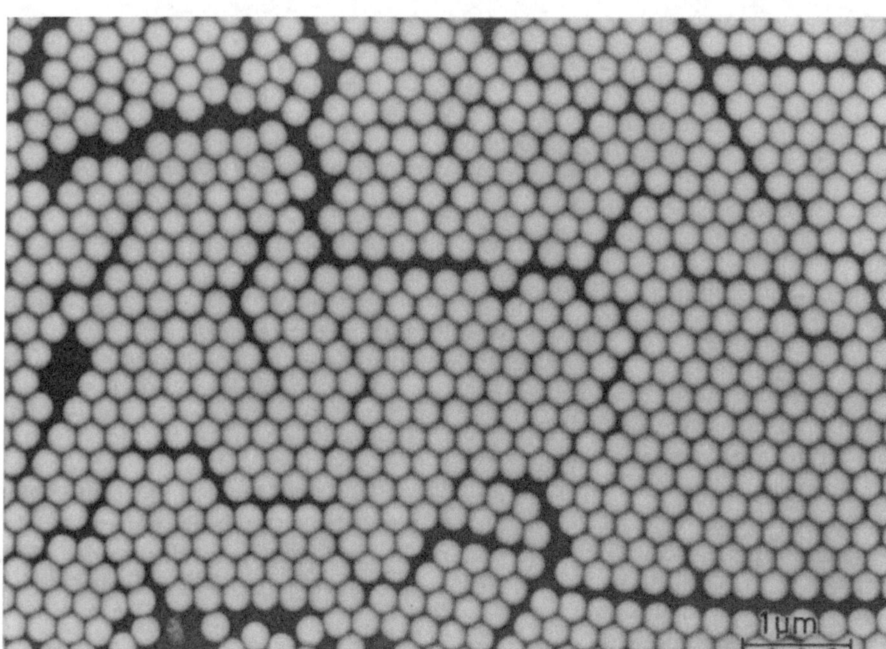

Abb. 3. Elektronenmikroskopische Aufnahme eines Schichtgitters aus Polystyrol-Latexteilchen einheitlicher Größe (Aufnahme: J. Stabenow, BASF)

Tabelle 2: *Teilchengrößenverhältnisse*

Teilchen-dimension	Teilchensichtbarkeit	Systembezeichnung	Beispiele aus der Natur	Beispiele aus der Technik
1 mm = 1000 μ	mit bloßem Auge sichtbar	grobe Suspensionen	Froschlaich, 100 μ, feiner Sand, 500 μ	Kreide, trocken gemahlen, 300—50 μ
0,1 mm = 100 μ	Grenze der Sichtbarkeit mit bloßem Auge (etwa 50 μ)	feine Suspensionen	Amöben, 100 μ Kartoffelstärke, 110—45 μ Maisstärke, 20—15 μ	Maschensieb, 44 μ grobe Pigmente, 30 μ grobe Emulsionen, 25—5 μ
0,01 mm = 10 μ	nur mit Lichtmikroskop (1500—2000fache Vergrößerung)	grobdisperse Latices	rote Blutkörper, 8,5—7,5 μ (bei 1,5 μ Dicke) Reisstärke, 7—3 μ	Maschensieb, 10 μ, Milchfetttropfen, 10—5 μ, Filterpapierporenweite, 5 μ, Mowilith-Dispersionen, 3—1 μ
0,001 mm = 1 μ		Hochpolymerlatices, Kunststoffdispersionen	Typhus-Bakterien, 1 μ (Milzbrandbacillus 1 μ bei 4—15 μ Länge)	Fetttröpfchen homogenisierter Milch, 2—1 μ, Porenweite gehärteter Filter, 1 μ, Öltröpfchen in Emulsion 1,5—1 μ
	Grenze des Lichtmikroskopauflösevermögens (ca. 0,25 μ)	feindisperse Latices	Wellenlängen des sichtbaren Lichts, 0,65—0,4 μ	Fällungspigmente 0,8—0,3 μ, Naturlatex 0,8 bis 0,05μ, Kunststoffdispersionen, 0,2—0,05μ
0,1 μ			kleinste Bakterien, 0,1 μ	Gasruß, 0,1 μ, Tonfilterporenweite 0,1 μ
0,01 μ = 10 mμ	Grenze des Ultramikroskopauflösevermögens (10—5 mμ)	Molekülbereich	Filtrierbarer Virus 30 mμ große Eiweißmoleküle, 6 mμ	Kolloidkohle, 30—10 mμ, Ultramembranfilter, 10 mμ
	Grenze des Elektronenmikroskopauflösevermögens, 1 mμ		Palmitinsäurekettenlänge 2,4 mμ	
1 mμ	unterhalb der Sichtbarkeit	Atombereich	Methylgruppe, 0,14 mμ Wasserstoffmolekül, 0,1 mμ	
1 Å (1 Angström; 10^{-7} mm)				

sich dem sichtbaren Licht gegenüber wie ein normales Kristallgitter gegenüber Röntgenstrahlen. Nach der elektronenmikroskopischen Strukturanalyse [*13, 14*] „kristallisieren“ die kugelförmigen Teilchen mit Durchmessern von 0,1 μ bis 1 μ bei genügender Konzentration in dichtester Kugelpackung zu „Latexkristallen“ (Abb. 3). Ihre Farberscheinungen lassen sich durch Bragg-Reflexe erklären.

Bei den Verhältnissen in der Praxis lassen sich die Teilchen weitgehend als kugelförmig betrachten. Für die Beschreibung ellipsoider Teilchen dient für die Verhältnisse der Lichtstreuung, der spezifischen Oberfläche und des Verhaltens im Zentrifugalfeld eine hypothetische „Äquivalenz-Kugelgestalt“, d. h. jenes kugelförmige Teilchen, das zu den betreffenden Eigenschaften den gleichen Beitrag liefert, den das wirklich vorliegende Teilchen beiträgt [*15*]. Die Äquivalenz erstreckt sich im allgemeinen nicht auf andere beziehungsfremde Eigenschaften.

Die Teilchengrößenverhältnisse kolloiddisperser Systeme sind bereits in der optischen Erscheinungsform zu erkennen [*16*]:

Teilchengrößenbereich:	optische Erscheinungsform:
oberhalb 1 μ	milchig-weiße Dispersion
1 μ bis 0,1 μ	bläulich-weiße bis bräunlich-weiße Dispersion
0,1 μ bis 0,05 μ	grau-weiß semitransparent
unter 0,05 μ	praktisch transparent.

Als Folge der Streuung des sichtbaren Lichts an den Polymerteilchen treten je nach der Teilchengröße und der Polymerkonzentration optische Effekte an Polymerlatices auf. Feindisperse Latices erscheinen bei Aufsicht oder Durchsicht bläulich bis bräunlich bzw. komplementär rosa bis violettrot. Die Streulichtintensität läßt sich nach der Mie-Gleichung [*17*] berechnen. Die nach den Meßmethoden

(1. Intensität des durchfallenden Lichtes als Funktion der Wellenlänge
2. Streulichtintensität bei gegebener Wellenlänge,
3. Farbe des Streulichts,
4. Polarisation des Streulichts bei gegebener Wellenlänge)

erhaltenen experimentellen Werte stimmen gut überein mit den nach der Mie-Gleichung berechneten [*18*].

Für die technologischen Eigenschaften der Kunststoffdispersionen haben die Teilchengrößen des dispergierten Hochpolymers und ihre Teilchengrößenverteilung oft entscheidende Bedeutung. So erfordern Imprägniervorgänge und „Selbstglanzemulsionen“ (floor polish) feinstdisperse Dispersionen (0,03 bis 0,1 μ) und Klebstoffe bevorzugt mittel- bis grobdisperse Latices (1 μ bis 5 μ) [*19*]. Für die Weichmacheraufnahmefähigkeit der aus Latices hergestellten Trockenpolymere und damit für ihre Pastenbildung sind die Teilchengrößenverteilung und die Teilchenstruktur entscheidend [*20*]. Glanz, Pigmentbindevermögen und Wasserempfindlichkeit der aus Latices durch Eintrocknen erhaltenen Polymerfilme sind von der Teilchengröße abhängig.

Die Teilchengrößen und ihre Verteilungen lassen sich nach mehreren Methoden bestimmen:

Bestimmungsmethode:	Bestimmungsbereich:
Elektronenmikroskopie	Größe und Verteilung

Ultrazentrifugensedimentation	Größe und Verteilung
Lichtstreuungsmessung	Größe (und theoretisch Verteilung)
Lichtdurchlässigkeit (Trübung)	Größe, Relativwerte
Seifentitration	Größe, Durchschnittswerte
fraktioniertes Aufrahmen	Größe, Durchschnittswerte

(vgl. 3.8).

Das Spektrum der Teilchengrößen erstreckt sich bei technischen synthetischen Dispersionen über einen Bereich von etwa 0,01 μ bis 5 μ. Um den mannigfaltigen Anforderungen einer Großzahl der Verarbeitungsindustrien entsprechen zu können, bieten die Herstellerfirmen für synthetische Hochpolymerdispersionen zumeist umfangreiche Handelssortimente, die in Anpassung an neue Anwendungsforderungen und Verwendungsmöglichkeiten durch neue Entwicklungen ständig ergänzt werden. Tabelle 3 vermittelt für die z. Z. auf über 3000 zu schätzenden synthetischen Hochpolymerdispersionen des Handels an einigen Beispielen die Teilchengrößenverhältnisse für typische Vertreter mit einem Hinweis auf bevorzugte, jedoch nicht ausschließliche Verwendungszwecke.

Tabelle 3. *Teilchengrößenverhältnisse bei einigen Dispersionen des Handels*

Latex	Teilchengrößenbereiche, Å, (Gewichtsmittel)	Bevorzugte Verwendungszwecke
Elastomere		
Naturlatex (verschiedener Herkunft)	400— 8000	
GR-S-Kautschuk Typ II [Butadien-Styrol (75/25)-Copolymer]	700— 1540	
GR-S-Kautschuk Typ III [Butadien-Styrol (50/50)-Copolymer]	70— 1600	
Synthomer-Latices (Butadien-Styrol- und Butadien-Acrylnitril-Latices) Metallgesellschaft AG	600— 1300	für Tauchartikel, Beschichten und Imprägnieren von Geweben, Binder für Faservliese, Papierimprägnierung, Massezusatz bei der Papierherstellung
Thermoplaste		
Acronal-Dispersionen (Acrylat-Copolymer-Seifendispersionen) BASF	1500— 3000	Imprägnierung von Papiervliesen, Verfestigung von Faservliesen, Gewebe-, Papier- u. Pappebeschichtung, Schlußstrichmaterial für Textil- u. Papierbeschichtungen, Spezialklebstoffe, Bindemittel für Faserwerkstoffe, Non-woven-Fabrics, Lederzurichtung, Textilpigmentdruck
Diofan-Dispersionen (Vinylidenchloridcopolymer-Seifendispersionen) BASF	1500— 2000	wasserdampf-, fett- u. aromadichte Schutzpapiere für Verpackungen
Mowilith-Dispersionen, grobdisperse Schutzkolloiddispersionen (Vinylacetat-Homo- und Copolymere)	5000—30000	Anstrichbindemittel, Leime, Klebstoffe, Faserbindemittel, Textilbeschichtungen, hydraulische Bindemittel

Tabelle 3 (Fortsetzung)

Latex	Teilchengrößenbereiche, Å, (Gewichtsmittel)	Bevorzugte Verwendungszwecke
Feindisperse Seifendispersionen (Vinylacetat-Homo- u. Copolymere) Farbwerke Hoechst AG	etwa 2000	Bindemittel für Grundierungen, Imprägnierungen, transparente u. glänzende Überzüge, Papierbeschichtung
Oppanol-B-Dispersion, Polyisobutylen-Schutzkolloid-Sekundär-Dispersion BASF	12000—44000	zum Kaschieren und Imprägnieren
Propiofan-Dispersionen grob- u. gemischtdisperse Schutzkolloid- u. Seifendispersionen	2000—30000	Bindemittel für wäßrige Anstrichfarben, Klebstoffe, Papier- u. Zementindustrie, hydraulische Bindemittel
Ubatol-Dispersionen Styrol-Acrylat-Seifendispersionen, UBS Chemical Corp. USA	200— 500	Bodenglanzmittel (in Verbindung mit feinstdispersen Mikrowachsemulsionen 500 bis 800 Å)

Die dispersen Systeme mit feinen Polymerteilchen verhalten sich ähnlich den kolloiden Solen. Die Gesetzmäßigkeiten der Kolloidphysik wirken sich besonders bei Dispersionen aus, bei denen die physikalischen Wirkungen sehr großer Oberflächen der dispergierten Teilchen hervortreten. Die Änderung der Gesamtteilchenoberfläche mit dem Teilchendurchmesser [*21*] für einen hypothetischen Latex einheitlicher Größe kugelförmiger Teilchen eines Polymers der Wichte 1,0 verdeutlicht Tabelle 4.

Tabelle 4. *Änderung der Teilchenoberfläche mit dem Teilchendurchmesser*

Teilchendurchmesser, μ	Anzahl der Teilchen je kg Polymer	Gesamtoberfläche m^2/kg Polymer	Theoretische Milliäquivalente Seife[a]/100 Teile des Polymers
0,02	$2{,}39 \times 10^{20}$	300000	236
0,06	$8{,}84 \times 10^{18}$	100000	78,6
0,20	$2{,}39 \times 10^{17}$	30000	23,6
0,60	$8{,}84 \times 10^{15}$	10000	7,9
2,0	$2{,}39 \times 10^{14}$	3000	2,4
6,0	$8{,}84 \times 10^{12}$	1000	0,8

[a] Seife für die Bildung eines kondensierten monomolekularen Films.

1.3.2 Fließverhalten

Das Fließverhalten von Kunststoffdispersionen ist von vielen Faktoren abhängig.

Das viskose Fließen (Viskosität, Zähigkeit) läßt sich als Erscheinung der inneren Reibung der Masseteilchen behandeln. Die Beziehung zwischen Spannung und Deformations-Geschwindigkeit beschreibt das Reibungsgesetz. Für Wasser, nichtpolymere Flüssigkeiten und Lösungen aus nichtpolymeren Stoffen ist die Schubspannung τ der Schergeschwindigkeit q (oder Geschwindigkeitsgefälle q) proportional. Es ist daher $\tau/q = \eta$ (1). Der Proportionalitätsfaktor η – der Koeffizient der inneren Reibung oder der dynamischen Viskosität – ist für nichtpolymere Stoffe eine Stoffkonstante, die mit steigendem Druck wie mit fallender Temperatur stark zunimmt. Die Dimension des dynamischen Viskositätskoeffizienten ist nach Gleichung (1): $\text{dyn} \cdot \text{cm}^{-2} \cdot \text{sec} = g \cdot \text{cm}^{-1} \cdot \text{sec}^{-1}$. Seine Einheit ist 1 Poise (1 P).

Nach dem zuerst von Newton für „einfaches" Fließen aufgestellten Reibungsgesetz heißen Fließmedien, deren zeitunabhängige Fließwiderstände bei gegebenem Druck und bei gegebener Temperatur Konstanten sind, Newtonsche Flüssigkeiten. Bei ihnen ändert sich die Schergeschwindigkeit $q = \tau/\eta$ bei gegebenen Temperaturen und Drucken nicht. Die Fließgeschwindigkeit ist der Scherspannung bei laminarem Fließen direkt proportional (z. B. Wasser, reine Lösungsmittel, angenähert hochverdünnte Seifendispersionen). In vielen Fällen ändern sich die Fließwiderstände der Stoffe oder Stoffsysteme (Lösungen hochpolymerer Stoffe, Schmelzen, Polymere, Kolloidsysteme mit starken Wechselwirkungen zwischen den Teilchen) auf Grund ihnen eigener Strukturen bei gegebenen Temperaturen und Drucken mit der Schergeschwindigkeit. Diese Systeme heißen Nicht-Newtonsche Fließmedien. Für sie läßt sich formell immer noch nach der Definitionsgleichung (1) eine Viskosität in Poise oder als reziproker Wert eine Fluidität $\varphi = 1/\eta$ in Rhes = 1/Poise einführen. Jedoch hängt diese Beziehung funktional stark von der Schergeschwindigkeit bzw. der Schubspannung ab. Nicht-Newtonsche Fließmedien zeigen stets zeitabhängige Fließwiderstände. Der einer Schergeschwindigkeit oder Schubspannung zugehörige Zustand stationären Fließens tritt erst nach hunderstel Sekunden oder nach Stunden ein [*23*].

Die verschiedenen Erscheinungsformen des Fließverhaltens der Nicht-Newtonschen Fließmedien lassen sich vorteilhaft durch Fließkurven in graphischer Darstellung der Schubspannung als Funktion der Schergeschwindigkeit darstellen und unterscheiden. Als Rheopexie bezeichnet man die Zunahme des Fließwiderstandes mit zunehmender Schergeschwindigkeit, als Strukturviskosität die Abnahme des Fließwiderstandes mit zunehmender Schergeschwindigkeit. Bei der Thixotropie hängt der Fließwiderstand nicht nur von der Schergeschwindigkeit, sondern auch von der Zeitdauer der Scherkraftwirkung ab. Häufig erfolgt merkliches Fließen erst nach Erreichen eines Schwellenwertes der Schubspannungen, der als Fließgrenze (Elastizitätsgrenze, yield point) bezeichnet wird. Bei Fließmedien, bei denen nach Überwinden der Fließgrenze das Fließen in linearer Abhängigkeit der Schubspannung von der Schergeschwindigkeit verläuft, spricht man von plastischem Fließen. Bei vielen technisch wichtigen Fließmedien beobachtet man vielfach pseudoplastisches Fließen, bei dem die scheinbare Viskosität mit steigender Schergeschwindigkeit fällt und dann oft einem Grenzwert zustrebt, oder dilatantes Fließen, bei dem die scheinbare Viskosität mit steigender Schergeschwindigkeit steigt und oft einen Grenzwert erreicht. Die folgenden Abbildungen verdeutlichen die Arten des Fließverhaltens.

a) Bingham-Medien. Für Bingham-Medien gilt das Fließgesetz $\tau - a = \eta \cdot q$ (2), für a = Bingham-Fließgrenze, plastisches Fließen tritt erst nach Überwinden der Fließgrenze ein (Beispiele: Plastigele und Organo-Gele). Die Neigung der Kurve Scherkraft/Schergeschwindigkeit wird als Starrheits-Koeffizient bezeichnet.

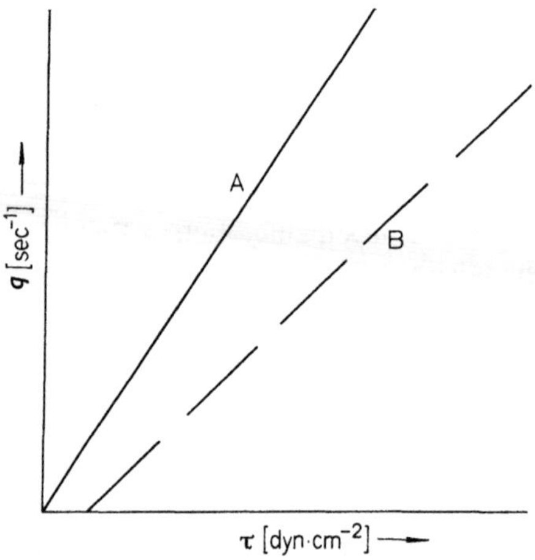

Abb. 4. Fließkurve eines Newtonsche Mendiums (A) und eines Bingham-Mediums (B) [aus Angew. Chem. **75**, 195 (1963); dort Abb. 1a]

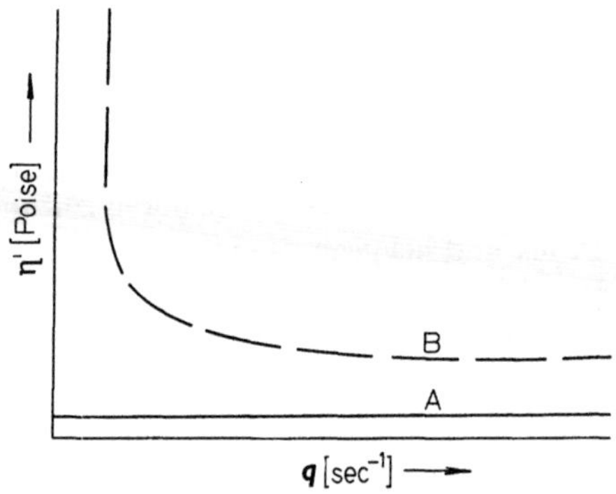

Abb. 5. Viskosität eines Newtonschen Mediums (A) und eines Bingham-Mediums (B) als Funktion der Schergeschwindigkeit [aus Angew. Chem. **75**, 195 (1963); dort Abb. 1b]

b) Strukturviskose und rheopexe Medien. Die Kurve A in Abb. 6 und Abb. 7 kennzeichnet pseudoplastisches oder verallgemeinert plastisches Fließverhalten (kräftigeres Rühren vermindert die scheinbare Viskosität; Beispiele: Organo-Sole). Die Kurve B in Abb. 6 und Abb. 7 kennzeichnet dilatantes Fließverhalten (kräftigeres Rühren erhöht die scheinbare Viskosität; Beispiele: Plastisole).

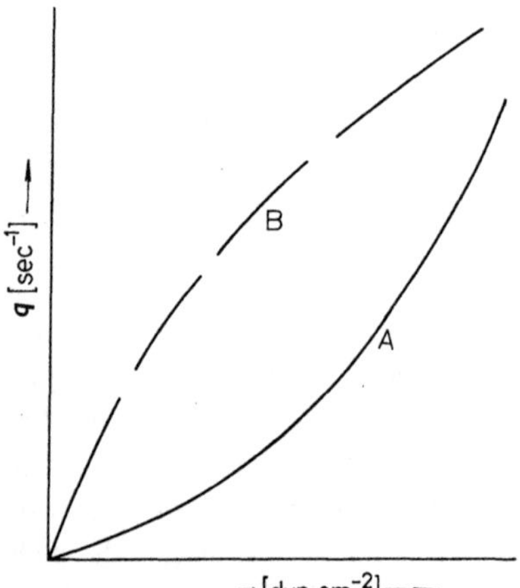

Abb. 6. Fließkurve eines strukturviskosen (A) und eines rheopexen (B) Systems [aus Angew. Chem. **75**, 195 (1963); dort Abb. 2a]

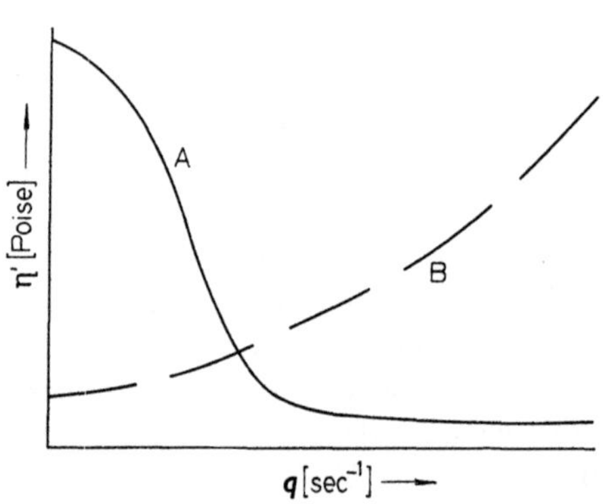

Abb. 7. Fließwiderstand eines strukturviskosen (A) und eines rheopexen (B) Systems als Funktion der Schergeschwindigkeit [aus Angew. Chem. **75**, 195 (1963); dort Abb. 2b]

c) Thixotrope Systeme. Bei technisch wichtigen Hochpolymerdispersionen sind die dispergierten Teilchen vielfach aggregiert, oft sind die Teilchen in den Aggregaten auch in definierter Struktur orientiert. Die Struktur kann häufig durch Scherkräfte aufgespalten und bei genügend großer Scherkraft zerstört werden. Bei der rheologischen Untersuchung zeigen solche teilaggregierten Systeme im allgemeinen eine scheinbare Fließgrenze, plastisches Fließen und thixotropen Charakter [*24*, *25*], d. h. die Struktur wird beim Einwirken nicht zu

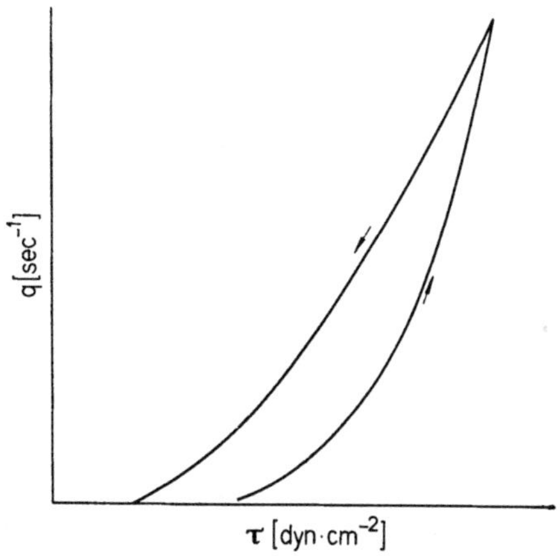

Abb. 8. Fließkurve eines thixotropen Systems (verallgemeinert)

hoher Scherkräfte vorübergehend abgebaut, jedoch nach Ausschalten der Scherkräfte zeitabhängig reversibel wieder aufgebaut [*26*]. Bestimmt man die Fließkurve eines thixotropen Systems mit einem Rotationsviskosimeter des Couette-Typs, bei dem die Schergeschwindigkeit eine Funktion der Drehgeschwindigkeit des zylindrischen Meßkörpers ist, und trägt man die Daten für den Fließwiderstand bei zuerst rasch zunehmender und dann abnehmender Schergeschwindigkeit gegeneinander graphisch auf, so erhält man zwei Kurven (Abb. 8). Die während des Messens auf das System ausgeübte Scherkraft (Schubspannung) baut die Struktur ab (rechte Kurve ↑). Da die linke Kurve (↓) vor der Rückbildung der Struktur gemessen wird, ist der Fließwiderstand bei gegebener Schergeschwindigkeit bei der linken Kurve niedriger als bei der rechten Kurve. Die Kurven bilden daher eine Hysteresisschleife, die ein allgemeines Kennzeichen thixotroper Systeme ist. Die von der Schleife eingeschlossene Fläche kann als Maß für den Thixotropiegrad dienen.

Die Fließkurven der Lösungen hochpolymerer Stoffe verlaufen oft durch einen Wendepunkt: die Kurve verläuft dann S-förmig (Abb. 9 und Abb. 10).

Bei Dispersionen der Hochpolymere in Newtonschen Fließmedien, in denen die dispergierten Teilchen durch die Wechselwirkungskräfte Überstrukturen (z. B. gerüstartige Strukturen) bilden, treten mehrere Relaxationsmechanismen auf. Neben dem Platzwechsel der Lösungsmittelmoleküle tritt hier der Platzwechsel der dispergierten Teilchen, der um viele Zehnerpotenzen verlangsamt verläuft. Überwinden die mechanischen Kräfte die Wechselwirkungskräfte zwischen den dispergierten Teilchen, so führen die Fließvorgänge in solchen Systemen zu einer Veränderung der Strukturgleichgewichte und im stationären Fließzustand zu stationären – mit der Schergeschwindigkeit veränderlichen – Strukturgleichgewichten [27]. Hierbei verbraucht die Trennung der Haftstellen mechanische Energie, ihre Neubildung setzt Wärme frei. Ist das Aggregationsgleichgewicht

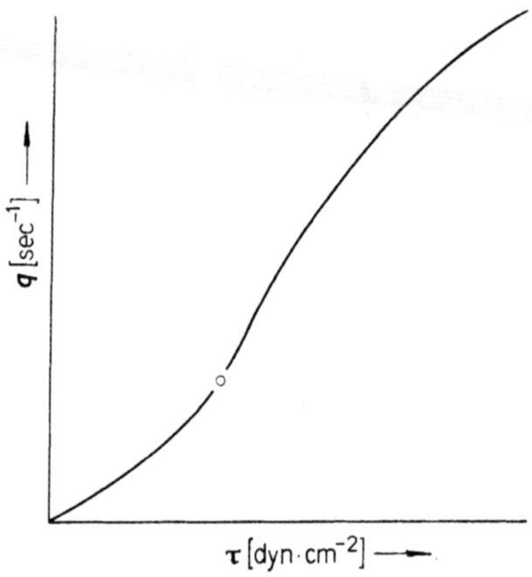

Abb. 9. Fließkurve eines Hochpolymersystems (Kurve mit Wendepunkt) [aus Angew. Chem. **75**, 196 (1963); dort Abb. 3a]

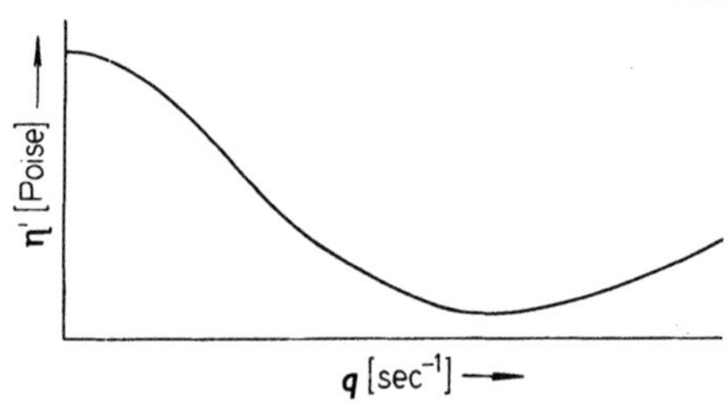

Abb. 10. Fließwiderstand eines Hochpolymersystems als Funktion der Schergeschwindigkeit (Kurve mit Wendepunkt) [aus Angew. Chem. **75**, 196 (1963); dort Abb. 3b]

durch thermische und mechanische Aufbau- und Abbauvorgänge bestimmt, so läßt sich für den Fließwiderstand der Dispersionen – ausgehend von der fundamentalen Einstein-Gleichung $\eta = \eta_0(1 + 2{,}5\,\phi)$ für die Konzentration ϕ der dispergierten Phase – als Fließgesetz formulieren [*28*]:

$$\eta = \eta_0\left(1 + k_1 \cdot \frac{F}{\eta_0 \cdot q} \cdot \frac{k_4 + k_2\,q}{k_3 + k_1\,q} \cdot c^2\right) \tag{3}$$

für η_0: Viskosität des Lösungsmittels,

q: Schergeschwindigkeit,
k_1: Konstante für mechanischen Abbauvorgang,
k_3: Konstante für thermischen Abbau,
k_2: Konstante für mechanischen Aggregationsvorgang,
k_4: Konstante für thermischen Aggregationsvorgang.
c: Konzentration der dispergierten Teilchen.

Für hohe Schergeschwindigkeit geht Beziehung (3) in die Bingham-Gleichung (2) über:

$$\eta = \eta_0 \cdot \left(1 + \frac{a}{q}\right)$$

für $a = F \cdot k_2 c^2$ (Bingham-Fließgrenze), die das besonders bei thixotropen Dispersionen beobachtete Fließverhalten beschreibt. Abb. 11 zeigt die Fließerscheinungen für die Gelfestigkeit.

Im Hinblick auf den sehr komplexen Charakter besonders der hochviskosen Hochpolymerdispersionen und seine ausschlaggebende Bedeutung für den Verarbeiter ist auf die sachgerechte Kennzeichnung durch strengdefinierte Meßdaten, die aus einer den anwendungstechnischen Forderungen praxisgerecht entsprechenden Prüfmethode herzuleiten sind, ganz besonders zu achten. An der gleichen Probe einer Nicht-Newtonschen Hochpolymerdispersion lassen sich bei Anwendung einer zwar für Newtonsche aber nicht für Nicht-Newtonsche Fließmedien geeigneten Meßmethode nur Ergebnisse erzielen, die irreführend oder unzutreffend sind.

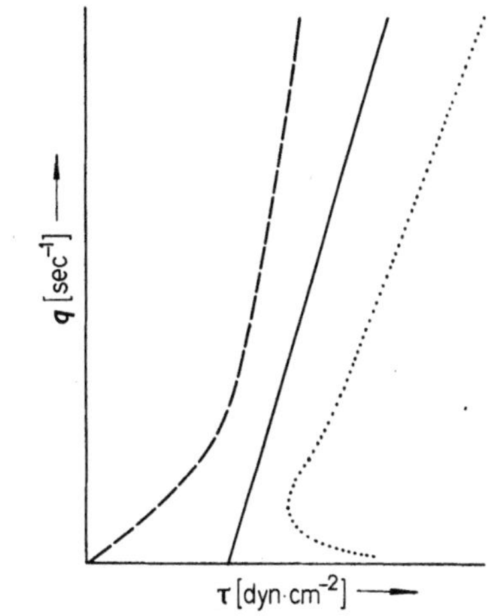

Abb. 11. Verallgemeinerte Darstellung der Fließkurventypen thixotroper Dispersionen. – – – Gelfestigkeit < Fließgrenze; ——— Gelfestigkeit = Fließgrenze; · · · · · · · · · Gelfestigkeit > Fließgrenze; $\lesseqgtr$ Bingham-Fließgrenze [aus Angew. Chem. **75**, 199 (1963); dort Abb. 5]

Das Fließverhalten wässriger Dispersionen wird z. T. von folgenden Faktoren bestimmt [*29*]:

1. Temperatur [*30*]: Steigende Temperatur führt bei wässrigen Dispersionen zu einer Viskositätsabnahme. Bei einigen hochviskosen Polyvinylacetat-Dispersionen stellte W. Pöge [*31*] jedoch fest, daß in einem bestimmten Temperaturbereich und in bestimmten Grenzen des Schergeschwindigkeitsgefälles der Fließwiderstand bei Temperaturerhöhung zunimmt. Er führt dies auf zunehmendes Plastischwerden der Kunststoffpartikel zurück, wodurch eine viskositätserhöhende Aggregatbildung verstärkt und die Viskositätserniedrigung in der flüssigen Phase überkompensiert wird. M. Reiner [*32*] erklärt die selten beobachtete Zunahme des Fließstandes mit steigender Temperatur damit, daß durch die erhöhte Brownsche Bewegung die Orientierung nichtkugeliger Teilchen in dispergierten Systemen, d. h. also auch von Aggregaten aus Latexteilchen mit Kugelgestalt, in Fließrichtung gehindert wird.

2. Druck: Steigender Druck führt bei wässrigen Dispersionen zu einer Viskositätszunahme.

3. Teilchenkonzentration: Mit steigender Teilchenkonzentration nimmt die Viskosität wässriger Dispersionen zu (Abb. 12 und Abb. 13).

Nach der klassischen Einstein-Gleichung ist die Viskosität einer Dispersion

$$\eta = \eta_0(1 + 2{,}5\,\phi)\,. \tag{4}$$

für ϕ: Volum-Anteil der dispergierten Phase, wenn $\phi \leqq 0{,}02$.

In der Grenzform für unendliche Verdünnung

$$\left[\frac{(\eta/\eta_0)^{-1}}{\Phi}\right]_{\Phi\to 0} = \left[\frac{\eta_{0p}}{\Phi}\right]_{\Phi\to 0} = 2{,}5$$

(4a) gilt die Beziehung exakt (η/η_0: Viskositätsverhältnis, früher relative Viskosität η_r; $(\eta/\eta_0) - 1 = (\eta - \eta_0)/\eta_0$: relative Viskositätserhöhung, früher spezifische Viskosität η_{0p}).

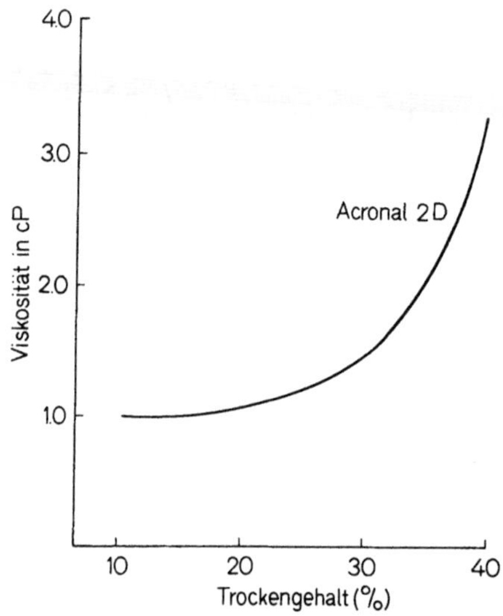

Abb. 12. Viskositätsänderung beim Verdünnen der niederviskosen Seifendispersion Acronal 2 D (BASF)

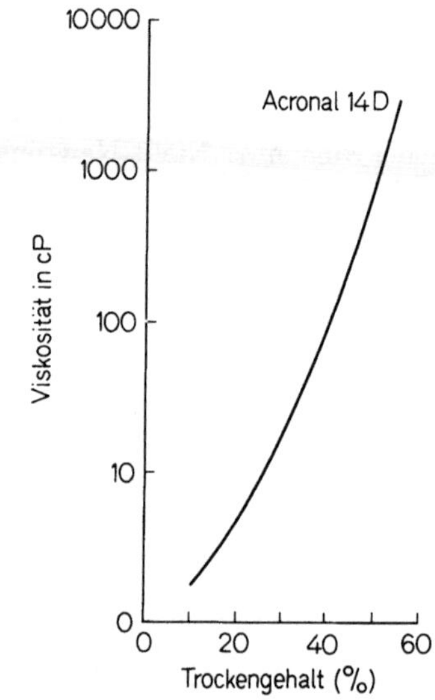

Abb. 13. Viskositätsänderung beim Verdünnen der hochviskosen Schutzkolloiddispersion Acronal 14 D (BASF)

Die Abhängigkeit der Viskosität einer Dispersion von der Volum-Konzentration der dispergierten Teilchen ist groß. Durch Einführen von Potenzreihen für die Volum-Konzentrationen läßt sich die Gleichung (4) modifizieren zu:

$$\eta = \eta_0(1 + \alpha_0\phi + \alpha_1\phi^2 + \alpha_3\phi^3 + \cdots) \tag{5}$$

für: $\alpha_0, \alpha_1, \alpha_2 \ldots$ Konstanten und $\alpha_0 = 2.5$. Nach OLIVER und WARD [*33*] ergab sich aus Messungen an Modelldispersionen aus starrren Kügelchen verschiedener Größenverteilungen, daß sich für das Diagramm aus $1 - 1/\eta_r$ gegen ϕ bis zu einer Volum-Konzentration bis etwa 20 Prozent die geradlinige Abhängigkeit ergibt:

$$\eta_r = \frac{1}{1 - k_\phi} = 1 + k\phi + k^2\phi^2 + k^3\phi^3 + \cdots, \tag{6}$$

die der Gleichungsform (5) unter Annahme einer Funktionsbeziehung zwischen den Konstanten entspricht. Die Meßergebnisse für die Konstante k der Gleichung (6) streuen im Bereich 2,38 bis 2,77 (in Abhängigkeit vom verwendeten Viskosimetertyp) eng um den Einstein-Wert 2,5 des ersten Potenzgliedes. Nach RICHARDSON [*34*] besteht für jede Schergeschwindigkeit die Exponentialbeziehung zwischen Viskosität der Dispersion und Volum-Konzentration:

$$\eta = \eta_0 \cdot e^{k\phi} \quad \text{oder} \quad \ln \eta/\eta_0 = k\phi\,. \tag{7}$$

Um dem Zusammenballungseffekt Rechnung zu tragen, ist Gleichung (7) nach MOONEY [35] umzuschreiben:

$$\ln \eta/\eta_0 = \frac{2{,}5\,\phi}{(1-2\,\phi)}\,. \tag{8}$$

Aus Untersuchungen an Polymerdispersionen im Volum-Konzentrationsbereich bis zu 0,60 leiteten MARON und MADOW [36] in Berücksichtigung der zwischen den dispergierten Teilchen wirkenden Zusammenballungskraft die Beziehung ab:

$$\log \eta/\eta_0 = x \cdot Z \tag{9}$$

für $Z = y\,\phi/(1 - y\,\phi)$ und für x und y: Konstanten.

In sehr hochviskosen Dispersionen läßt sich ausgeprägte Strukturbildung zwischen den dispergierten Teilchen über die flüssige Phase beobachten.

4. pH-Wert: Die Viskosität wässriger Dispersionen nimmt mit steigendem pH-Wert (Ammoniakzugabe) gewöhnlich ab. In Sonderfällen jedoch nimmt in Gegenwart solvatisierender Gruppen im Hochpolymerteilchen die Viskosität der Dispersion mit steigendem pH-Wert (Ammoniakzugabe) stark zu. Diese durch Solvatationserscheinungen bedingte Viskositätszunahme kann bis zur Pasten-(Gel)-Bildung (Abb. 14) führen.

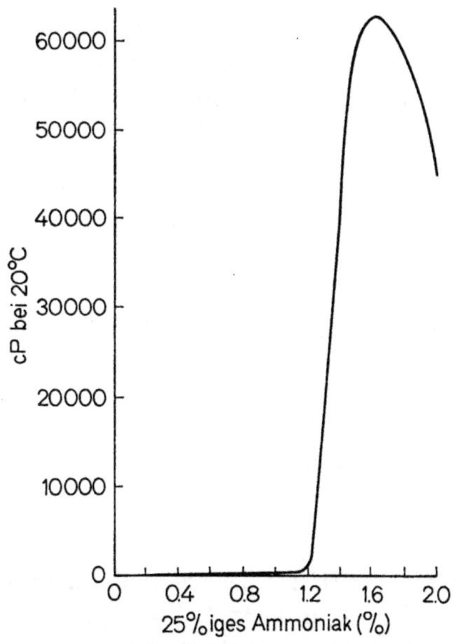

Abb. 14. Viskositätsänderung der niederviskosen Seifendispersion Acronal 500 D, ca. 50%ig, durch Zusatz 25%ig. Ammoniaks

5. Grenzflächenfilme und Emulgiermittel: Die Umhüllung der dispergierten Teilchen mit Grenzflächenfilmen beeinflußt die Viskosität der Dispersion infolge ihrer Einflüsse auf die Beweglichkeit des Teilchens. Das Entstehen der Grenzflächenfilme und die von ihnen ausgeübten Eigenschaften sind auf die im System vorhandenen Emulgiermittel zurückzuführen. Die Viskosität der Dispersion hängt von der Spezifität des Dispergiermittels, im besonderen der Spezifität des Schutzkolloiddispergiermittels ab. Die Viskosität und die Dicke der adsorbierten Schutzkolloidschicht auf der Teilchenoberfläche muß einen bestimmten Mindestwert überschreiten, um ein ausreichend hohes Abstoßungspotential zu erreichen. Die Änderung der Viskosität der Dispersion mit der Natur des Emulgiermittels belegt, daß die Natur des stabilisierend wirkenden Zwischenflächenfilms eine entscheidende Rolle spielt. Die Viskosität ist auch vom pH-Wert abhängig, da die Emulgiermittel in verschiedenen pH-Bereichen verschieden wirksam sind. Die Fließmitteleigenschaften der Dispersionen sind also von der Natur der Zwischenflächenfilme abhängig [37]. Die Stabilität dieser – besonders der hochkonzentrierten – Dispersionen wird durch hydrodynamische Faktoren bestimmt. Die Filme können einer Deformation durch innere Reibung oder auf Grund der Elastizität besser widerstehen. Für einen ideal elastischen Zwischenflächenfilm ist

die Viskosität bei laminarem Fließen der Viskosität für das laminare Fließen einer Dispersion mit kugelförmigen festen Teilchen vergleichbar [*38*]. Der Einfluß oberflächenaktiver Stoffe auf die Viskosität der Zwischenfläche zwischen organischer und wässriger Phase ist von CRIDDLE und MEADER näher untersucht worden [*39*].

6. Gestalt, Größe und Größenverteilung der Teilchen [*40, 41*]: Eine breite Größenverteilung der Teilchen begünstigt eine niedrige Viskosität der Dispersion. Bei gleicher Feststoffkonzentration haben Seifendispersionen kleinerer Teilchen eine höhere Viskosität gegenüber Dispersionen größerer Teilchen.

Der unter 5. beschriebene Einfluß der Emulgiermittel und die durch sie gebildeten Zwischenflächenfilme stehen mit den Teilchengrößen und ihren Verteilungen im Zusammenhang, da diese von der Natur und Konzentration der Emulgiermittel abhängig sind.

Nach Untersuchungen [*42*] über die Viskosität der Dispersionen als starren kugelförmigen Teilchen ist die relative Viskosität vom Dispersionenmedium und der absoluten Größe der Teilchen bei gegebener Konzentration unabhängig, dagegen abhängig von der Teilchengrößenverteilung. Nach ROSCOE [*43*] läßt sich das Viskositätsverhalten der Dispersionen befriedigend beschreiben durch die aus der Einstein-Gleichung (4) abgeleiteten Gleichungen. Für Dispersionen mit breiter Teilchengrößenverteilung gilt:

$$\eta = \eta_0(1 - \phi)^{-2,5} \tag{10}$$

Für Dispersionen mit sehr enger Teilchengrößenverteilung gilt:

$$\eta = \eta_0(1 - 1,35\,\phi)^{-2,5} \tag{11}$$

Gl. (10) läßt sich für alle Phasenverhältnisse anwenden. Gl. (11) gilt für Bereiche hoher Feststoffgehalte; unterhalb $\phi = 0,05$ beschreibt die Einstein-Gleichung (4) das Verhalten der Dispersionen sehr enger Teilchengrößenverteilung. SHERMAN [*44*] schließt aus seinen Untersuchungen, daß bei allen W-O-Dispersionen unabhängig von der Konzentration (ϕ) der inneren Phase die Beziehung gilt:

$$\eta = x \cdot \frac{1}{d_m} + C \tag{12}$$

für d_m: mittlerer Teilchendurchmesser, x und C: Konstanten.

Für die meisten O-W-Dispersionen ist bei höherem ϕ der Wert ηd_m für alle Werte von d_m konstant. Er führt das verschiedene Verhalten der O-W- und der W-O-Dispersionen zurück auf den unterschiedlichen Aufbau ihrer stabilisierenden Zwischenflächenfilme unter Beteiligung des Emulgiermittels. Die Teilchen in W-O-Dispersionen verhalten sich wie praktisch nichtdeformierbare kugelförmige Teilchen, die Teilchen in O-W-Dispersionen erleiden dagegen abhängig von der Scherkraft eine Deformation. Aus Untersuchungen an Modelldispersionen mit plastischen kugelförmigen Teilchen leitet EVENSON [*45*] ab, daß bei stabilen Dispersionen mit engen Teilchengrößenverteilungen die Viskosität vom Teilchengrößenverhältnis unabhängig zu sein scheint und daß sich die Viskosität innerhalb weiter Grenzen kaum mit der Änderung der Gestalt der Verteilungskurve wandelt. Bei breiter Verteilungskurve kann die Viskosität jedoch durch die Art der Verteilung stark beeinflußt werden. Mit zunehmender Verbreiterung der Teilchengrößenverteilung nimmt die Viskosität der Dispersionen ab. Nach LAWRENCE und

ROTHWELL [46] muß bei Dispersionen mit Konzentrationen $\phi > 50\%$ der Einfluß der Teilchendeformation beim Fließvorgang besonders berücksichtigt werden. Die höchsten Viskositäten zeigten sich bei niedrigen Schergeschwindigkeiten bei jenen Dispersionen, deren Zwischenflächenfilme im höchstkondensierten Zustand entsprechend den niedrigsten Grenzflächenspannungen vorliegen. Hiernach bestimmt überwiegend die Größe der zwischenmolekularen Anziehungskräfte des Zwischenflächenfilms die Viskosität der O-W-Dispersionen höherer Konzentration. Für den Einfluß bleibender Aggregate und des Eindringens der kontinuierlichen Phase in die dispergierten Teilchen leitete GILLESPIE [47] die Beziehung ab

$$\eta_r = [1/1 - s\,\phi]^{k_E} \qquad (13)$$

für $k_E = 5\alpha/2s$,

für α : hydrodynamisches Volumen eines typischen Teilchens nach Division durch sein Volumen im Trockenzustand,

s : Volumenzunahme der Dispersion bei Zufügung eines Teilchens nach Division durch das Teilchenvolumen im Trockenzustand.

Einflüsse dieser Art sind besonders bei O-W-Dispersionen zu erwarten, die durch nichtionogene Emulgiermittel des Polyoxyäthylat-Typs (Äthoxylierungs-Produkte) stabilisiert sind. Hier werden beträchtliche Mengen des Dispersionsmediums im Zwischenflächenfilm unbeweglich gemacht.

Bei polydispersen Dispersionen werden offenbar kleinere Teilchen in die Räume zwischen den größeren Teilchen zu einer dichteren Gesamtpackung der Teilchen eingebettet. Die Erfahrung bestätigt, daß polydisperse Systeme höhere Fluidität als entsprechend konzentrierte monodisperse Dispersionen haben.

7. Viskosität des Dispersionsmediums: Sind im Dispersionsmedium Verdickungs-, Stabilisier-, Lösungs- oder Verdünnungsmittel, Gefrierschutzmittel, oberflächenaktive Stoffe, Schutzkolloide, Verlaufmittel, mikrocide Stoffe, Puffersubstanzen, Alterungsschutzmittel oder Füllstoffe vorhanden, so ändert sich in Abhängigkeit von der Polarität der einzelnen Stoffe die Viskosität der Dispersion (Abb. 15).

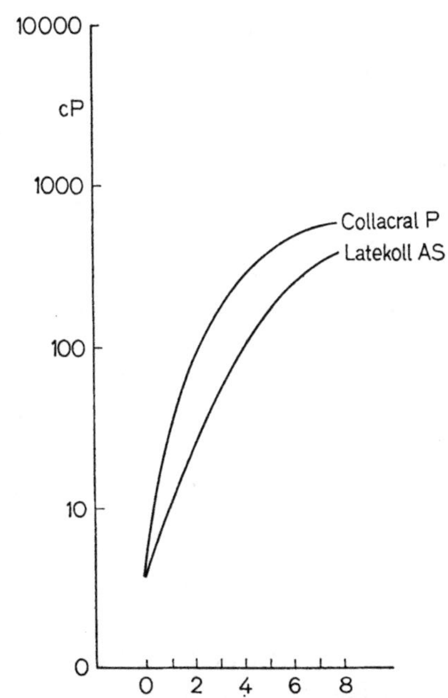

Abb. 15. Abhängigkeit der Viskosität von der Menge der polaren Verdickungsmittel Collacral P (BASF) und Latekoll AS (BASF) bei einer niederviskosen Seifen-Polyacrylatdispersion

Der Reibungswiderstand η der Dispersion steht in proportionaler Beziehung zur Viskosität η_0 der äußeren Phase. Das Medium zwischen den dispergierten Teilchen bestimmt weitgehend die Viskosität. So liegt bei gleichen Feststoffgehalten die Viskosität der „Seifenemulgiermittel"-Dispersionen bis zu einer

Zehnerpotenz niedriger als bei „Schutzkolloiddispergiermittel"-Dispersionen. Die makroskopisch meßbare Viskosität der äußeren Phase hängt ab von den verschiedenen mittleren Molekulargewichten der Schutzkolloide, ihren Verzweigungen, Wechselwirkungen mit zugesetzten Salzen und während der Polymerisation eintretenden Veränderungen durch Molekulargewichtsabbau und chemische – auch bei Seifenemulgiermitteln auftretende – Übertragungs-, Oxidations- und Pfropfungsreaktionen. Die makroskopisch meßbare Viskosität der äußeren Phase wird beeinflußt durch Adsorptionsschichten an den Teilchen, die in Wechselwirkung mit dem Kontinuum stehen. Die Viskosität in der Adsorptionsschicht ist mehrfach erhöht, und stark strukturviskose Dispersionen werden durch Dialyse („Abwaschen" der Schutzkolloide) dilatante, niederviskose Fließmedien [*48*].

8. Viskosität der dispergierten Phase: Die Einwirkung von Quellmitteln und Weichmachern auf die dispergierte Phase in Abhängigkeit vom Solvatationsvermögen kann die Viskosität der Dispersion verändern.

Die chemische Struktur der dispergierten Phase hat weder auf das Ausmaß der Viskosität noch auf die Fließgesetzmäßigkeiten bei den Dispersionen einen wesentlichen Einfluß.

9. elektroviskoser Effekt: Gegenüber Systemen aus ungeladenen Teilchen erhalten die negativ geladenen dispergierten Teilchen einen scheinbaren Volumenzuwachs durch Ausbildung einer negativ geladenen Grenzschicht und einer positiv geladenen diffusen Doppelschicht von 30 bis 35 Å Dicke in Umhüllung der Teilchen; mit zunehmender Verdünnung und damit abnehmender Entfernung der Ladungen fällt die Wechselwirkung rasch ab.

Die Erhöhung der Viskosität einer Dispersion durch Steigerung der elektrischen Ladung der lyophoben Teilchen, besonders bei elektrolytarmen Dispersionen in Erscheinung tretend, ist abhängig von elektrischen Doppelschichten.

Nach Modifizieren der Einstein-Gleichung (4) ist nach SMOLUCHOWSKI der Viskositätsanstieg gegenüber einem entsprechenden System aus ungeladenen Teilchen

$$\frac{\eta - \eta_0}{\eta_0} = 2{,}5\,\phi \left[1 + \frac{1}{\eta_0 K a^2}\left(\frac{\varepsilon\zeta}{2\pi}\right)^2\right]. \tag{14}$$

für a: Teilchenradius,
K: spezifisches Leitvermögen der Dispersion,
ε: Dielektrizitätskonstante des Dispersionsmediums,
ζ: elektrokinetisches Potential der geladenen Teilchen (Zeta-Potential).

Der Beitrag des Ladungseffektes zur Viskosität führt stets zu einer Viskositätszunahme, da das „elektroviskose Glied" (Ausdruck in der runden Klammer) unabhängig vom Ladungssinn stets positiv ist. Da der elektroviskose Effekt auf der Wechselwirkung zwischen den Ladungen der benachbarten Teilchen beruht, nimmt er mit wachsendem Teilchenabstand sehr rasch ab. Das elektroviskose Glied wird dann Null und (14) geht in (4) über.

Nach den voneinander unabhängigen Arbeiten von GOUY [*49*] und CHAPMAN [*50*] ist das dispergierte Teilchen an der Oberfläche von einer diffusen elektrischen Doppelschicht umhüllt, die eine scheinbare Volum-Zunahme des Teilchens (Vergrößerung seines Wirkungsradius) bewirkt und bei kurzen Teilchenabständen den elektroviskosen Effekt hervorruft. Nach Messungen von VAN DER WAARDEN [*51*] läßt sich errechnen, daß die diffuse Doppelschicht bei Seifendispersionen eine Dicke von 30–40 Å unabhängig von der Teilchengröße hat. Die Theorie über die Gouy-Chapman Doppelschicht wurde von STERN [52] verbessert. Hiernach befinden sich die Ionen nicht unmittelbar an der Teilchenoberfläche, sondern erst in einem Abstand δ um das kugelförmige Teilchen herum. Die Schicht der Dicke δ um das feste Teilchen wird als kompakte Stern-Schicht bezeichnet. Sie wird umhüllt von der diffusen Gouy-Shapman-Schicht. Die Stern-Schicht wird intakt gehalten durch bevorzugte Adsorption von potentialbestimmenden Ionen und durch ungestörte Ionendissoziation von funktionellen Gruppen, die kovalent am

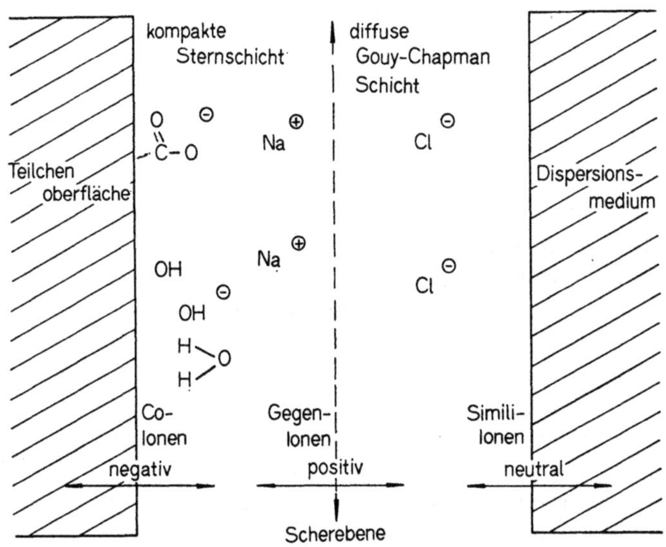

Abb. 16. Aufbau der elektrischen Doppelschichten

Polymerteilchen gebunden sind. Der Gesamtpotentialabfall ψ_0 läßt sich zerlegen in ein Potential ψ_δ über den diffusen Teil der Doppelschicht und ein Potential $\psi_0 - \psi_\delta$ über den molekularen Kondensator. Die Kapazität C_t der gesamten Doppelschicht ist dann äquivalent der Kapazität C_d der diffusen Schicht und der Kapazität C_m des in Reihe geschalteten molekularen Kondensators

$$C_t = \frac{C_m C_d}{C_m + C_d} \,. \tag{15}$$

Abb. 16 gibt schematisch den Doppelschichtaufbau wieder.

Beim Messen der elektrophoretischen Beweglichkeit der Teilchen, z. B. mit dem Zeta-Meter (Zeta-Meter Co., USA) oder dem Zytopherometer (Fa. Zeiss), sind die komplizierenden Einflüsse einer Vielzahl von Variablen besonders zu berücksichtigen [53].

10. Elektrolyte: Unterhalb des Schwellenwertes für eine Koagulation beeinflussen Elektrolyte den Fließwiderstand des Dispersionsmediums, den elektroviskosen Effekt und den pH-Wert. Oberhalb des Schwellenwertes führt die Zuführung von niedermolekularen Elektrolyten zur Flockung oder Koagulation.

11. Scherkräfte und Zentrifugalkräfte: Größere Scherkräfte bewirken unterhalb eines bestimmten Schwellenwertes im allgemeinen – besonders bei hochviskosen Schutzkolloiddispersionen – einen irreversiblen Abbau des Fließwiderstandes. Oberhalb eines bestimmten Schwellenwertes liegende sehr große Scher- und Zentrifugalkräfte führen – abgesehen von Spezialdispersionen – zu einer irreversiblen Abscheidung der dispergierten Teilchen aus dem dispergierten System, die nach Kraftgröße und Zeitdauer vollständige Koagulation erreichen kann.

12. Phasenumkehr oder Inversion: Die bei höheren Feststoffgehalten – etwa oberhalb 65% – mögliche Phasenumkehr vom O-W-System in ein W-O-System ist in komplexer Funktion u. a. von pH-Wert-, Temperatur- und Elektrolytkonzentrationsverhältnissen abhängig. Mit der Phasenumkehr der Dispersion ändern sich deren Viskositätsverhältnisse.

13. Sedimentation: Eine partielle Phasentrennung tritt bei technischen Hochpolymerdispersionen erst nach längerer bewegungsfreier Lagerung ein. Die Neigung zur Phasentrennung nimmt mit zunehmender Viskosität des Dispersionsmediums und mit abnehmender Differenz zwischen den spezifischen Gewichten der äußeren und der inneren Phase stark ab. In vielen Fällen läßt sich durch Umrühren die ursprüngliche Phasenverteilung und oftmals auch die Ausgangsviskosität wieder herstellen.

14. Aufrahmen: Trennung in zwei Dispersionen jeweils verschiedener Konzentrationen der dispergierten Teilchen tritt erst nach längerer bewegungsfreier Lagerung der Hochpolymerdispersionen ein. In Sonderfällen kann bei Dispersionen niedrigen Fließwiderstandes eine Trennung in eine „Polymerphase“ und eine im Extremfall transparente „Serumphase“ eintreten. In der Regel können diese Systeme durch kurzfristiges einfaches Mischen wieder in den Zustand ungeschmälerter anwendungstechnischer Eignung zurückgeführt werden.

15. Koagulation oder Brechen der Dispersion: Die irreversible Agglomeration über die Bildung von Polymerflocken zu großen kohärenten Koagulatmassen erfolgt unter der Wirkung großer mechanischer Scher- oder Zentrifugalkräfte, hoher Temperaturen und Gefriertemperaturen, völliger Entladung der elektrischen Doppelschicht bei Elektrolytzusätzen oder Zusätzen oberflächenaktiver entgegengesetzt geladener Stoffe und des Wasserentzugs unterhalb des für die Dispersionenbildung erforderlichen Wasserschwellenwertes. Der weitgehende Wasserentzug führt zu Hautbildung.

16. Gaseinschlüsse: Luft und Inertgaseinschlüsse, z. B. durch starkes Rühren und Schütteln oder Gaseinleiten herbeigeführt, führen besonders bei hochviskosen Dispersionen zur Verfälschung des Meßwertes für den Fließwiderstand. Gaseinschlüsse können auch Koagulatbildung an der Grenzfläche Gas-Dispersion bewirken.

1.3.3. Das dispergierte Polymere

Die Eigenschaften des dispergierten Homo- oder Copolymers sind bestimmt durch:

1. die Konstitution der chemischen Grundeinheiten, die sich auf die Grundtypen des Monoolefins Aethylen und des Diolefins Butadien zurückführen lassen. Das physikalisch-mechanische Verhalten der Polymeren ist entscheidend abhängig vom Charakter der Substituenten X wie ihrer Raumerfüllung, Bindung,

Polarität, Molkohäsion, Einfrierbereiche und chemischen Funktionalität (Elektrolyt-, Salz-, Solvatbildung). Tabelle 5 gibt einen Überblick über die technisch besonders wichtigen Monomeren für Hochpolymerdispersionen.

Tabelle 5. *Monomere für synthetische Hochpolymerdispersionen*

Grundeinheit	Substituent	Polymertyp
Diolefine		
$CH_2{=}CH{-}CH{=}CH_2$ Butadien		Synthesekautschuk (meist Copolymere mit Styrol, Acrylnitril, Methacrylat u. a.)
$CH_2{=}CH{-}C(CH_3){=}CH_2$ Isopren	CH_3	Naturkautschuk
$CH_2{=}CH{-}C(Cl){=}CH_2$ Chloropren	Cl	Chloroprenkautschuk
Monoolefine (Vinylmonomere)		
$CH_2{=}CH_2$ Äthylen		Polyäthylen (auch Copolymere mit Vinylacetat und Acrylaten)
$CH_2{=}CH{-}CH_3$ Propylen	CH_3	Polypropylen
$CH_2{=}CH{-}Cl$ Vinylchlorid	Cl	Polyvinylchlorid (PVC; meist Copolymere mit Acrylaten und Vinylacetat)
$CH_2{=}CCl_2$ Vinylidenchlorid	2 Cl	Polyvinylidenchlorid (PVDC; meist mit geringen Mengen Acrylderivaten, Vinylchlorid, Vinylacetat)
$CH_2{=}CH{-}$ 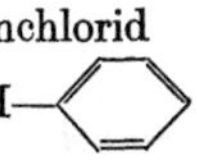 Styrol	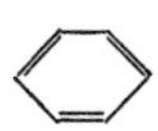	Polystyrol (meist Copolymere mit Acrylaten)
$CH_2{=}CH{-}CN$ Acrylnitril	CN	Polyacrylnitril (Copolymere mit Acrylaten)
$CH_2{=}CH{-}COOR$ Acrylsäureester	COOR ($R{=}C_1$- bis C_8-Alkyl)	Polyacrylate (meist Copolymere mit vielen anderen Vinylmonomeren)
$CH_2{=}C(COOR)(CH_3)$ Methacrylsäureester	COOR, CH_3	Polymethacrylate (meist Copolymere mit anderen Vinylmonomeren)
$CH_2{=}CH{-}O{-}COCH_3$ Vinylacetat	$OCOCH_3$	Polyvinylacetat (PVac; auch Copolymere)
$CH_2{=}CH{-}O{-}COCH_2CH_3$ Vinylpropionat	$OCOCH_2CH_3$	Polyvinylpropionat (auch Copolymere)
$CH_2{=}CH{-}O{-}CO{-}C(CH_3)_2{-}R$ (verzweigter Alkylrest $C_5{-}C_{11}$) Versaticsäure-vinylester	$OCOC(CH_3)_2{-}R$	Polymerisate von Versaticsäure-vinylestern (meistens als Copolymere mit anderen Vinylestern)
$CH_2{=}CH{-}O{-}R$ Vinyläther	R(C_1 bis C_4-Alkyl)	Polyvinyläther (meist als Copolymere mit anderen Vinylmonomeren)

Tabelle 5. (Fortsetzung)

Grundeinheit	Substituent	Polymertyp
Funktionelle Comonomere		
$CH_2{=}CH{-}COOH$ Acrylsäure	COOH	dienen als chemische Funktionalität vermittelnde Comonomere bei der Copolymerisation
$CH_2{=}CH{-}CONH_2$ Acrylamid	$CONH_2$	
$CH_2{=}CH{-}CO{-}NH{-}CH_2OH$ N-Methylolacrylsäureamid	$CONH{-}CH_2OH$	
$CH_2{=}CH{-}COOCH_2CH_2OH$ Acrylsäuremonoglykolester u. die entsprechenden Methacrylderivate	$COOCH_2CH_2OH$	

In Tabelle 6 sind die Kohäsionskräfte für einige Atomgruppierungen [*54*] aufgeführt.

Tabelle 6. *Kohäsionskräfte einiger Atomgruppen in kcal/mol*

$-CH_3$	1800	$-Cl$	3400	$-COOCH_3$	5600
$=CH_2$	1800	$-F$	2060	$-COOCH_2CH_3$	6230
$-COH$	4700	$-COOH$	8970	$-CONH_2$	13200

Für die Klassifizierung der Hochpolymere nach Elastomeren (Kautschuke), Plastomeren (thermoplastische Kunststoffe) und Faserpolymeren (Spinnstoffe) auf Grund der Größe der Anziehungskräfte zwischen langen Fadenmolekülen gibt Tabelle 7 [*55*] einen Überblick:

Tabelle 7. *Molkohäsionskräfte zwischen Hochpolymermolekülen, in cal/mol*

1. typische Kautschuke (1000—2000)		2. typische Thermoplaste (2000—4500)		3. typische Faserpolymere (über 4500)	
Polyäthylen	1000	Polyvinylchlorid	2600	Celluloseacetat	4800
Polyisobutylen	1200	Polyvinylacetat	3200	Polyamide	5800
Polybutadien	1100	Polystyrol	4000	Cellulose	6200
Naturkautschuk	1300			Seidenfibroin	9800
Polychloropren	1600				

2. die Konfiguration oder die räumlichen Anordnungen, die von den Synthesebedingungen abhängen.

a) Amorphe Anordnung und kristalline Orientierung. Bei den meisten Vinylpolymeren ist die 1.3-Verknüpfung (head-to-tail-, Kopf-Schwanz-Folge) am häufigsten; die Ketten-C-Atome sind dann bei monosubstituierten Olefinen abwechselnd Stereoisomeriezentren. Im amorphen Zustand liegen die Moleküle überwiegend als statistische Knäuel vor. Beim Kristallisieren (Polyäthylen, Polyvinylidenchlorid) bilden sich bestimmte Kettenkonformationen. Bei Naturstoffen und synthetischen Polymeren mit regelmäßigen Mikrostrukturen liegt häufig Helixstruktur vor.

b) Co- oder Multipolymere enthalten die Grundbausteine in statistischer (random) Verteilung, in streng alternierender Folge (z. B. Styrol-Maleinsäureanhydrid, Vinyläther-Maleinsäureanhydrid) oder in Blockanordnung (AA-BBBB-AAA-BBBBBB), die sich durch die Blockzahl, d. h. die durchschnittliche Zahl der „Blöcke" oder Grundeinheit-Sequenzen je 100 Grundeinheiten kennzeichnen läßt [*56*]. Als Interpolymere bezeichnet man [*57*] „homogene" Copolymere, die im gleichen Sinne wie Homopolymere chemische Homogenität aufweisen, d. h. verschiedene Fraktionen haben analytisch praktisch gleiche chemische Zusammensetzung, wenn auch nicht notwendig identische Eigenschaften (verschiedene Molekulargewichte, Verzweigungen, Isomerieerscheinungen). „Einheitliche" Polymere enthalten die Polymermoleküle in engem Verteilungsbereich. Wie Untersuchungen über die Zellulose darlegen, vollzieht die Natur die Biosynthese einheitlicher Hochpolymermoleküle anscheinend nicht nach Poisson-Prozessen, sondern nach matrizengesteuerten Mechanismen [*58*].

c) Die Hochpolymermoleküle können im Idealfall lineare Struktur haben. Im praktischen Fall liegen mehr oder minder verzweigte Polymere vor. Die Hochpolymere können mehr oder minder von den Synthesebedingungen abhängig vernetzt sein (Butadienkautschuke steigender Vernetzung mit steigender Polymerisationstemperatur) oder mittels bifunktioneller Monomerer (Diacrylate, Diallylphthalat, Diallylmaleinat) oder Monomerer mit kondensationsfähigen funktionellen Gruppen (N-Methylolacrylamid, Glykolacrylat über Diisocyanatkondensation) beabsichtigt vernetzt werden.

d) Durch Reaktion eines Hochpolymers mit Vinylmonomeren oder Butadien in einer Nachpolymerisationsreaktion („Aufpfropfen") können Pfropfpolymere (grafted polymers) entstehen.

e) In Abhängigkeit von Synthesebedingungen lassen sich stereoreguläre Konfigurationen herstellen [*59*]:

isotaktische mit dddd ...... llll-Substituentenanordnung und syndiotaktische mit dldldldl-Anordnung. Diolefine (Butadien und seine Derivate) führen nach besonderen Polymerisationsmethoden zu cis-trans-isomeren Hochpolymeren.

3. Durch Größe und Verteilung der Molekulargewichte der Hochpolymeren.

1.3.3.1 Glasübergangstemperaturen

Wird eine hochpolymere Schmelze abgekühlt, so wird sie in vielen Fällen bei einer bestimmten Temperatur anfangen zu kristallisieren. Es ist eine Eigenart der hochpolymeren Stoffe, daß sie normalerweise nicht ganz auskristallisieren können sondern nur partiell, so daß immer noch ein gewisser Anteil sich im amorphen Zustand befindet. Eine gewisse Reihe von Hochpolymeren kann wegen der asymmetrischen Anordnung der Bausteine überhaupt nicht kristallisieren. Wird nun weiter abgekühlt, so werden die nicht kristallisierbaren Schmelzbereiche in den partiell-kristallinen Hochpolymeren bzw. die Gesamtschmelze bei den amorph gebliebenen Hochpolymeren immer zähflüssiger, bis sie schließlich innerhalb eines kleinen Temperaturbereiches zu einem Glas erstarren. Dieser Bereich wird durch die sogenannte Glasübergangstemperatur T_g charakterisiert. Hier ist die Behinderung der mikrobrownschen Molekularbewegungen durch die nächsten Molekülnachbarn und die inter- und intramolekularen Wechselwirkungskräfte so groß geworden, daß diese Bewegungen einfrieren. Die Glastemperatur ist daher eine Einfriertemperatur.

Dies verursacht Änderungen vieler physikalischer Eigenschaften des Hochpolymers (thermische Ausdehnung, Fließeigenschaften, Elastizitätsmodul, Brechungsindex, dielektrische Eigenschaften, Wärmeleitung, Härte, Stoßfestigkeit, Filmbildevermögen, Klebrigkeit u. a.). Die Glastemperatur T_g läßt sich durch die Verfolgung des Temperaturverlaufs der physikalischen Eigenschaften oberhalb und unterhalb dieser Glastemperatur ermitteln. Die Bestimmungswerte hängen beträchtlich von der Methode, dem Polymerisationsgrad, der Taktizität und der Kristallinität und wegen der unterhalb T_g stets ablaufenden Nachwirkungserscheinungen in Richtung auf ein Gleichgewicht zu auch von der Versuchszeitdauer ab [*60*]. Die nach der Methode der Brechungsindexänderungen ermittelten Werte stimmen mit den aus dilatometrischen Messungen befriedigend überein. Beide Methoden sind quasi-statisch. Die nach der dynamischen Methode aus den „anomalen Dispersionen" des Elastizitätsmoduls abgeleiteten Werte sind frequenzabhängig. Tabelle 8 gibt einen Überblick über die Glastemperatur-Mittelwerte der amorphen Bereiche einiger wichtiger Homopolymerer.

Tabelle 8. *Glastemperatur-Mittelwerte der amorphen Bereiche einiger Homopolymerer und einiger kristalliner Homopolymerer (T_g in °C, Mittelwerte aus der Temperaturabhängigkeit der Brechungsindices)* [8]

Homopolymer aus:			
Butadien	—87	Styrol	+90 bis +95
Äthylen	—70 bis —77	Methylacrylat	+ 5 bis + 8
Propylen	+ 3 bis —13	Äthylacrylat	—22 bis —27
Vinylchlorid	+80	n-Butylacrylat	—52 bis —57
Vinylidenchlorid (hochkristallin: 240)	—23	2-Äthylhexylacrylat	—72 bis —77
Vinylacetat	+30 bis +37	Methylmethacrylat (isotaktisch: +78° C)	+105 bis +114
Vinylpropionat	+ 7 bis + 8	Acrylnitril (unvollständig kristallisiert)	+100 bis +106
Vinyläthyläther	< —10	Acrylsäure (kristallin)	+166
Vinylisobutyläther	um —20	Acrylamid (kristallin)	+153

Aus den T_g-Werten in Grad Kelvin T_{gA} und T_{gB} für die Homopolymeren A und B und den Ausdehnungskoeffizienten oberhalb und unterhalb der Glastemperatur α_μ und α_γ lassen sich oft die T_g-Werte für die Copolymeren aus A und B nach einer Gleichung von M. GORDON und J. S. TAYLOR [*61*] berechnen:

$$T_g = \frac{\alpha_{\mu B} - \alpha_{\gamma B}}{\alpha_{\mu A} - \alpha_{\gamma B}} (T_{gB} - T_g) \left(\frac{1}{\varrho A} - 1\right) + T_{gA} \,. \tag{16}$$

Bessere Übereinstimmung mit den experimentellen Ergebnissen erreichte G. KANIG [*62*] mit einer Gleichung, die aus statistisch-thermodynamischen Überlegungen abgeleitet werden konnte, wobei die Wechselwirkungsparameter A_{AA} und A_{BB} zwischen den gleichartigen Polymerbausteinen und A_{AB} zwischen den ungleichartigen Bausteinen in Erscheinung treten und bestimmt werden können. Diese hängen in charakteristischer Weise mit den Glastemperaturen zusammen.

Die Gleichung von M. Gordon und J. S. Taylor [61] erscheint als Spezialfall dieser Gleichung, wenn angenommen wird, daß

$$A_{AB} = \frac{A_{AA} + A_{BB}}{2} \tag{17}$$

ist.

1.3.3.2 Äußere und innere Weichmachung

Fordert das anwendungstechnische Ziel ein bei Umgebungstemperaturen filmbildendes Hochpolymer, für dessen Herstellung solche Monomere verwendet werden sollen, deren Homopolymere bei Umgebungstemperaturen nichtfilmbildend sind (Vinylchlorid, Styrol, Methylmethacrylat, Vinylacetat), so läßt sich dieses Ziel erreichen:

a) durch Mischen des Hochpolymers mit Weichmachern („äußeres" Plastifizieren),

b) durch Copolymerisation oder „Mischpolymerisation" der Mischungen aus Comonomeren gegeneinander abgestimmter T_g-Werte („inneres" Plastifizieren; vgl. 1.3.3.1). Bei der Herstellung der synthetischen Dispersionen werden beide Wege beschritten. Die Einstellung der Plastizität läßt sich auch durch Mischen von Dispersionen erreichen. Für das äußere Weichmachen dienen gelatinierende Weichmacher, wie Dialkylphthalate, -adipate, -sebacate, Polymerweichmacher, Trikresylphosphat u. a. Tabelle 9 verdeutlicht den Weichmachereinfluß auf den Einfrierbereich und einige mechanische Eigenschaften eines Polyvinylchloridhomopolymers; vergleichend sind entsprechende Werte für Vinylchlorid-n-Butylacrylat-Copolymere aufgeführt.

Tabelle 9. *Glastemperatur-Mittelwerte (T_g-Werte) und mechanische Eigenschaften äußerlich und innerlich weichgemachter PVC-Systeme*

a) äußere Weichmachung eines PVC-Homopolymers [63]

Gewichts-% Trikresylphosphat	Glastemperatur-Mittelwerte T_g in °C	Bruchdehnung %	Zerreißfestigkeit kg/cm²
0	+ 90	ca. 0	439
10	+ 76	ca. 10	630
20	+ 61	14	400
30	+ 44	185	245
40	+ 28	310	140
50	+ 14	405	93
60	— 1	478	48

b) innere Weichmachung einiger Vinylchlorid-n-Butylacrylat-Copolymerer [64]

Gewichts-% n-Butylacrylat	Erweichungspunkt °C	Kältefestigkeit °C	Bruchdehnung %	Zerreißfestigkeit kg/cm²
5	70			
10	65			
20	60			
30		+ 20	200	160
40		+ 8 bis + 12	325	130

Die Wirksamkeit äußerer Weichmacher hängt ab von chemischer Natur, Molekulargewicht, Molekülgestalt, Polarität [65], Solvatationsvermögen und Viskosität [66]. Ihr Einfluß auf Kältefestigkeit, Bruchdehnung und Zerreißfestigkeit ist eingehend untersucht worden [67]. Für die Erzielung permanent plastifizierter Hochpolymerer optimaler Anwendungseignung werden oft Mischungen aus Weichmachern verschiedenen Polaritätsgrades und Solvatationsvermögens eingesetzt. Soll aus Verarbeitungsforderungen temporär eine „Weichmachung" oder Herabsetzung der Filmbildetemperatur erfolgen, so können Lösungs- oder Quellmittel, die mit Wasserdampf (aus dem Trockenvorgang) flüchtig sind (Kohlenwasserstoffe, niedere Alkohole, Aceton), als Hilfsstoffe verwendet werden.

Die Stabilität der mit nichtpolymeren Weichmachern äußerlich plastifizierten Hochpolymere und ihre Beständigkeit gegenüber chemischen und physikalischen Einwirkungen wird u. a. durch folgende Faktoren bestimmt:

1. in hohem Maße von der Temperatur (Weichmacherflüchtigkeit ergibt Versprödung, Weichmacherwanderung führt zu klebrigen Filmoberflächen);

2. Extrahierbarkeit der Weichmacher durch Lösungsmittel, Öle, Fette oder Chemikalien;

3. Weichmacherwanderung in andere Feststoffphasen (Versteifungs- und Schrumpferscheinungen);

Die Verwendung weichmacherhaltiger Hochpolymerer als Bestandteil von Verpackungsmitteln für Nahrungs- und Genußmittel (Bedarfsgegenstände im Sinne des deutschen Lebensmittelgesetzes, 1962) ist nur dann behördlich zugelassen, wenn die verwendeten Weichmacher weder toxisch sind, noch in das verpackte Gut übergehen.

Gegenüber den begrenzten Möglichkeiten für das Weichmachen der Hochpolymere durch äußere Weichmachungsmittel bietet die sogenannte innere Plastifizierung als permanente Weichmachung, d. h. der auf Anwendungsforderungen abgestimmte Aufbau der Hochpolymere (anwendungsorientierte Strukturen, tailored structures) durch Copolymerisation der nach dem Anwendungszweck bestimmten Comonomeren nahezu unerschöpfliche Möglichkeiten nach Natur, Anzahl, Mengenverhältnis und Raumorientierung der im besonderen über ihre Substituenten chemisch und physikalisch spezifisch wirkenden Strukturen der Grundbausteine (Sequenzelemente).

1.3.3.3 Verzweigungen und Vernetzungen [68]

Vinylmonomere mit nur einer C = C-Bindung bilden im allgemeinen lineare Hochpolymere, d. h. Fadenmoleküle, zwischen denen Kovalenzbindungen nicht bestehen. In Gegenwart geeigneter Lösungsmittel gehen sie in Abhängigkeit von der Lösungsmittelmenge in den Quellzustand oder in Lösung über. Bei der Polymerisation können durch Kettenübertragungsreaktionen (chain transfer; Reaktion des Kettenradikals mit Monomeren oder Polymermolekülen, oft unter Abspaltung eines Wasserstoffatoms aus diesen Übertragungsmitteln) Verzweigungen entstehen. Die Verzweigungen führen zwar nicht zur Unlöslichkeit, sie beeinflussen je nach dem Verzweigungsgrad die Geschwindigkeit, jedoch nicht das Gleichgewicht des Quell- oder Lösungszustandes.

Verzweigte Polymere mit besonderen Eigenschaften sind die Pfropfcopolymere [69], die z. B. durch Polymerisation eines Monomers, in dem ein Hochpolymer anderer Konstitution gelöst ist, durch Kettenübertragung entstehen (Pfropfen von Vinylacetat, Vinylchlorid, Styrol auf Polyacrylate). Bei ihnen ist eine lange Polymerkette an ein Hochpolymer anderer Konstitution kovalent gebunden.

Vinylmonomere mit zwei oder mehr C = C-Bindungen (Butadien) bilden im allgemeinen durch Kovalenzen vernetzte Hochpolymere, da die Rest-C = C-Bindung eines Kettensegmentes des Diolefinpolymers an Stelle eines Monomers ein Radikal addieren kann. Die Polymerisation konjugierter Diene führt daher in Abhängigkeit von den Polymerisationsbedingungen im allgemeinen zu nur teilweise löslichen Hochpolymeren. Nur unter besonderen Bedingungen werden lösliche Dienpolymere mäßig hohen Molekulargewichts erhalten.

Für technologisch beabsichtigte Vernetzungen werden als Comonomere verwendet:

a) Divinylmonomere, bei denen die Reaktion der einen C = C-Bindung die Reaktivität der anderen nur gering beeinflußt (Divinylbenzol, Divinyläther, Diolacrylate, Diallylphthalat, Diallylmaleinat). Bereits geringe Zusätze führen zu hochvernetzten Strukturen.

b) Vinylmonomere mit einer C = C-Bindung und daneben einem zu Kondensationsreaktion befähigten funktionellen Substituenten (N-Methylol(meth)acrylamide und ihre Äther oder Ester und Mannich-Basen-Acrylate [70]; Diolmonoacrylate mit einer durch Isocyanate vernetzbaren Hydroxylgruppe; 2-Chloraethylacrylat). Die Vernetzung wird hier im allgemeinen nach der Polymerisation bei der Verarbeitung der Polymerlatices herbeigeführt (thermische, alkalische oder Protonenkatalyse).

Tabelle 10. *Glastemperaturen und gebundener Schwefelgehalt bei Naturkautschuk-Vulkanisaten*

gebundener Schwefel %	Glastemperaturen °C
0	— 71
4	— 58
8	— 36
12	— 13
16	+ 13
20	+ 36
24	+ 58
28	+ 80
32	+ 84

Vernetzungen erniedrigen die Molekülbeweglichkeiten und erhöhen die Glastemperaturen. Tabelle 10 zeigt für die bekannte Kautschukvulkanisation die Beziehungen zwischen Glastemperaturen und Gehalten an gebundenem Schwefel [71]. Die Vernetzung durch Aufheben der C = C-Bindungen unter Bildung von S-Brücken bewirkt auch eine Teilorientierung der Fadenmoleküle über die Einführung polarer Schwefelgruppen.

1.3.4 Die wässrige Phase

Die Eigenschaften der wässrigen Phase werden bestimmt durch Konzentration und Natur der gelösten oder suspendierten Stoffe, insbesondere durch nichtkolloide oder kolloide Elektrolyte, wasserlösliche Hydrokolloide, oberflächenaktive Stoffe (Tenside) und den pH-Wert. Die Konzentration der oberflächenaktiven Stoffe ist bei synthetischen Dispersionen (im allgemeinen 2% bis 6%) viel größer als bei Naturlatices (etwa 1%). Selbst bei hoher Konzentration an adsorbierten Tensiden sind die Polymerteilchen der synthetischen Dispersionen nur selten mit Adsorbat gesättigt; meistens entspricht die Tensidkonzentration nur einer Teilchenumhüllung von 30% bis 70% der gesamten Teilchenoberflächen. In der wässrigen Phase sind nur geringe Mengen freier Tenside und allgemein in Konzentrationen beträchtlich unterhalb der kritischen Mizellkonzentration zugegen. Daher ist die freie Oberflächenenergie der synthetischen Dispersionen in Rücksicht auf die Gesamtmenge der oberflächenaktiven Stoffe des Systems recht hoch. Wegen der unzureichenden Umhüllung der Teilchen mit oberflächenaktiven Stoffen entwickeln synthetische Dispersionen hohe Affinität zu diesen Stoffen. Synthetische Dispersionen neigen daher dazu, anderen Dispersionen oder Kolloidsystemen oberflächenaktive, stabilisierend wirkende Stoffe zu entziehen. Dies kann bei Mischvorgängen zu anomalen Viskositätsverhältnissen und zu Mikroflockungen führen, die sich nur durch Ausgleich des Tensidhaushaltes der Mischungen vermeiden lassen.

1.3.5 Stabilität

Die dispergierten Teilchen eines Latex neigen in Abhängigkeit von der Lagerungsdauer zum Sedimentieren oder Aufrahmen. Die Geschwindigkeit des Absetzens oder Aufrahmens ist eine Funktion der Dichtedifferenz zwischen Teilchen und Suspendiermedium. Bei längerer Schwerkrafteinwirkung kann die Teilchenverteilung im Dispersionsmedium bei stationärer Lagerung ungleichmäßig werden. Im allgemeinen lassen sich jedoch auch längere Zeit (viele Monate) stationär gelagerte Dispersionen nach kurzzeitigem Durchmischen wieder in den ursprünglichen Verteilungszustand zurückführen.

Hochpolymerdispersionen sind wie alle Dispersionssysteme infolge der hohen Grenzflächenenergien thermodynamisch instabil. Sie streben den Übergang in thermodynamisch stabilere Zustände durch Verkleinerung der Grenzflächen unter Zusammenlagerung der Teilchen zu größeren Gebilden an. Dabei bezeichnet man den Vorgang der irreversiblen Teilchenverschmelzung als Agglomerieren und den der reversiblen Teilchenzusammenlagerung als Aggregieren. Abbildung 17 verdeutlicht die Beziehung freier Grenzflächenenergie und Teilchendurchmesser.

Die Neigung zur Bildung von Mikroflockungen oder Koagulat läßt sich durch Stabilisierungsfaktoren weitgehend zurückdrängen. So dienen die elektrische Aufladung der Teilchen und der Teilchenschutzhüllen, die Raumanordnung der Schutzkolloide und die Einstellung spezifischer Eigenschaften der Teilchensolvathüllen der Stabilität von Polymerdispersionen.

Die elektrische Aufladung der Polymerteilchen und ihrer Schutzhüllen entspringt dem Unterschied zwischen den Dielektrizitätskonstanten des dispergierten Polymers und des Dispersionsmediums, der Dissoziation der an der Oberfläche

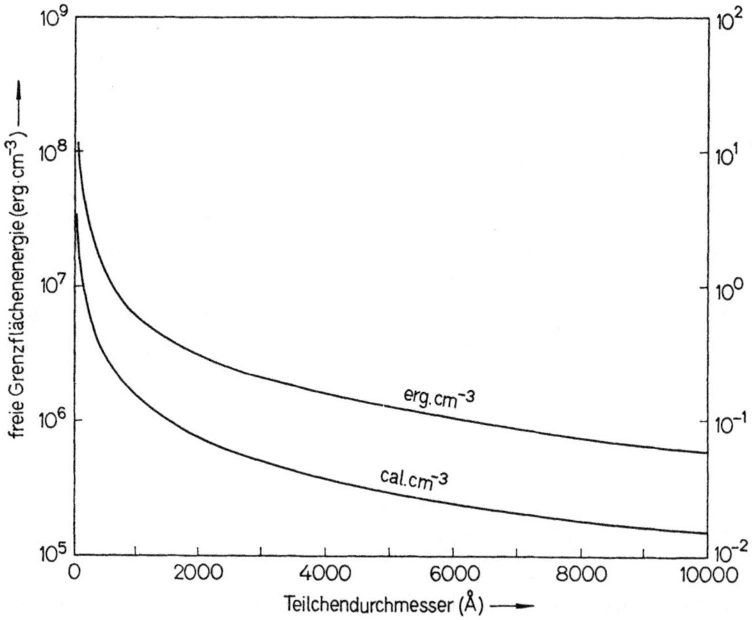

Abb. 17. Abhängigkeit zwischen Teilchendurchmesser und freier Oberflächenenergie [aus D. C. Blackley, High Polymer Latices, Vol. 1, p. 19. London: MacLaren & Sons Ltd. 1966] freie Grenzflächenenergie (erg. cm^{-3}) ↑ ↑ freie Grenzflächenenergie (cal · cm^{-3}) / Teilchendurchmesser (Å)

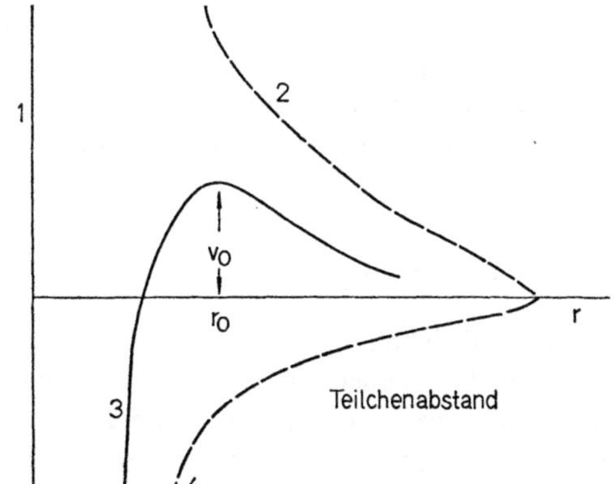

Abb. 18. Überlagerung des Anziehungs- und Abstoßungspotentials V zwischen zwei kugelförmigen Polymerteilchen [aus Angew. Chem. **72**, 863 (1960); dort Abb. 13]. 1 Gesamtpotential V 2 $V_R(r)$, 3 $V(r)$, 4 $V_A(r)$.

adsorbierten oberflächenaktiven Stoffe und der Adsorption von Ionen an Dipolmoleküle. Elektrisch aufgeladene Kolloidteilchen in wässrigem Medium sind von einer diffus verteilten Schicht von Gegenionen umgeben. Bei der Annäherung zweier elektrisch aufgeladener Polymerteilchen bis zur beginnenden Durchdringung ihrer Gegenionenschichten entsteht ein Abstoßungspotential in Abhängigkeit vom Teilchenabstand [*72*]. Abbildung 18 zeigt schematisch die

Überlagerung des Anziehungs- und Abstoßungspotentials V zwischen zwei kugelförmigen Polymerteilchen und damit das Gesamtpotential des Systems in Abhängigkeit vom Teilchenabstand [73].

Die Kurve $V_R(r)$ ist der Ausdruck für die aus Coulombschen Abstoßungskräften zwischen zwei Teilchen resultierende Komponente. Diese Kurvenform entspricht angenähert einer rechtwinkligen Hyperbel, besonders bei großen Teilchenabständen; ihr Gradient ist stets negativ. Die Kurve $V_A(r)$ ist der Ausdruck für die über kurze Entfernungen wirkenden Anziehungskräfte, ihr Potential ist überall negativ und ihr Gradient stets positiv. Die Potentialkurve für V_A steigt über sehr kleine Entfernung steil an bis zu einer vernachlässigbar kleinen Größe. Das Verhalten des Kolloidsystems unter der Wirkung der Anziehungs- und Abstoßungskräfte wird daher durch eine Potentialkurve $V(r)$ als Resultante beschrieben, deren Ordinate stets die algebraische Summe der $V_A(r)$ und $V_R(r)$ Werte ist, d. h. bei sehr großen Teilchenabständen wird das Verhalten fast ausschließlich durch Coulombsche Abstoßungskräfte, bei sehr kleinen Abständen durch die nur über kleine Abstände wirkenden Anziehungskräfte beherrscht und bei mittleren Abständen durch das Zusammenwirken von zwei entgegengesetzt wirkenden Kräften vergleichbarer Größe. Der Potentialschwellenwert V_0 beim Teilchenabstand r_0 kennzeichnet die Schwelle, bei deren Überschreiten nach kleinerer Entfernung die Teilchen permanent koagulieren. Der Wert V_0 läßt sich aus $\partial V/\partial r = 0$ für $r = r_0$ berechnen [73]; bei $r = r_0$ ist die Kräfteresultante Null. Die beiden Teilchen sind dann im instabilen Zustand, d. h. bei $r = r_0$ besteht Gleichheit zwischen Coulomb- und Anziehungskräften. Die Anziehungskräfte zwischen den dispergierten Teilchen – die chemisch unspezifisch, universell wirken – haben ihren Ursprung in van der Waals-Kräften, die teils aus der Wechselwirkung zwischen permanenten und induzierten Moleküldipolen und – bei Kolloidteilchen vermutlich vorherrschend – teils durch wellenmechanisch induzierte Dipol-Wechselwirkungen entstehen [74].

1.3.5.1 Mechanische Stabilität

Bei Annäherung zweier Teilchen genügend hohen Energieinhalts, der zur Überwindung des Potentialwalls V_0 ausreicht, tritt Koagulation ein. Die Koagulation vieler Hochpolymerlatices unter der Einwirkung hoher Scherkräfte (hochtourig laufende Pumpen oder Mischaggregate) wird hierdurch erklärt (vgl. II. 1.4.).

1.3.5.2 Einfluß von Elektrolyten

Wird den dispergierten Teilchen ihre Ladung durch zugesetzte Elektrolyte genommen, so wird der isoelektrische Punkt erreicht und die entladenen Teilchen koagulieren häufig wegen unzureichender Ladungsstabilisierung bereits früher. Positiv geladene Teilchen werden bevorzugt durch Anionen ausgefällt, dagegen führen Kationen oberhalb eines Schwellenwertes zur Ausfällung negativ geladener dispergierter Teilchen; dabei ist die Ladung des Kations entscheidend. Nach der Schulze-Hardy-Regel nimmt die fällende Wirkung von trivalenten über bivalente zu monovalenten Kationen ab; divalente sind hierbei trivalenten Kationen nur wenig unterlegen. Nach dieser Regel stehen die für das Ausfällen des Kolloids erforderlichen Konzentrationen der 1-, 2- bzw. 3-wertigen Kationen im Verhältnis $\frac{1}{1^6} : \frac{1}{2^6} : \frac{1}{3^6} = 100 : 1{,}6 : 0{,}13$.

Unter den Kationen gleicher Valenz bestehen Unterschiede. Das Gegenion der Kationen beeinflußt ebenfalls die elektrophoretische oder die Ladungsbeweglichkeit der Teilchen. Durch Zufügung geeigneter Mengen von Alkyl- oder alkylierter Aryloxäthylaten, Äthylenoxid-Addukten, Polyelektrolyten, Polyvinylalkohol oder Komplexbildnern kann die mechanische Stabilität der Hochpolymerlatices dagegen gesteigert werden.

Bei Zusatz von Elektrolyten zu Hochpolymer-Seifendispersionen nimmt die Dicke der diffusen Gegenionenschicht schon mit geringen Zusatzmengen und steigend mit der Wertigkeit des Elektrolytions sehr rasch ab. Das Abstoßungspotential $V_R(r)$ (vgl. Abb. 18) fällt für kleinere Teilchenabstände, bei denen die Anziehungskräfte (V_A) schon sehr groß sind, ab. Die Potentialschwelle wird dann sehr klein und verschwindet rasch, wodurch das instabile System koaguliert. Durch Zusatz relativ großer Mengen oberflächenaktiver, insbesondere nichtionischer Stoffe (Polyoxäthylate; etwa 5% des Polymers) läßt sich zeitbegrenzt Beständigkeit auch gegenüber mehrwertigen Elektrolytionen erzielen.

Bei Zusatz von Elektrolyten zu Hochpolymer-Schutzkolloid- oder nichtionischen Dispersionen beobachtet man eine weit geringere Empfindlichkeit im Vergleich zu Seifendispersionen. Bei den Schutzkolloiddispersionen sind die dispergierten Teilchen von voluminösen Adsorptionsschichten polarer, stark hydratisierter Makromoleküle umgeben. Die Stabilität der Dispersionen wird hier durch sterische und Solvatationseigenschaften der Schutzhüllen bestimmt. Die Schutzkolloidmoleküle sind vorwiegend in Form lockerer Knäuel adsorbiert; zwischen den Haftstellen bilden sich Schlaufen [*75*]. Die Aggregationen der Teilchen zeigen in hochviskosen Schutzkolloiddispersionen starke Strukturbildung [*76*]. Eine stabilisierende Schutzwirkung wird erst mit der Ausbildung einer mindestens monomolekularen Dicke der Teilchenhülle erreicht. Der Teilchendurchmesser kann um 80 Å vergrößert sein. Die Viskosität und die Dicke der adsorbierten Schutzkolloidschicht müssen bestimmte Mindestwerte überschreiten, wenn das Abstoßungspotential ausreichend hoch sein soll. In der Umgebung der Teilchen besteht höhere Viskosität. Bei Annäherung der Teilchen weichen sie in Richtung niedriger werdender Viskosität und damit unter Entfernung voneinander aus [*77*]. Das Entstehen eines Abstoßungspotentials wurde auch nach der Flory-Theorie für makromolekulare Lösungen [*78*] gedeutet. Die hiernach berechneten Abstoßungskräfte und Potentialschwellenwerte entsprechen den Verhältnissen bei extrem stabilen Kolloidsystemen hoher Grenzflächenpotentiale [*79*]. Über die physikalisch-chemischen Vorgänge bei der Koagulation der Dispersionen durch Elektrolyte haben I. Hengstenberg und W. Sliwka zusammenfassend berichtet [*80, 81*].

1.3.5.3 Einfluß der Temperatur

Mit steigender Temperatur und damit steigender Zahl und Energie der Zusammenstöße zwischen den dispergierten Polymerteilchen wächst die Neigung der Dispersionen zur Koagulatbildung. Im allgemeinen ist der Effekt der Temperaturerhöhung bei den Hochpolymerdispersionen jedoch sehr gering, solange stärkere

Wasserverluste durch Verdampfen oder schwerwiegende chemische Veränderungen (Verseifung, Chlorwasserstoffabspaltung) nicht auftreten.

Sinkt die Temperatur unter den Gefrierpunkt der wässrigen Phase, so koagulieren die synthetischen Dispersionen vielfach irreversibel. Der Koagulationsvorgang hängt in komplexer Weise von einer Vielzahl bestimmender Faktoren ab [*82*] (Probengröße, Probengestalt, Abkühl- und Auftaugeschwindigkeit, gewählte Temperaturintervalle, Versuchsdauer, pH-Wert-Einstellungen u. a.). Literaturangaben über das Gefrier-Auftau-Verhalten der Polymerdispersionen sind – oft in Ermangelung definierter Bedingungen – kaum vergleichbar. Die Koagulation scheint verursacht [*83*] durch starkes Ineinanderpressen der Oberflächen der dispergierten Polymerteilchen in den Zwischenräumen zwischen den schnell wachsenden Eiskristallen und durch die Erhöhung der Elektrolytkonzentration außerhalb der kristallisierten wässrigen Phase. Erfahrungsgemäß kann die Kältestabilität der synthetischen Dispersionen durch die Auswahl geeigneter stark hydrophiler Emulgiermittel bei der Herstellung [*84, 85*] (Polyäthoxylate) oder durch Proteine [*86*] in dem Sinne verbessert werden, daß der Zeitunterschied zwischen Eisbildung und Koagulatbildung beträchtlich vergrößert werden kann. Beim Gefriervorgang kristallisiert offenbar zuerst das nichtgebundene Wasser der wässrigen Phase und erst danach das Hydratwasser der Kolloidschutzschicht [*87*]. Die Gefriertemperatur oder die Eiskristallitbildung kann auch durch wasserlösliche Zusätze (Alkohole wie Methanol, Glykole, Glyzerin u. a.) erniedrigt werden.

1.3.5.4 Verträglichkeit mit Lösungsmitteln, Weichmachern, festen Bindemitteln und Harzen

Flüssige Lösungs- und Weichmachungsmittel werden langsam unter gutem Rühren zu der Dispersion zugesetzt, damit sie sich möglichst schnell und gleichmäßig verteilen. Reicht die Menge oberflächenaktiver Stoffe in der Dispersion nicht für eine permanente Emulgierung dieser Zusatzstoffe, so werden sie unter getrenntem Emulgieren in Form einer Emulsion mit der Dispersion vermischt. Wasserlösliche Zusatzstoffe können bei örtlicher Überdosierung die Dispersion zur Koagulation bringen. Quellen die Lösungs- oder Weichmachungsmittel das Polymer nicht, so bleiben sie in der äußeren Phase und verändern diese; durch Quellen des Polymers setzen sie dessen Glastemperatur herab. Flüchtige Lösungsmittel werden verwendet, um durch temporäre Plastifizierung die Filmbildetemperatur herabzusetzen, wenn besondere Weichmacherzusätze vermieden werden sollen.

Feste Bindemittel und Harze werden in Form ihrer Emulsionen, als Sekundärdispersionen oder als wässrige Lösungen den Polymerdispersionen zugemischt, um Härte, Wasserlöslichkeit, Wärmestandfestigkeit u. a. der Polymerfilme zu verändern.

In jedem Falle ist nach Zusatz der festen Bindemittel, Harze, Lösungs- oder Weichmachungsmittel eine Mindestreifezeit für die Einstellung eines Gleichgewichts der Verteilung zwischen den Phasen der Dispersion erforderlich. Der Reifevorgang, dessen Dauer bis zur Bildung eines klaren Films aus von Zeit zu Zeit entnommenen Proben bestimmt werden kann, dauert um so länger, je weniger der Zusatzstoff das dispergierte Polymer gelatiniert und je langsamer er durch die wässrige Phase diffundiert. Bleibt der klare Film beim Verstrecken, Biegen oder Falzen klar, so dürfen die beigemischten Zusatzstoffe als gut verträglich bezeichnet werden. Hierbei auftretende Opazität bedeutet begrenzte Verträglichkeit, die jedoch die Verwendung der Mischsysteme für manche Anwendungszwecke (Beschichtungen) nicht ausschließt.

1.3.5.5 Schutzkolloide und Verdickungsmittel

Für die Verarbeitung niedrigviskoser synthetischer Dispersionen wird vielfach eine höhere Viskosität (z. B. Anstrichbindemittel) oder ein höheres Wasserrückhaltevermögen (z. B. Papierbeschichtung in Maschinen hoher Beschichtungsgeschwindigkeit) gefordert. Diese Forderungen lassen sich entweder durch Einbau stark hydrophiler, durch Salzbildung zu viskosen Systemen führender Substituenten eines Comonomers bei der durch Copolymerisation erfolgenden Herstellung der Dispersion oder durch Zusatz geeigneter Schutzkolloide oder Verdickungsmittel zu niedrigviskosen Dispersionen erreichen. Schutzkolloide sind hochpolymere Naturprodukte oder synthetische Stoffe, die nach der Solvatation große Mengen Wasser binden und in wässriger Lösung außerordentlich hohe Viskosität erzeugen. Infolge ihres Aufbaus aus polaren und nichtpolaren Molekülteilen neigen sie zur Ausscheidung an Grenzflächen und zur Umhüllung der dispergierten Teilchen mit einem dünnen Film und damit mit einer lose gebundenen Hydrathülle, die dem dispergierten Teilchen den Charakter eines hydrophilen Kolloids verleiht.

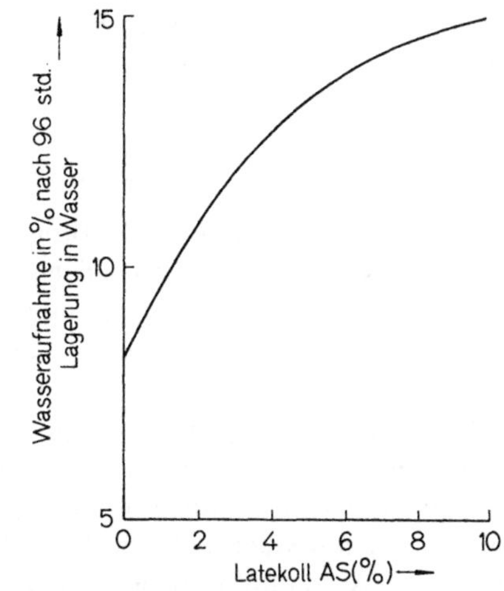

Abb. 19. Abhängigkeit der Wasseraufnahme eines Filmes vom Verdickungsmittelanteil

Als Schutzkolloide und Verdickungsmittel, die neben der Viskositäts- und Wasserretentionserhöhung gleichzeitig im allgemeinen die mechanische Stabilität und Verträglichkeit der Dispersionen gegenüber Elektrolyten und anderen Zusatzstoffen steigern, dienen Tierleime, Gelatine, Kasein, Pflanzengummi, Dextrine, enzymatisch aufgeschlossene Stärken, Alginate, Zellulosederivate (Methyl-, Carboxymethyl-, Hydroxyäthylzellulosen), Polyvinylalkohole, Polyacrylate, Polyacrylamide, Polyvinylpyrrolidone u. a. Zur Erzielung optimaler Effekte bedarf es genauer Dosierung, geeigneter Auswahl und zweckmäßigen Kombinierens der Schutzkolloide und Verdickungsmittel. Da die Wasserbeständigkeit der Filme aus den Polymerdispersionen mit steigendem Verdickungsmittelzusatz abnimmt, ist der Verdickungsmittelanteil stets möglichst klein zu halten. Abbildung 19 zeigt die Zunahme der Wasseraufnahme eines Filmes aus der Dispersion eines Copolymers aus Vinylchlorid-n-Butylacrylat in Abhängigkeit von der zugesetzten Menge eines Ammonium-Polyacrylates (LATEKOLL AS).

1.3.5.6 Stabilisierungs-, Netz- und Schaumverhütungsmittel

Zum Schutz der Polymerdispersionen vor Einflüssen, die ihre Haltbarkeit während der Verarbeitung stören können, setzt man den Dispersionen Stabilisierungsmittel zu (wasserlösliche Alkalisalze der Polyacrylate, Polyphosphate, Naphthalinsulfonsäure-Kondensationsprodukte, oberflächenaktive Stoffe gleichen Ladungssinnes, Oxäthylate). Sie stabilisieren die Dispersionen gegen mechanische Einflüsse, steigern die Verträglichkeit mit anorganischen Pigmenten, Füllstoffen und organischen Pigmenten und verzögern stark das Gelieren von Latexmischungen bei Raumtemperatur.

Netzmittel (Stoffe für die Modifizierung der Oberflächenspannung, z.B. wasserlösliche Oxäthylate, Alkalisalze der Alkyl-naphthalinsulfonsäuren, sulfonierte Carbonsäureester und sulfierte Fettsäure-Kondensationsprodukte) stabilisieren Polymerdispersionen über einen weiten Temperaturbereich und verringern ihre Elektrolytempfindlichkeit.

Schaumverhütungsmittel (Schaumdämpfer, z. B. aliphatische C_8- bis C_{12}-Alkohole, Alkylphosphorsäure- und Silikonester in Form wässriger Emulsionen) vermindern die Schaumbildung in den Polymerdispersionen bei ihrer Verarbeitung und ihre Empfindlichkeit gegen Zugabe organischer Lösungsmittel. Schaumverhütungsmittel dürfen die Polymeren nicht wie ein Lösungs- oder Weichmachungsmittel anlösen, da sie sonst in kurzer Zeit in das Polymere diffundieren und damit unwirksam werden (wie z. B. Tributylphosphat).

1.3.5.7 Konservierungsmittel

Ein vielfach in seiner Bedeutung verkannter wichtiger Bestandteil der synthetischen wässrigen Latices und der aus ihnen hergestellten Verarbeitungssysteme ist das Wasser. Da die Gefahr immer gegeben ist, daß durch Wasser Mikroorganismen (Pilze, Bakterien) und auch Algen bei der Verarbeitung der Latices eingeschleppt werden und hierdurch Zersetzungserscheinungen (Schimmel-, Geruchs- und Koagulatbildungen) hervorgerufen werden können, sollten stets Konservierungsmittel mitverwendet werden. Als technische Mikrozide eignen sich geringe Zusätze z. B. an Formaldehyd, Metaboraten, Benzoesäure, p-Chlormetakresol, Phenyl-Quecksilberacetat, Tributyl-Zinnoxid, 2-Benzyl-4-chlorphenol, quartären Ammoniumsalzen, Dichlor-isocyansäure u. a. Die Konservierung ist auch dann vorteilhaft, wenn die Latices Proteine oder andere Hilfsmittel, die ausgesprochene Nährböden für das Wachstum der Mikroorganismen sind, nicht enthalten. Schwefelbakterien können bei Vorliegen S-haltiger anorganischer oder organischer Hilfsmittel zu Verfärbungen (Metallsulfide) oder Geruchsbildung (Schwefelwasserstoff) führen. Im besonderen ist bei der Lagerhaltung der Latices, notfalls durch Desinfizieren der Behälter und Lagerräume, auf das Fernhalten der Mikroorganismen zu achten.

1.3.5.8 Verhalten im elektrischen Feld

Bestimmend für die Stabilität dispergierter Systeme und für das elektrokinetische Verhalten der dispergierten Teilchen sind die Teilchenladungen, deren

Existenz durch die Erscheinungen der Elektrophorese – das Wandern der Teilchen im elektrischen Feld – bewiesen ist. Da das Dispersionssystem als Ganzes elektrisch neutral ist, muß in dem intermizellaren Fließmedium eine gleichgroße Ladung entgegengesetzten Ladungszeichens bestehen. Der Ursprung der Ladung kann auf Moleküldissoziation, Ionenadsorption und Reibungselektrizität zurückgeführt werden. Nach HELMHOLTZ [*88*] ist das Teilchen an der Grenzfläche zwischen Teilchen und Dispersionsmedium von einer Schicht adsorbierter Ionen umgeben, die von einer Schicht Ionen entgegengesetzter Ladungen – den sogenannten Gegenionen – umhüllt ist: entsprechend einem elektrischen Kondensator aus zwei konzentrischen Kugelhüllen, der sogenannten elektrischen Doppelschicht. Die Wanderung kann – etwa durch direkte mikroskopische Beobachtung der dispergierten Teilchen – gemessen werden. SMOLUCHOWSKI [*89*] konnte zeigen, daß die von HELMHOLTZ abgeleitete Beziehung für die elektroosmotische Geschwindigkeit

$$v = \zeta \varepsilon E / 4 \pi \eta \tag{18}$$

für ζ: Zeta-Potential, d. h. das auf dem Teilchen induzierte Potential
ε: Dielektrizitätskonstante
E: elektrisches Feld (äußere Spannung, Volt/cm) und
η: Viskosität des Dispersionsmediums
auf die elektrophoretische Geschwindigkeit übertragen werden kann.

Nach der Debye-Hückel-Theorie [*90*] ändert sich Gleichung (18) jedoch mit der Teilchengestalt. Für dispergierte kugelförmige Teilchen gilt:

$$u = \zeta \varepsilon E / 6 \pi \eta \tag{19}$$

für u: Wanderungsgeschwindigkeit der Teilchen, d. h. die Wanderungsgeschwindigkeit u der Teilchen ist unabhängig von ihrer Größe. Da E, ε und η bestimmt werden können, läßt sich das Zeta-Potential berechnen.

Nach früheren Untersuchungen von GOUY [*91*] und unabhängig von CHAPMAN [*92*] über die nach ihnen benannte diffuse Gouy-Chapman-Doppelschicht der dispergierten Teilchen erfolgt das Abfallen des Potentials ψ mit zunehmender Entfernung x von der Teilchengrenze nicht scharf und linear – wie es die Helmholtz-Theorie fordert – sondern exponential. Die elektrische Dichte der diffusen Schicht nimmt nach einem Exponentialgesetz ab. Nach der Gouy-Chapman-Theorie ist die elektrophoretische Beweglichkeit

$$u = \frac{\sigma}{\eta} \cdot \frac{r}{(1 + \varkappa r)} \tag{20}$$

für σ: Oberflächenladung (aus der Potentialverteilung berechnet)
η: Viskosität,
r: Teilchenradius,
$\varkappa$: definiert durch

$$\varkappa^2 = \frac{8 \pi n z^2 e^2}{\varepsilon k T} \tag{21}$$

für n: Zahl der Ionen je ml Dispersion außerhalb der Doppelschicht,
z: Valenz der zur Oberflächenladung entgegengesetzt geladenen Ionen
e: Elementarladung
ε: Dielektrizitätskonstante
k: Boltzmann-Konstante
T: absolute Temperatur
$\varkappa$: reziproker Abstand des Teilchens von der Ebene der höchsten Teilchenladung.

Hiernach verhält sich die elektrische Doppelschicht wie ein ebener Kondensator des Abstandes $1/\varkappa$ zwischen den beiden Kondensatorplatten. Der Wert $1/\varkappa$ ist die „Dicke" der Doppelschicht; sie ist proportional der Konzentration der die Gegenionen bildenden Ionenarten.

Der Einfluß der Adsorptionsschichten auf das elektrokinetische Potential ist eingehender von STERN [*93*] behandelt. Unter besonderer Berücksichtigung der Ionendimensionen muß die Gouy-Chapman-Schicht in zwei Schichten zerlegt werden: eine praktisch fest an der Teilchengrenzfläche haftende Schicht einer Dicke von wenigen Å (angenähert einem einzelnen Ion entsprechend) und eine sie umgebende diffuse bewegliche Schicht. In diesem Gouy-Chapman-Stern-Schichtmodell (vgl. Abb. 16) fällt das Potential in der unmittelbar der Teilchenfläche benachbarten Schicht steil linear, in der sie umgebenden Schicht exponentiell in das Dispersionsmedium ab. Die diffuse Schicht erstreckt sich in einem Abstand δ (Scher- oder Gleitebene) jenseits der Teilchenoberfläche (vgl. Abb. 16). Die elektrische Kapazität C_m des Molekularkondensators ist gegeben durch das Verhältnis Teilchenoberflächenladung σ/Potentialdifferenz $\psi_0 - \psi_\delta$ und damit die Kapazität C_t der gesamten Doppelschicht als das Äquivalent der in Reihe geschalteten Kapazität C_d der diffusen Schicht und jener (C_m) des Molekularkondensators:

$$C_t = C_m C_d/(C_m + C_d)\,. \tag{22}$$

Da C_m nahezu konstant ist, C_d dagegen stark abhängt ($C_d \sim \varkappa$) von der Elektrolytkonzentration, ist die Verteilung des Gesamtpotentialabfalls in der Doppelschicht über die beiden Schichten auch von der Menge der anwesenden Elektrolyten abhängig. Selbst wenn das Teilchenoberflächenpotential ψ_0 konstant angenommen wird, so nimmt ψ_δ als das für die diffuse Doppelschicht bestimmende Potential mit wachsendem $\varkappa$ ab. Dies ist wichtig für die elektrokinetischen wie für die Stabilitätsverhältnisse der Systeme aus dispergierten Teilchen. Das Potential ψ_δ hängt – unter sonst gleichen Verhältnissen – von der Dicke des Molekularkondensators (bestimmt durch die Größe der Gegenionen) ab: Es nimmt mit abnehmender Dicke des Molekularkondensators stark zu, d. h. für größere Gegenionen sind geringere ψ_δ-Werte und damit niedrigere Stabilitäten zu erwarten. Nach der Stern-Theorie werden ferner die Ionen spezifisch adsorbiert und auf einer Kugelfläche im Abstand δ von der Teilchenoberfläche (Stern-Schicht oder kompakte Schicht) lokalisiert (Abb. 20). Werden die Gegenionen unabhängig von ihrer Ladung anderweitig stark adsorbiert, so führt dies zu einem starken Abfall des ψ_δ und damit zu einer niedrigeren Stabilität des Dispersionssystems. Die größere Polarisierbarkeit großer Ionen läßt ihre zunehmende Adsorbierbarkeit erwarten. Die Ladung σ an der Teilchenoberfläche ist entgegengesetzt und gleich der Summe der Ladung σ_2 des diffusen Teils der Doppelschicht und der Ladungen σ_1 der Ionen im nahezu starren Teil (Stern-Schicht) des Molekularkondensators. STERN bediente sich für die Berechnung des σ_1 eines der Langmuir-Adsorptions-Isotherme ähnlichen Modells.

Im Bestreben, die Stern-Theorie zu vervollkommnen, konnte GRAHAME [*94*] nachweisen, daß in der Stern-Schicht nur die Anionen unter Verlust eines Teils ihrer Solvathüllen wirklich chemisch adsorbiert sind, während die unvermindert

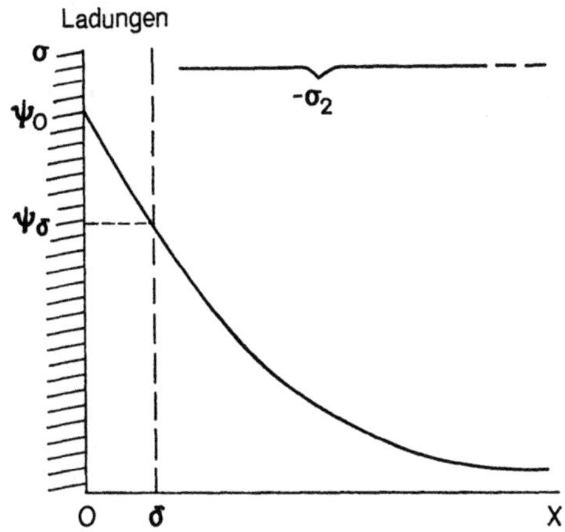

Abb. 20. Doppelschicht, schematisch ($0 \to \delta$: Stern-Schicht, $\delta \to x$: Gouy-Chapman-Schicht)

solvatisierten Kationen nur durch elektrostatische Kräfte von der Oberfläche gebunden werden. Er unterscheidet hiernach zwischen äußerer Helmholtz-Schicht (Gouy-Begrenzungsschicht; Ort der nahesten Lage der Ladungszentren der Kationen zur Grenzfläche) und innerer Helmholtz-Schicht (Stern-Schicht; Ort der Ladungszentren der chemisch adsorbierten Anionen). Nach ihm ist die Kapazität C zwischen Grenzfläche und äußerer Helmholtz-Schicht (bei Abwesenheit chemischer Adsorption):

$$C_a = \frac{\sigma \text{ gesamt}}{\psi_0 - \psi \text{ äuss. Helmholtz-Schicht}} \tag{23}$$

C_a hängt von der Grenzflächenladungsdichte ab. Da vieles dafür spricht, daß die Kapazität zwischen äußerer Helmholtz-Schicht und Schicht der chemisch adsorbierten Ionen:

$$C_i = \frac{\sigma \text{ gesamt}}{\psi_0 - \psi \text{ innere Helmholtz-Schicht}} \tag{24}$$

konstant ist, ergibt sich:

$$\sigma \text{ gesamt} + \sigma \text{ inn. Helmholtz-Schicht} + \sigma \text{ diffuse Schicht} = 0 \tag{25}$$

(σ diffuse Schicht: Gesamtladung der diffusen Schicht).

Keines der vorgenannten Modelle vermag jedoch die gemessenen hohen Werte für große positive oder negative Potentiale zu erklären.

Bei den Hochpolymerdispersionen enthält der dispergierende Elektrolyt amphipolare Ionen, die sich an der Teilchengrenzfläche anreichern (z. B. Fettsäureionen) und Ionen hoher Wasserlöslichkeit. Die Doppelschicht wird dann aufgebaut aus einer Schicht amphipolarer Ionen an der Grenzfläche, einer diffusen Schicht in der wässrigen Phase und in Rücksicht auf den erforderlichen Gesamtpotentialwert einer diffusen Schicht an der Polymerphase. Im wässrigen Teil der Doppelschicht ist dann der Potentialabfall viel größer als er ohne Gegenwart der amphipolaren Ionen ist. Dies führt zu einer größeren Stabilität der Dispersionen [*95*]. Werte für das Potential, die Ladungsdichte und die freie Oberflächenenergie der elektrischen Doppelschichten dispergierter kugelförmiger Teilchen sind berechnet und in Tabellen zusammengestellt worden (A. L. Loeb, J. Th. G. Overbeck [*95*]).

Unter besonderer Berücksichtigung der Deformation des äußeren Feldes durch die Gegenwart der dispergierten Teilchen konnte Henry [*96*] zeigen, daß die elektrophoretische Geschwindigkeit u

$$u = f \cdot \varepsilon \zeta E / \pi \eta \quad \text{ist.} \quad (26) \text{ [vgl. Gleichung (19)]}$$

für f: Zahlenfaktor, der abhängig ist vom Produkt $\varkappa \cdot a$, für a: Teilchenradius und $\varkappa = \sqrt{(8 \pi e^2 \Sigma n z^2)/(\varepsilon k T)}$ = reziproker Wert der „Dicke“ der Doppelschicht [vgl. Gleichung (21)]. Die von ihm berechneten Werte für f ($^1/_4$ für zylindrische Teilchen mit der Zylinderachse in Richtung des Feldes, $^1/_4$ bis $^1/_8$ für zylindrische Teilchen mit der Zylinderachse senkrecht zum Feld und $^1/_4$ bis $^1/_6$ für kugelförmige Teilchen) stehen im Einklang mit der Smoluchowski-Gleichung (18) (für $f = {}^1/_4$ für großes $\varkappa \cdot a$) und mit der Hückel-Gleichung (19) (für $f = {}^1/_6$ für kleines $\varkappa$). Nach Booth [*97*] gelten die voranstehenden Gleichungen streng nur für dispergierte feste Teilchen. Für die Berechnung des Zeta-Potentials aus elektrophoretischen Meßdaten läßt sich jedoch Gleichung (26) für $f = {}^1/_6$ ohne größeren Fehler anwenden. Nach Pickard [*98*] und Hunter [*99*] müssen jedoch bei der Berechnung des Zeta-Potentials in einigen Bereichen beträchtliche Korrekturen vorgenommen werden. Nach Lyklema und Overbeck [*100*] sind die Diskrepanzen zwischen gemessenen und berechneten Werten des Zeta-Potentials zumindestens teilweise auf die nicht voll zutreffenden Annahmen zurückzuführen, daß die Glieder für die Dielektrizitätskonstante und für die Viskosität in der Doppelschicht nach Gleichung (26) und in dem äußeren Dispersionsmedium gleich sind. Nach ihnen ist der Einfluß der Dielektrizitätskonstanten vernachlässigbar, nicht dagegen in manchen Fällen der Viskositätseinfluß.

Verwey und Overbeck [*95*] berechneten den für die Stabilität der Dispersionen entscheidenden Abstoßungseffekt zwischen zwei elektrischen Doppelschichten. Sie zeigten, daß die Abstoßungskraft eine Funktion der Größe $\varkappa H_0$ ist ($\varkappa$: reziproker Wert der wirksamen Schichtdicke, H_0: Abstand zwischen den Teilchen). Das Abstoßungspotential zwischen zwei Teilchen ist hiernach angenähert:

$$V_R = 4.62 \times 10^{-6} \frac{r}{\nu^2} \cdot \gamma^2 e^{-\varkappa \cdot H_0} \tag{27}$$

für r: Teilchenradius

ν: Valenz der Gegenions,

γ: $(e^{z/2} - 1)/(e^{z/2} + 1)$ für

z: $\nu \cdot \varepsilon \psi_0 / k T$ mit ψ_0 als Doppelschichtpotential.

Die zwischen den Teilchen in geringen Entfernungen wirkenden van der Waals-Kräfte gehorchen hierbei der Gleichung

$$V_A = - A \cdot r/12\, H_0 \qquad (28)$$

für A: von der Polarisierbarkeit der das Teilchen aufbauenden Moleküle abhängige Konstante. Die gesamte Wechselwirkung zwischen den Teilchen ist $V = V_R + V_A$. Für Polystyrol-Dispersionen wurde [*101*] die van der Waals-Konstante A zu $0{,}90 \times 10^{-12}$ erg bestimmt; aus viskosimetrischen Daten ergab sich A zu 10^{-14} erg [*102*] bzw. nach anderer Methode $3{,}9 \times 10^{-12}$ erg [*103*].

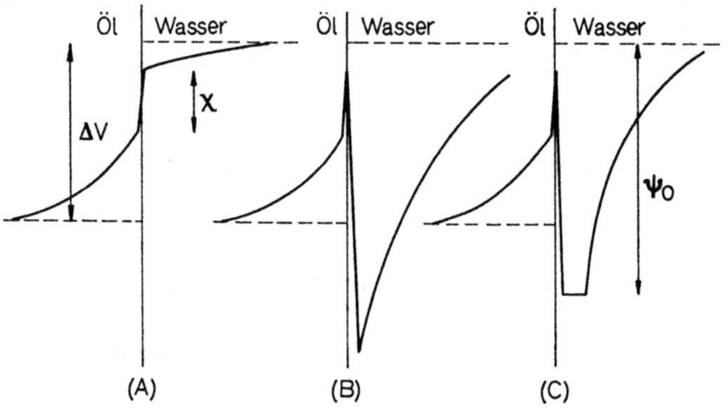

Abb. 21. Doppelschicht an der O-W-Grenzfläche (nach VAN DEN TEMPEL [*105*]). System A: in Abwesenheit oberflächenaktiver Stoffe, System B: in Gegenwart oberflächenaktiver Stoffe, System C: in Gegenwart oberflächenaktiver Stoffe und gleichzeitig hoher Elektrolytkonzentrationen

Bei den Flüssig-Flüssig-Grenzflächen ist nach VERWEY [*104*] die Bildung einer Doppelschicht beiderseits der Grenzfläche zu berücksichtigen, wobei die Potentialverteilung von der Art der Ionen (anorganische und organische) abhängt (Abb. 21). Bei emulgiermittelfreien O-W-Systemen (System A: Abwesenheit oberflächenaktiver Ionen) erfolgt nur ein geringer Teil des Doppelschichtpotentialabfalls in der äußeren wässrigen Phase: es tritt leicht Schichtentrennung ein. Bei emulgiermittelhaltigen O-W-Systemen (System B: oberflächenaktive Ionen an der Grenzfläche adsorbiert) befindet sich der größte Teil der Ladung in der äußeren wässrigen Phase. Das Zeta-Potential ist dann für die Ausbildung stabiler O-W-Systeme ausreichend groß (etwa $\pm$ 100 Milli-Volt). Bei emulgiermittelhaltigen und gleichzeitig beträchtliche Elektrolytmengen in der wässrigen Phase enthaltenden O-W-Systemen (System C) ist die wirksame Dicke der diffusen Doppelschicht entsprechend Gleichung (21) vermindert. Die Gegenionen wandern hierbei in die Schicht der Ionen des oberflächenaktiven Stoffes und bewirken die Bildung einer Schicht minderer Dicke und einheitlichen Potentials. Bei O-W-Dispersionen, deren durch Seifenionen stabilisierte O-Phase eine sehr niedrige Leitfähigkeit hat, hängt der Potentialabfall zur Phase des wässrigen Dispersionsmediums praktisch nur von der Menge der adsorbierten oberflächenaktiven Ionen und der Elektrolyte im Dispersionsmedium ab. Wegen der Elektroneutralität des gesamten Grenzflächenbereichs durch Kompensation der Ladung der Schicht der adsorbierten oberflächenaktiven Ionen (Stern-Schicht) durch die Ladungen der sie umgebenden diffusen Schicht (Gouy-Chapman-Schicht) beiderseits der Grenzfläche ist der Beitrag jeder dieser Doppelschichten proportional der Größe:

$$\sigma_1 = f(n_i \varepsilon_i)^{1/2} \cdot \sin h(e\psi_i/2\,kT) \tag{29}$$

für n_i: Konzentration der Ionen

ε_i: ihre Dielektrizitätskonstante,

ψ_i: Potentialabfall in der Ionenphase.

Nach VAN DEN TEMPEL [*105*] ist der Wert des Gliedes $(n_i \varepsilon_i)^{1/2}$ für die wässrige Phase zumindestens 10^3mal größer als in der O-Phase bei jeweils etwa gleicher Größenordnung des sin-Gliedes. Nach VERWEY [*104*] läßt sich dieser Zustand dahin interpretieren, daß die adsorbierten oberflächenaktiven Ionen die Grenzfläche „verfestigen".

Nach diesem Modell liegt ein Teil der Kationen eingeschmiegt in den Ionenmolekülteil der oberflächenaktiven Stoffe in der Stern-Schicht und der Rest in der diffusen Gouy-Chapman-Schicht. Der Anteil der Gegenionen in der Stern-Schicht ist [*93*]

$$\sigma_1/e\nu = N_1\{(1 + 0{,}6 \times 10^{24}/18\,n)\exp(e\nu\psi_0/kT)\}^{-1} \tag{30}$$

für N_1: Zahl der verfügbaren Plätze je cm^2 der Stern-Schicht,

n: Zahl der Gegenionen in 1 ml des Dispersionsmediums

ν: Valenz der Gegenionen

e: Elektronenladung

ψ_0: Potential der Stern-Schicht gegenüber einem Punkt im Dispersionsmedium außerhalb des Grenzflächenbereichs.

Die Größe N_1 wird für eine Schichtdicke von 3 Å auf etwa 10^{15} geschätzt. Die Ladung σ_2 der diffusen Schicht ist nach der Langmuir-Stern-Gleichung (6)

$$\sigma_2 = \{(\varepsilon kT/\pi)\,\Sigma n\nu^2\}^{1/2} \sin h(e\nu\psi_0/2\,kT) \tag{31}$$

für ψ_0: Potential an der Grenze zwischen Stern- und Gouy-Chapman-Schicht.

In Rücksicht auf die Elektroneutralität der gesamten Doppelschichtzone ($\sigma_1 + \sigma_2 = \sigma$) läßt sich mit Hilfe der Gleichungen (30) und (31) das Potential ψ_0 an der Grenze zwischen kompakter und diffuser Schicht bzw. das Zeta-Potential als Funktion von n und σ, d. h. aus den Eigenschaften der oberflächenaktiven Stoffe, der experimentell bestimmbaren Grenzflächenspannungen und der Elektrolytkonzentrationen berechnen [*105*].

2 Herstellung und Handhabung

2.1 Herstellung

Die Herstellung der wässrigen synthetischen Polymerdispersionen im technischen Maßstab erfolgt

a) weit überwiegend nach Verfahren der Emulsionspolymerisation durch Polymerisieren der Vinylmonomere, einschließlich des Butadiens und seiner Derivate, in wässrigen Dispersionsmedien (Herstellung der „Primärdispersionen", „Emulsionspolymere") oder

b) in geringem Umfang durch Dispergieren oder „Emulgieren" hochpolymerer Stoffe in wässrigen Dispergiermedien (Herstellung der „Sekundärdispersionen").

Die Herstellung der Dispersionssysteme kann nach diskontinuierlichen (absatzweise, Partie-, Chargen- oder Batch-Herstellung) oder nach kontinuierlichen Verfahren erfolgen. Entscheidende Faktoren für das Ergebnis der Emulsionspolymerisation wie des Dispergierens der Hochpolymeren in wässrigen Medien sind die Stoffe (Grund- und Hilfsmonomere, Dispergiermittel, Hilfsstoffe für die Auslösung und Lenkung der Polymerisation und für die Stabilisierung der kolloidchemischen Systeme) sowie die Reaktions- und Verfahrensbedingungen.

2.1.1 Die Stoffkomponenten

2.1.1.1 Wasser

Ein wichtiger Bestandteil aller wässriger Dispersionen ist das Wasser, das als Dispersionsmedium („Produktwasser") und als außergewöhnlich wirksames Wärmeübertragungsmittel (in erster Linie infolge der günstigen Wärmeübertragungszahl zwischen Öl- und Wasserphase) sowie als Lösungsmittel für wasserlösliche Hilfsstoffe des Polymerisationssystems dient und dessen Qualität die Eigenschaften der Dispersionen wesentlich mitbestimmt. Die in natürlichen Wässern vorhandenen Härtebildner (Calcium- und Magnesiumsalze) verursachen – insbesondere bei Verwendung der Alkalisalze der Fettsäuren als Emulgier- oder Dispergiermittel und bei Verwendung reaktiver Monomerer – Flockungserscheinungen und andere nachteilige Einflüsse im Polymerisationsverlauf:

Stoffe:	Wirkungen:
Ca^{++}-, Mg^{++}-, Al^{+++}-Ionen:	Flockungen durch Bildung unlöslicher „Kalkseifen" und unlöslicher Verbindungen mit reaktiven Monomeren, hemmender Einfluß bei der Polymerisationsreaktion.

Fe^{++}-Ionen: Bildung von Redoxsystemen (Reaktionsgeschwindigkeitseinfluß)

Na^{+}-, K^{+}-Ionen: in größerer Menge Beeinflussung der Mizellbildung und der Adsorption der stabilisierend wirkenden oberflächenaktiven Stoffe an das dispergierte Teilchen.

Cu^{++}-Ionen: Senkung des Polymerisationsgrades.

Für die Herstellung und Verarbeitung der Dispersionen muß daher in der Regel weiches Wasser und vielfach – besonders bei Verwendung der Vinylmonomere mit reaktiven Gruppen – demineralisiertes oder vollentsalztes (aus natürlichen Wässern über Permutit oder Ionenaustauscherharz in Aufbereitungsanlagen hergestelltes) Wasser verwendet werden. Der außerordentlich niedrige Ionengehalt deionisierten Wassers bietet ein Höchstmaß für die Genauigkeit der Stoffzusammensetzung, von der das kolloid-physikalische Verhalten des Kolloidsystems in hohem Maße abhängig ist.

Die Härte des Wassers wird durch Seifentitration bestimmt.

a) Gesamthärte: Als Normal-Seifenlösung wird eine alkoholische Lösung von 20 g reiner, neutraler, weißer Olivenölseife in 1000 ml-Lösung verwendet. Sie wird auf eine wässrige Lösung von 0,523 g reinem Bariumchloriddihydrat in 1000 ml-Lösung (entsprechend Wasser von 12 deutschen Härtegraden) so eingestellt, daß 45 ml Seifenlösung 100 ml der Bariumchloridlösung entsprechen.

100,0 ml des zu prüfenden Wassers werden in einer 200 ml-Stöpselflasche mit soviel Normalseifenlösung versetzt, bis der nach kräftigem Schütteln entstandene Schaum 5 min erhalten bleibt. (Bei Härtegraden über 12 wird die Probe vorher auf 1 : 10 verdünnt.) Aus der Anzahl ml Seifenlösung ergibt sich die Gesamthärte nach Tabelle 11.

Tabelle 11. *Bestimmung der Gesamthärte des Wassers*

ml Seifenlösung	deutsche Härte	ml Seifenlösung	deutsche Härte	ml Seifenlösung	deutsche Härte
3,4	0,5	18,9	4,5	33,3	8,5
5,4	1,0	20,8	5,0	35,0	9,0
7,4	1,5	22,6	5,5	36,7	9,5
9,4	2,0	24,4	6,0	38,4	10,0
11,3	2,5	26,2	6,5	40,1	10,5
13,2	3,0	28,0	7,0	41,8	11,0
15,1	3,5	29,8	7,5	43,4	11,5
17,0	4,0	31,6	8,0	45,0	12,0

b) vorübergehende Härte (Gehalt an Karbonaten):

Bestimmung erfolgt durch Titration mit 0,1- oder 0,02 n-Schwefelsäure gegen Methylorange.

Härtegrad-Definitionen:

1° deutsche Härte : 10 ppm CaO

1° englische Härte : 14,3 ppm $CaCO_3$

1° französische Härte : 10 ppm $CaCO_3$.

Umrechnungen: 1° deutsche Härte = 1,25° engl. Härte = 1,79° franz. Härte.

Eine geringe Menge an Fe-Ionen kann durch Zugabe von Komplexbildnern (z. B. Nitrilotriessigsaures Na: Trilon *A*-BASF oder Äthylendiamintetraessigsaures Na: Trilon *B*-BASF, gleichzeitig Wasserenthärter) maskiert werden.

Das für die Herstellung und bei der Verarbeitung der Dispersionen verwendete Wasser soll möglichst frei von Bakterien und Schimmelpilzen sein (Verhütung von Fäulnis- und Zersetzungserscheinungen).

2.1.1.2 Vinylmonomere

Tabelle 12 bietet einen Überblick über die für die Handhabung und Verarbeitung besonders bedeutsamen physikalischen Eigenschaften der wichtigsten technischen Vinylmonomere.

2.1.1.2.1 Unfallverhütung

Bei Transport, Lagerung und Handhabung der Vinylmonomere [*106*] sind in Deutschland zu beachten:

Verordnung über die Errichtung und den Betrieb von Anlagen zur Lagerung, Abfüllung und Beförderung brennbarer Flüssigkeiten zu Lande vom 18. 2. 1960 [*107*], Technische Verordnung über brennbare Flüssigkeiten vom 10. 9. 1964 [*107*], Änderung zur Verordnung über (technische) Anforderungen an Anlagen zur Lagerung, Abfüllung und Beförderung brennbarer Flüssigkeiten vom 7. 9. 1965 [*107*], Polizeiverordnung über die ortsbeweglichen geschlossenen Behälter für verdichtete, verflüssigte und unter Druck gelöste Gase (Druckgasverordnung vom 2. 12. 1935 [*107*], Verordnung über elektrische Anlagen in explosionsgefährdeten Räumen vom 15. 8. 1963 [*107*] und hierzu erste Änderungsverordnung vom 25. 8. 1965 [*107*] und Lösemittelverordnung [*107*] – sowie Unfallverhütungsvorschriften der Berufsgenossenschaft der chemischen Industrie [*110*], Einzelunfallverhütungsvorschriften der gewerblichen Berufsgenossenschaften (VBG-Vorschriften) [*111*], Vorschriften des Verbandes Deutscher Elektrotechniker (VDE-Vorschriften) [*112*], ferner Richtlinien und Merkblätter der Berufsgenossenschaft der chemischen Industrie [*113*] [Merkblätter: *A* 1 – Umgang mit Lösemitteln (1966), *A* 4 – Werkzeuge in explosionsgefährdeten Räumen (1964), *A* 11 – Druckbehälter (1966), *G* 4: Verhütung gewerblicher Hautkrankheiten (1964), *G* 12 – Acrylnitril (1966)] sowie Produktmerkblätter der Lieferanten der chemischen Industrie.

Als Vorsichtsmaßnahmen für die Verhütung von Bränden und Explosionen sind zu fordern: regelmäßige Überprüfung der Anlage- und Lagereinrichtungen, sofortige Beseitigung von Undichtigkeiten an Leitungen, Pumpen, Behältern u. ä., ausreichende Belüftung und Überprüfung der unmittelbaren Umgebung mit Hilfe eines Anzeigegerätes für brennbare Gase (Gasspürgeräte), geeignete Vorrichtungen für das rasche Beheben der Undichtigkeiten, regelmäßige Überprüfung der Druckapparate, Verwendung nichtfunkenbildender Werkzeuge aus Speziallegierungen, Verwendung explosionsgeschützter elektrischer Einrichtungen unter Beachtung gesicherter elektrischer Erdung, Bereithaltung geeigneter Feuerlöscheinrichtungen (Trockenpulver-, Schaum-, Kohlendioxidlöscher, Sprinkler-Anlagen, Wasserschleier), Lagerung größerer Vorräte in brandsicheren Tanklagertassen (Betontassen) ausreichenden Fassungsvermögens.

Tabelle 12. *Physikalische Eigenschaften*

Monomer	Siedepunkt °C	Gefrierpunkt °C	Dichte g/cm³ °C	Flammpunkt °C*	spez. Wärme cal/g, °C
Äthylen	— 104	— 169	0,625 (— 145)		
Butadien(1.3)	— 4,5	— 109	0,627 (15)	— 60	0,517
Isopren	+ 34	— 140	0,681		
Chloropren (2-Chlorbutadien)	+ 59		0,958		
Styrol	+ 145	— 30,6	0,905 (25/25)	+ 37 (T)	0,42 (25°)
1-Methylstyrol	+ 163,5	— 23,2	0,906 (25/25)	+ 58	0,49 (50°)
Vinylchlorid	— 14	— 154	0,969 (— 15)	— 43 (T)	
Vinylidenchlorid	+ 31,7	— 122	1,213 (20/4)	— 10 (T)	0,27
Vinylacetat	+ 72,5	ca. — 100	0,943 (20/20)	— 5	0,46
Vinylpropionat	+ 94,9	— 80	0,918 (20/20)	— 2	0,50
Vinylisobutyläther	+ 83	— 112	0,771 (20/20)	— 15	0,555
Acrylnitril	+ 77,3	— 83,5	0,8004 (25)	± 0 (T)	0,50
Methylacrylnitril	+ 90,3	— 35,8	0,8001 (20/4)	— 12,8 (T)	
Methylacrylat	+ 79,8	— 75	0,950 (25)	+ 50 (T)	0,48
Äthylacrylat	+ 99,6	— 72	0,917 (25)	+ 50 (T)	0,47
n-Butylacrylat	+ 148,8	— 64	0,894 (25)	+ 120 (C)	0,46
2-Äthylhexylacrylat	+ 128 (50 mm)	— 90	0,885 (25)	+ 195 (C)	0,45
Methylmethacrylat	+ 99,7	— 48	0,939 (25)	+ 55 (T)	0,48
Äthylmethacrylat	+ 115		0,909 (25)	+ 70 (T)	0,45
n-Butylmethacrylat	+ 162		0,893 (25)	+ 150 (T)	
Acrylsäure	+ 141,3	Fp + 16	1,045 (25)	+ 68,3 (C)	0,50
Methacrylsäure	+ 161	Fp + 15	1,015 (25)	+ 77 (C)	0,50
Acrylamid	+ 125 (25 mm)	Fp + 84,5	1,122		
Methacrylamid		Fp + 110			

Anmerkung: *Flammpunkt ohne Index: nach Abel-Pensky, T: offener Tagliabue-Tiegel, C: offener Cleveland-Tiegel **Klassifizierung: 100—135° C: G 5; 135—200° C: G 4; 200—300° C: G 3; 300—450° C: G 2; über 450° C: G 1.

2.1.1.2.2 Lagerung

Einige Monomere neigen zur Polymerisation durch Autokatalyse, so Butadien und besonders Vinylidenchlorid bei Zutritt von (Luft-)Sauerstoff. Ferner unstabilisierte Acryl- und Methacrylsäureester, besonders Methyl- und Äthylacrylat. Wegen der hohen Geschwindigkeit der autokatalysierten Polymerisation, der hierbei freigesetzten großen Wärmemenge und der geringen Wärmeableitung kann der Siedepunkt der Monomere rasch erreicht und mit fortschreitender Reaktion in geschlossenen Behältern sehr rasch ein hoher Druck aufgebaut werden, der zur Explosion und Zerstörung des Behälters führen kann, sofern nicht Berstscheiben oder andere Überdrucksicherungen ausreichenden Durchmessers vorhanden sind. Unstabilisiertes Vinylidenchlorid, Methyl- und Äthylacrylat dürfen daher nur kurzfristig und auch dann nur bei niedrigen Temperaturen (– 5° C bis + 5° C) und zweckmäßig nur in verhältnismäßig kleinen Mengen *der wichtigsten technischen Vinylmonomere*

Explosionsgrenzen Vol-%, bzw. g/m³-Dampf in Luft	Verdampfungswärme cal/g (°C)	Polymerisationswärme kcal/mol (Mittelwerte) [*108, 109*]	Löslichkeit in Wasser g/100 g W. (°C)	Zündtemperaturen °C	Motorenzündgruppe (VDE)**
2,7—28,5; 31—330	115,6 (— 145)	25,4 (25° C)	25,6 cm³ (0° C)		
1,1—10,0; 25—230	99,8	33,8		415	G 2
1,1—6,1	86,9	16,68	0,012 (20°)	490	G 1
			0,053 (60°)		
		10,1	0,056 (20°)		
4—22; 100—570	74,1 (— 10)	24	0,09 (20°)	550	G 1
7,3—16	68	14,4		495	G 1
	90,7	21,3	2,4 (20°)	365	G 2
2,4—15,5	80		0,82 (20°)	360	G 2
	ca. 80	23	0,2 (20°)	200	G 4
3,05—17	153	17,3	7,3 (20°) 9,0 (60°)	435	G 2
			2,54 (25°) 2,67 (50°)		
2,8—25	91,9	18,8	5 (25°) 5,2 (30°)	393	G 2
1,8-Sättigung	82,4	18,6	1,5 (25°) 1,8 (30°)	350	G 2
1,5—9,9	66,4	18,5	0,2 (25°)	384	G 2
0,9...	61,0	14,5	$<$ 0,01 (25°)		
2,12—12,5		13,8	1,5 (25°)		
1,8-Sättigung		13,8			
		14,2			
		18,5	unbegrenzt	374	G 2
		15,8	unbegrenzt		
			20,4 (30°)		
		13,5	37,4 (30°)		

gelagert werden. Unstabilisiertes n-Butylacrylat, 2-Äthylhexylacrylat sowie die Methacrylate neigen zwar auch zu autokatalysierter Polymerisation, jedoch verläuft die Reaktion jeweils weit weniger schnell, so daß diese bei 20° C nicht überschreitender Lagertemperatur (Wasserberieselung der Lagerbehälter) 1 bis 2 Tage zwischengelagert werden können. Unstabilisiertes Butadien, seine Derivate und Vinylidenchlorid – die in Gegenwart auch geringer Mengen (Luft-)Sauerstoff rasch katalysierende Peroxide bilden – werden über bzw. unter Alkalilauge oder Sodalösung in Gegenwart von Fe^{++}-Ionen gelagert. Das aus Vinylidenchlorid entstehende Peroxid, das im Monomer unlöslich ist, verursacht im trockenen Zustand beim Reiben heftige Detonation (Zerstörung des Peroxids durch wässrige Alkalilaugen). Bei Acryl- und Methacrylverbindungen führt der in ihnen gelöste molekulare (Luft-)Sauerstoff nicht zur Peroxidbildung, sondern zu einer Stabilisierung (molekularer Sauerstoff als wirksamer Polymerisationsinhibitor bildet mit Radikalen kurzkettige peroxidische Copolymere [*114*]). Bei der Lagerung der Acrylsäure (Methacrylsäure) [*115*] – auch im stabilisierten Zustand – muß sowohl ein Lagern bei Temperaturen unterhalb des Gefrierpunktes (Ausscheidung stabilisatorfreier Kristalle, die bei der Einwirkung höherer Temperaturen zwecks Verflüssigung zu heftiger spontaner Polymerisation explosiven Charakters führen können) wie ein Lagern bei Temperaturen beträchtlich oberhalb des Gefrierpunktes (mit der Temperatur zunehmende, bereits durch geringste Mengen Wasser katalysierte Bildung von Di-(meth)acrylsäure d. h. Acroylhydracrylsäure) vermieden werden: Acrylsäure soll daher nicht unterhalb + 18° C und nicht längere Zeit oberhalb + 25° C gelagert werden (Klimatisierung der Lagerräume). Die für (Meth) Acrylsäure zu fordernden Lagerbedingungen müssen auch für die Lagerung der unstabilisierten (Meth)Acrylamide eingehalten werden, wenn die Bildung beträchtlicher Mengen der Polymere vermieden werden soll. Für die Lagerung des Vinylisobutyläthers – wie für alle Vinyläther – ist zu beachten, daß bei der Lagerung die Einwirkung von Protonen und von kationaktiven Polymerisationsbeschleunigern (Friedel-Crafts-Katalysatoren: Ferri-, Aluminiumtrichlorid, Borfluorid, Zinntetrachlorid, Schwefel- und Phosphorsäure sowie sauer reagierende großoberflächige Stoffe wie aktivierte Bleicherden, Aktivkohlen, Fuller-Erden und Ionenaustauscherharze [*116*]) ausgeschlossen wird. Vinylester (Vinylacetat, Vinylpropionat) sollen nicht oberhalb + 20° C gelagert werden (Tanks mit Wasserberieselung, Kühlmantel oder Kühlschlange). Vinylidenchlorid polymerisiert rasch im direkten Sonnenlicht.

Bei der Lagerung der Vinylmonomere, insbesondere der Acryl- und Methacrylverbindungen, des Butadiens, seiner Derivate und des Vinylidenchlorids, ist peinlichst darauf zu achten, daß Verunreinigungen – auch in geringster Menge – mit Stoffen, die Redox-Systeme bilden können (Schwefel- und Metallverbindungen niedriger Wertigkeitsstufen, anorganische und organische Redoxsysteme, Reduktionsmittel) sicher ausgeschlossen werden.

Da die Vinylmonomere als ungesättigte reaktive Verbindungen leicht spontanen Polymerisations- und Oxidationsreaktionen unterliegen, werden sie – sofern sie nicht unmittelbar nach der Herstellung verarbeitet werden können – zur Gefahrenminderung mit Inhibitoren (Polymerisationsverzögerer) stabilisiert, deren Natur und Menge sich nach der Transport- und Lagerdauer sowie nach der Lagertemperatur richtet (Vereinbarungen zwischen Lieferanten und Beziehern). Eine Polymerisationsverzögerung erreicht man durch Zusatz reaktionsträger Radikale, die sich nicht mehr an die Doppelbindung des Monomers anlagern – also eine Startreaktion nicht auslösen, dagegen reaktionsfreudige Radikale abfangen. Meistens reagieren die Peroxid- und die Polymerradikale verschieden schnell mit reaktionsfähigen Stoffen. Als Inhibitoren gelten solche Stoffe, die so rasch mit Peroxidradikalen reagieren, daß eine Polymerisationsreaktion nicht mehr in Gang kommt bzw. die Polymerisationsgeschwindigkeit praktisch auf Null abfällt. Haben sich sämtliche Inhibitormoleküle mit Peroxidradikalen umgesetzt, so tritt bei überschüssigem oder neugebildetem Peroxid Polymerisation ein. Azo-„Katalysatoren" sind in Gegenwart der Inhibitoren wirksamer als Peroxide [*117*]. Besonders wirksame Inhibitoren – deren Wirksamkeit die Anwesenheit von gelöstem O_2 voraussetzt – sind Hydrochinon (Chinone), Hydrochinon-monomethyläther, t-Butylcatechol, 2.6-Di-t-butyl-4-methylphenol, Thiodiphenylamin, Phenothiazin, substituierte p-Phenylendiamine, Zink-dialkyldithiocarbamat, p-Hydroxidiphenylamin, N,N'-Dibutyl-p-phenylendiamin, 2.5-

Di-t-butylhydrochinon, p-Oxidiphenyl, Nitrosoverbindungen, Methylenblau für (Meth-)Acrylsäure und Amine (Anilin, Triäthanolamin) für Vinyläther. Tabelle 13 bietet eine Übersicht über einige handelsübliche Inhibitorzusätze. Molekularer Sauerstoff kann in zweifacher Weise wirken: Initiierung der Polymerisation (meistens erst bei höheren Temperaturen) durch Bildung von Peroxiden oder Hydroperoxiden in Reaktion mit den Monomeren oder ihren Verunreinigungen (z. B. Äther, Aldehyde) oder bei den meisten Monomeren (z. B. Acrylnitril, Styrol, Acryl- und Methacrylverbindungen) überwiegend Inhibierung der Polymerisation [*118*].

Tabelle 13. *Handelsübliche Inhibitorzusätze*

Monomer	Inhibitor	Lagerungsart
Äthylen	Inhibitorfrei	Stahltank
Butadien-1.3, Isopren, Chloropren	20—50 ppm t-Butylcatechol	Stahltank (über 10% ig. Natronlauge)
Styrol (1-Methylstyrol)	5—50 ppm t-Butylbrenzcatechin	Stahltank
Vinylchlorid	reinstes: Inhibitorfrei, 20 ppm MeHQ	Stahltank
Vinylidenchlorid	200 ppm MeHQ, 800 ppm Phenol	Stahltank (unter Sodalösung)
Vinylacetat, Vinylpropionat	20—50 ppm Hydrochinon oder MeHQ, Kupfer-Resinat	Tanks aus Aluminium (Reinst- oder Seewasserlegierung) oder V2A-Stahl
Vinylisobutyläther	500 ppm Amine	Stahltank
Acryl- und Methacrylnitril	50—100 ppm Ammoniak, Amine	Stahltanks
Methylacrylat	100—200 ppm MeHQ oder 1000 ppm HQ	Stahltanks
Äthylacrylat	100—200 ppm MeHQ oder 1000 ppm HQ	mit Einbrennlackierung
n-Butylacrylat	15—60 ppm MeHQ oder 100 ppm HQ	oder V2A-Tanks
2-Äthylhexylacrylat	15—50 ppm MeHQ oder 100 ppm HQ	
Methylmethacrylate	50—100 ppm MeHQ oder 60 ppm HQ	wie für Acrylate
Äthylmethacrylat	15—30 ppm MeHQ oder 100 ppm HQ	
n-Butylmethacrylat	10—20 ppm MeHQ oder 100 ppm HQ	
Acrylsäure	200—1000 ppm MeHQ, 500 ppm Methylenblau	V4A-Tanks
Methacrylsäure	100—250 ppm MeHQ, 500 ppm Methylenblau	V4A-Tanks
Acrylamid	Inhibitorfrei: bei 50° C nach 3 Wochen keine Polymerisation; Inhibitoren: Cu^{++}- u. Fe^{++}-Ionen, Hydrochinon, N-Phenyl-β-naphthylamin; Nitrite; Nitrosoverbindungen; chelatbildende Aminosäuren	Faß- oder PE-Sack (kühl lagern)
Methacrylamid	bei Raumtemperatur nach vielen Wochen keine Polymerisation; Inhibitoren: vergl. Acrylamid	Faß- oder PE-Sack (kühl lagern)

Anmerkung: HQ: Hydrochinon, MeHQ: Hydrochinonmonomethyläther, PE: Polyäthylen.

Die hemmende Wirkung des Sauerstoffs beruht auf der Konkurrenz mit dem Monomer:

$$R-CH_2-CH_2\cdot + O_2 \rightarrow R-CH_2-CH_2-O-O\cdot$$

Der Sauerstoff reagiert mit einem radikalischen Kettenende rascher als das Monomer. Die Kette mit radikalischer Sauerstoffendgruppe wirkt als Radikalfänger:

$$-C-O-O\cdot + R\cdot \rightarrow -C-O-O-R$$

In Gegenwart von Sauerstoff bildet Methacrylsäuremethylester durch regelmäßig alternierende Copolymerisation Polyperoxide [*119*]. Chinone reagieren mit Radikalen unter Bildung der Semichinon-Ätherradikale $ROC_6H_4O\cdot$, die resonanzstabilisiert sehr reaktionsträge sind (Inhibierung durch eine Art „Copolymerisation“ mit Sauerstoff [*120*]).

Die Frage nach der Notwendigkeit der Entfernung der Inhibitoren (Entstabilisieren) hängt von der Wirkung der Inhibitoren auf die Induktionsperiode und die Geschwindigkeit der Polymerisationsreaktion, der Farbe und der Qualität des Endproduktes ab. Bei der unter Verwendung von Persulfaten als Polymerisationsbeschleuniger durchgeführten Emulsionspolymerisation ist es im allgemeinen nicht erforderlich, Amine oder Ammoniak vor der Reaktion zu entfernen (Salzbildung: Sulfate oder Phosphate stören in den meisten Fällen nicht). Auch Gehalte bis zu 200 ppm MeHQ und bis zu 50 ppm t-Butylbrenzcatechin führen bei Verwendung von Persulfaten in der Regel nicht zu wesentlicher Beeinträchtigung der Reaktionsverhältnisse, der Farbe und der Qualität der Fertigprodukte. Thiodiphenylamin muß – wie aromatische Kerne enthaltende Amine allgemein – jedoch entfernt werden.

Für höhere Ansprüche muß dagegen entstabilisiert werden. Methylenblau wird durch Ausrühren der Monomere mit Bleicherden quantitativ an diese adsorbiert.

Amine lassen sich aus wasserunlöslichen Monomeren durch Auswaschen mit 1-proz. Mineralsäurelösung in der Kälte entfernen. Hydrochinon und MeHQ – letzteres nur bei mehrfach wiederholter Operation – lassen sich aus wasserunlöslichen Monomeren durch Waschen in der Kälte mit einer wässrigen Lösung, die in 100 Gewichtsteilen 1–5 Gewichtsteile Ätznatron und 20 Gewichtsteile Natriumchlorid (Zurückdämmung von Monomerenverlusten) enthält, ausreichend entfernen. Auch mit einer 25%igen Sodalösung, die 1% Ätznatron enthält, ist dies möglich. Bei Methyl- und Äthylacrylat ist es zweckmäßig eine einmalige Wäsche mit demineralisiertem Wasser (Befreiung von größeren Mengen Alkali) anzuschließen [*121*]. In der Regel genügt hierbei das Verhältnis 97 Volumteile Vinylmonomer zu 3 Volumteilen Waschlösung oder Wasser. HQ wird hierbei wegen der höheren Löslichkeit in Alkalilösungen leichter entfernt als MeHQ.

Sind höchste Ansprüche erforderlich, empfiehlt sich für wasserunlösliche Monomere das Stabilisieren mit Hydrochinon oder Phenol, die durch Alkaliwäsche leicht quantitativ entfernt werden können. Bei den durch Phenolderivate, aromatische Amine und den durch Säure- oder Alkaliwäschen nicht entfernbare Inhibitoren (Cu-Resinat, Thiodiphenylamin, N-Phenyl-β-naphthylamin) enthaltenden Monomeren erfolgt die Entstabilisierung durch Destillation unter vermindertem Druck in den jeweils bei der Gewinnung der Reinmonomere verwendeten Destillationsanlagen. Hierbei müssen die Destillate in der Regel in gekühlten Vorlagen aufgefangen und bei Temperaturen – je nach Monomerindividuum – von z. B. – 5° C (Methyl- und Äthylacrylat) oder + 5° C (höhere Acrylate) gehalten werden, sofern sie nicht kurzfristig (innerhalb von 1–2 Tagen) verarbeitet werden. Bei den Destillationen unter vermindertem Druck – insbesondere bei dem „Übertreiben" (Flashdestillation) der Monomere unter Ausschluß von Trennsäulen oder Rückflußeinrichtungen – muß in Berücksichtigung der Dampf- und Sublimationsdrücke der Inhibitoren dem Verbleiben von Inhibitoren im Destillat von wenigen ppm bis zu 20 ppm (Hydrochinon) Rechnung getragen werden.

Der eigentliche wirksame Inhibitor ist jeweils der Donator-Akzeptor-Komplex $\overset{\delta+}{HQ} \ldots \overset{\delta-}{O_2}$. Bei stark inhibierten Systemen ist die Länge der Induktionsperiode nur vom Verhältnis der Anfangskonzentrationen Initiator und Inhibitor, nicht von der Inhibitorart abhängig. Bei schwach inhibierten Systemen ist die Länge der Induktionsperiode stark von der Inhibitorart abhängig: Sie steigt mit steigendem Redox-Normalpotential (entsprechend der Autoxidation der Moleküle zu unwirksamen Oxidationsprodukten, wie die Redox-Titration erweist) [*122*].

2.1.1.2.3 Toxikologische und physiologische Wirkungen [*123*]

Tabelle 14 gibt eine Zusammenstellung inhalationstoxischer Eigenschaften der Vinylmonomere unter Einschluß ihrer MAK-Werte: die erlaubte Höchstkonzentration für den Arbeitsplatz bei achtstündiger täglicher Arbeit (in USA und England: MAC: maximum allowable concentration). Der Mensch atmet in 8 h im Durchschnitt 10 m^3 Luft über eine Lungenoberfläche von etwa 100 m^2 ein.

In Tabelle 15 sind bekannte Daten über die akute orale Toxizität und über die Wirkung auf die Schleimhäute und die Körperhaut für die bei Raumtemperatur flüssigen oder festen Vinylmonomeren aufgeführt [*123*].

Als Maßnahmen für Erste Hilfe werden empfohlen:

bei Inhalationsunfall: sofortiges Verbringen ins Freie, Ruhigstellung und Warmhaltung des Körpers (Decken) bis zum Eintreffen ärztlicher Hilfe, künstliche Beatmung bei Aussetzen des Atems;

bei Augenberührung: unmittelbare Augenspülung mit großen Mengen reinen Wassers während einer Zeit von mindestens 15 min und sofortige ärztliche Behandlung;

bei Hautberührung: sofortiger Wechsel verunreinigter Kleidung und Schuhe und Spülen des betroffenen Hautbereichs mit viel reinem Wasser, danach sorgfältig mit Seife und viel Wasser nachwaschen und anschließend ärztliche Pflege.

Tabelle 14. *Inhalationstoxische Eigenschaften und physiologische Wirkungen*

Monomer	Inhalation MAK-Wert	physiologische Wirkung
Äthylen	biologisch wenig aktiv (erst oberhalb 50% narkotisch)	narkotische Wirkungen
Butadien-1.3	MAK: 1000 ppm (2210 mg/m³)	
Chloropren	MAK: 25 ppm (91 mg/m³)	
Styrol	MAK: 100 ppm (420 mg/m³)	Reizung der Schleimhäute (Auge, Nase, Rachen)
Vinylchlorid	MAK: 500 ppm (1280 mg/m³)	bei höheren Inhalationsmengen Leberschädigungen
Vinylidenchlorid	MAK: 200 ppm	bei höheren Inhalationsmengen Leber- und Nierenschädigungen
Vinylacetat Vinylpropionat		Reizung der Schleimhäute
Vinylisobutyläther		narkotische Wirkungen
Acrylnitril	MAK: 20 ppm (43 mg/m³)	stark toxisch, bei höheren Inhalationsmengen: Schwächegefühl, Kopfweh, Niesen, Unterleibsschmerzen, Erbrechen
Methacrylnitril	wie Acrylnitril	
Acrylate: Methyl- Äthyl- n-Butyl- 2-Äthylhexyl-	 MAK: 10 ppm MAK: 25 ppm	stark biologisch wirksam, bei höheren Inhalationsmengen Reizung der Atmungswege (Geruchswarnwirkung: Methyl- 20 ppm, Äthyl — 8 ppm); in geschossenen Räumen: alle 2 - 3 min einmaliger Luft-Wechsel; Pumpen mit Abzugshauben versehen
Methacrylate: Methyl- Äthyl- n-Butyl-	 MAK: 100 ppm	stark biologisch wirksam (geringer als Acrylate), bei höheren Inhalationsmengen Reizung der Atmungswege
Acrylsäure Methylacrylsäure		Ätzung der Haut und besonders der Schleimhaut
Acrylamid Methacrylamid		bei Staubinhalation Störungen des zentralen Nervensystems (sehr starke Nervengifte)
zum Vergleich:		
Kohlenmonoxid	MAK: 100 ppm (120 mg/m³)	
Schwefelwasserstoff	MAK: 20 ppm (27 mg/m³)	
Cyanwasserstoff	MAK: 10 ppm (11 mg/m³)	
Methanol	MAK: 200 ppm (262 mg/m³)	
Nitrobenzol	MAK: 1 ppm (5 mg/m³)	

Anmerkung zur Tabelle 15: LD 50: mittlere letale Dosis im Tierversuch, d. h. Dosis in mg oder g/kg Tier, die bei 50% der untersuchten Tiere zum Tode führte, während 50% der Tiere diese Dosis überlebten.

Tabelle 15. *Akute orale und Hauttoxizitäten*

Monomer:	akut, oral:	Auge, Nase:	Körperhaut:
Styrol		am Kaninchenauge: ähnlich wie Methylacrylat (s. unten) stark reizend	Reizungen
Vinylidenchlorid		stärkere Augenreizung	
Vinylacetat		vorübergehende Augenreizung	
Vinylpropionat		vorübergehende Augenreizung	
Vinylisobutyläther			
Acrylnitril	Übelkeit, Erbrechen, Unterleibsbeschwerden	Auge: starke Reizung	stechendes Gefühl, bei größeren Mengen: Bläschenbildung und wie bei Inhalation
Methacrylnitril	ähnlich Acrylnitril	ähnlich Acrylnitril	
Acrylate:	LD 50 in mg/kg Körpergewicht:	am Kaninchen-Auge: Methyl-, Äthyl-, n-Butyl-:	LD 50 in mg/kg Körpergewicht (akut, perkutan):
Methyl-	Ratte: 300, Maus: 840, Kaninchen: 180—280	schwache bis mäßige Reizung,	Ratte: 1300
Äthyl-	Ratte: 1020, Maus: 1800, Kaninchen: 280—420	Äthyl-:	Ratte: 1800
n-Butyl-	Ratte: 3730	vorübergehende Hornhautreizung;	Ratte: 3000
2-Äthylhexyl-	Ratte: 5660	2-Äthylhexyl-: schwache vorübergehende Reizung; Tränenreizung	Ratte: 7500
Methacrylate:	Ratte: 7900, Hund: 4700,	ähnlich wie bei Acrylaten, jedoch in vermindertem Umfang	Ratte: 35000
Methyl-	Meerschweinchen: 5900		
Äthyl-	Ratte: 13300		
n-Butyl-	Ratte: 18800		
Acrylsäure	Ratte: 2520 (als 10%ige Lösung; Vergleich: Essigsäure 3530)	Kaninchen: bereits 1%ige Lösung schädigend; Augenschutz notwendig	Kaninchen: ca. 1000; Brandwunde, Bläschenbildung
Methacrylsäure	ähnlich Acrylsäure, jedoch viel weniger toxisch		
Acrylamid	Maus: 170, Hund bei Einzeldosis 100 mg/kg: motorisches Syndrom (bei Tagesdosis 10 mg: Syndrom nach 30 Tagen) Gleichgewichts-Störung; sehr starke, sehr langsam reversible Nervenstörung	Kaninchen bei 10 Tagen je 50 mg: Syndrom bei 1 von 6 Tieren; Augenreizung	Katze: bei täglich 1 mg/kg Syndrom nach 6 Monaten; Katze: LD 50 (intravenös) 85 mg/kg
Methacrylamid	ähnlich Acrylamid (bei 10fach höherer Dosis)	ähnlich Acrylamid	Kaninchen: bei 4stündiger Einwirkung keine Primärreizung; leichtes Erythem (nach 1 Std abgeklungen)

2.1.1.2.4 Begleitstoffe (Verunreinigungen)

Die großtechnisch hergestellten Vinylmonomere sind heute mit verhältnismäßig hohem Reinheitsgrad im Handel. Tabelle 16 gibt einen Überblick über Mindestgehalte und Begleitstoffe handelsüblicher Produkte.

Die technische Durchführung der Emulsionspolymerisation fordert grundsätzlich weitgehend gleichbleibende Beschaffenheit aller verwendeten Rohstoffe. Die

Tabelle 16. *Vinylmonomere und Begleitstoffe*

Äthylen: min. 99,5% (Wasser, O_2, CO_2, niedere Alkohole und Äther, polare Substanzen max. 20 ppm)

Butadien-1.3: min. 99,1% Vol.-% (0,72 Vol-% Isobuten-1; 0,04 Vol.-% trans-Buten; je 0,03 Vol.-% Butadien-1.2 und cis-Butadien, je 0,01 Vol.-% Propen, Propin und n-Butan, 0,02 Vol.-% Butin-1, unter 5 ppm Acetaldehyd, unter 0,1 ppm aktiver O_2)

Styrol: min. 99,6% (Äthylbenzol, Isopropenylbenzol, 1-Methylstyrol)

Vinylchlorid: min. 99,5% (Wasser: 500—1000 ppm, aus Carbidacetylen: Acetaldehyd max. 5 ppm, aus Spaltacetylen rein oder Äthylen: unter 20 ppm Propin + Propadien + Vinylacetylen + Butadien)

Vinylidenchlorid: min. 99,6% (Wasser: 500—1000 ppm; je nach Synthese aus 1,1,1-Trichlor- bzw. 1.1.2-Trichloräthan: Chloracetylen 10—200 ppm; trans-1,2-Dichloräthylen unter bis 1000 ppm, cis-1,2-Dichloräthylen: Null bis Spuren, 1,1-Dichloräthan: 2000 bis 100 ppm, Chloroform: unter 1000 ppm bis Null)

Vinylacetat: min. 99,5% (Wasser: max. 1500 ppm, Acetaldehyd: max. 500 ppm, Säure als Essigsäure gerechnet: max. 150 ppm).

Vinylpropionat: min. 99,5% (Wasser: max. 1000 ppm; Acetaldehyd: unter 1000 ppm, Stabilisator: 10 ppm Hydrochinon oder MeHQ, freie Propionsäure: max. 200 ppm)

Acrylnitril: min. 99,3% (Wasser: 4500—2500 ppm, Acetonitril max. 500 ppm, Aceton: max. 300 ppm, Methylvinylketon: max. 100 ppm, Nichtflüchtiges: max. 100 ppm, Inhibitor (Ammoniak): max. 50 ppm oder 35—45 ppm MeHQ, Acetaldehyd: unter 100 ppm, Säuren (als Essigsäure gerechnet): max. 20 ppm, Chlor (Cl-Ion): max. 15 ppm, Divinylacetylen und Acrolein und Blausäure: je max. 5 ppm, Cyanbutadien: max. 3 ppm, Peroxide (als H_2O_2 gerechnet): max. 0,5 ppm, Fe (als Fe^{++}) und Cu (als Cu^{++}): je max. 0,1 ppm).

Acrylamid: min. 96,,0% (Wasser: max. 2,8%; Polymeres: max. 0,5%; Ammonsulfat: max. 1,5%; Eisen (als Fe^{++}): max. 50 ppm.

Acrylsäure: min. 98% (nach Bromierung; Wasser: max. 5000 ppm; Diacrylsäuregehalt: abhängig von Lagerdauer und Temperatur)

Acrylate:

Methylacrylat: min. 99% (Dodecylmercaptan-Addition (DM-Anl.); Wasser: max. 1500 ppm, Acrylsäure: max. 90 ppm)

Äthylacrylat: min. 99% (DM-Anl.; Wasser: max. 1500 ppm, Acrylsäure: max. 200 ppm)

n-Butylacrylat: min. 98,5% (DM-Anl.; Wasser: max. 2000 ppm; Acrylsäure: max. 90 ppm)

2-Äthylhexylacrylat: min. 98% (DM-Anl.; Wasser: max. 2000 ppm; Acrylsäure: max. 200 ppm)

Methacrylamid: min. 98,0% (Bromierung; Polymer max. 5000 ppm; Wasser: max. 1%)

Methacrylsäure: min. 98,0% (Bromierung; Wasser: max. 5000 ppm)

Methacrylate:

Methylmethacrylat: min. 98,5% (Bromierung; Verseifung: min. 99,0%; Wasser: max.: 500 ppm; Methacrylsäure: max. 500 ppm)

Äthylmethacrylat: min. 97,0% (Bromierung; Wasser: max. 2500 ppm, Methacrylsäure: max. 200 ppm)

n-Butylmethacrylat: min. 93,0% (Bromierung; Wasser: max. 5000 ppm; Methacrylsäure: max. 200 ppm).

nach den Synthesen der Vinylmonomere technisch unvermeidbaren Begleitstoffe – deren Natur und Menge von den Synthesebedingungen abhängen – üben nur zum kleinen Teil geringen Einfluß aus, im allgemeinen beeinflussen sie den Ablauf der Polymerisationsreaktion mehr oder minder stark.

Divinylverbindungen (Butadien, Divinylbenzol, Divinyläther, u. ä.) führen schon in sehr geringen Mengen zu Vernetzungen. Aldehyde, Ketone und Äther wirken vielfach als Kettenüberträger. Mehrfach halogenierte Verbindungen führen durch Telomerisierung zum Kettenabbruch und infolge Bindung von Molekülteilen zu halogenhaltigen Polymeren ungünstigen thermischen Verhaltens (Verfärbungen). Chinone, Phenole und Amine wirken vielfach stark hemmend (vgl. 2.1.1.5).

2.1.1.2.5 Vinylmonomere mit zusätzlich funktionellen Gruppen

Enthalten die Vinylmonomere neben der polymerisationsfähigen Vinylgruppe noch funktionelle Substituenten, so ermöglichen ihre Polymere im Verlauf oder nach Ablauf der Polymerisation intra- oder intermolekulare chemische Reaktionen (Kondensation, Vulkanisation, Vernetzung, Quaternierung u. a.). Tabelle 17 gibt Beispiele für technisch genutzte Reaktivmonomere.

2.1.1.3 Dispergiermittel

Die Wirkung der Dispergiermittel ergibt sich aus einer Vielzahl von Faktoren, die sich z. T. in den einzelnen Reaktionsstufen verschieden äußern. Eine Beschleunigung der Polymerisationsreaktion bei Verwendung der oberflächenaktiven Dispergiermittel oder Tenside beruht auf der Bildung der Tensidmizellen [*132*] oder „Seifenaggregate“, die das praktisch wasserunlösliche Monomere „solubilisieren“ und damit Reaktionsorte schaffen, von denen aus eine rasche Polymerisationsreaktion abläuft. Daneben stabilisiert das Tensid in eingeschränktem Umfang die Monomerenemulsion. Durch die Stabilisierung der Monomere in den Mizellen einer temporär stabilisierten Monomertröpfchenemulsion wird die – als solche zeitträge – Diffusion der Monomere zum Reaktionsort und damit der Reaktionszeitablauf außerordentlich gesteigert. Die Polymerisation in Emulsion verläuft 10^1- bis 10^2mal schneller als bei der Substanz- oder Lösungspolymerisation. Die Dispergiermittel können ferner eine Stabilisierung der Zwischensysteme aus emulgierten Monomeren plus dispergiertem Polymeren oder der schließlich vorliegenden Polymerdispersion bewirken. Im allgemeinen reicht die bei der Emulsionspolymerisation angewendete geringe Menge des oberflächenaktiven Emulgiermittels bei weitem nicht aus, um die Teilchenoberflächen entsprechend dem Adsorptionsvermögen abzusättigen. Daher werden vielfach für die Verbesserung der Lagerstabilität, der Verträglichkeit mit anderen Stoffen, der Verbesserung der Gefrier-Tau-Stabilität und der Empfindlichkeit gegenüber Scherkräften der Dispersion nachträglich oberflächenaktive Stoffe oder „Schutzkolloide“ zugesetzt („Nachseifen“ der Dispersionen). Die hierfür verwendeten Stoffe unterscheiden sich vielfach von den primär für die Emulsionspolymerisation verwendeten Tensiden.

Tabelle 17. *Vinylmonomere mit funktionellen Substituenten*

Divinylverbindungen: Butadien $CH_2{=}CH{-}CH{=}CH_2$ Divinylbenzol $CH_2{=}CH{-}$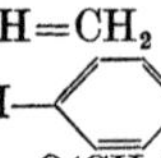${-}CH{=}CH_2$ Divinyläther $CH_2{=}CH{-}O(CH_2)_nO{-}CH{=}CH_2$ Dioldiacrylate $CH_2{=}CH{-}CO{-}O(CH_2)_nO{-}CO{-}CH{=}CH_2$ Diallylmaleinat, Diallylphthalat	
Hydroxyverbindungen: Hydroxyäthylmethacrylat $CH_2{=}C{-}COOCH_2CH_2OH$ $\vert$ CH_3 Diol-monoacrylate $CH_2{=}CH{-}CO{-}O{-}(CH_2)_nOH$	Vernetzungen mittels Diisocyanaten
Halogenverbindungen 2-Chloräthylvinyläther $CH_2{=}CH{-}O{-}CH_2CH_2Cl$	„Vulkanisation" mit Diaminen HYCAR 4021 — B. F. GOODRICH Chem. Co. [*124*] oder Polysulfiden Quaternierung mit tertiären Aminen
2-Chloräthylacrylat, $CH_2{=}CH{-}COO{-}CH_2CH_2Cl$	
Aminverbindungen: Diäthylaminoäthylvinyläther $CH_2{=}CH{-}O{-}CH_2CH_2N(C_2H_5)_2$ Dimethylaminoäthylmethacrylat $CH_2{=}C{-}COOCH_2CH_2N(CH_3)_2$ $\vert$ CH_3	Quaternierungen (Dimethylsulfat)
$CH{=}CH_2$ 2-Vinylpyridin 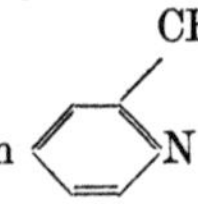 [*125*]	Adhäsionssteigerung, Farbstoffaffinität, Quaternierungen
N-substituierte (Meth)Acrylamide: N-Methylolacrylamid $CH_2{=}CH{-}CO{-}NH{-}CH_2OH$ [*126*] N-Methylolmethacrylamid $CH_2{=}C{-}CO{-}NH{-}CH_2OH$ [*126*] $\vert$ CH_3	katalysierte Kondensationsvernetzungen: PRIMAL- und RHOPLEX-Binder, Rohm & Haas; PLEXTOL-Binder, Röhm & Haas, BRD; Acramin-Binder, Farbenfabriken Bayer, BRD
N-Methylolbutylätheracrylamid $CH_2{=}CH{-}CO{-}NH{-}CH_2OC_4H_9$ [*127*]	ACRONAL-, HELIZARIN- und PERAPRET-Marken BASF, BRD, u. a.)
Mannich-Basen: $CH_2{=}CR{-}CO{-}NH{-}CH_2N(R)_2$ [*128*]	Quaternierung der Mannich-Basen [*129*]
z. B. N-(Methylen-methacrylamido)-diäthylamin	katalysierte Kondensationsverbindungen
N-Methylolester [*130*] $CH_2{=}CR{-}CO{-}NH{-}CH_2OOCR$ gemischte Säureamide [*131*] $CH_2{=}CR{-}CO{-}NH{-}CH_2NHOCR$	
Farbige Monomere: z. B. Kupplungsprodukt aus diazotierem N-Methacryloyl-m-phenylendiamin mit 1-(2-Chlor-5-sulfo)-phenyl-3-methylpyrazolon-(5).	

In der Literatur [*133*] ist mehrfach die Herstellung von Polymerdispersionen durch Emulsionspolymerisation ohne Zugabe von Dispergiermitteln beschrieben. Die nähere Untersuchung solcher „emulgiermittelfrei" hergestellter Polymerdispersionen erweist jedoch, daß im Verlauf der Reaktionsfolge durch Wechselwirkung des im System vorhandenen Initiators mit dem Monomer oder Oligomer dispergiermitteläquivalente, oberflächenaktive Stoffe gebildet werden. Technisch verwertbar sind solche Dispersionssysteme in der Regel nur dann, wenn sie zumindest sekundär durch Zugabe von Dispergier- oder Stabilisiermitteln vor Teilchenagglomeration oder vorzeitiger Koagulation geschützt werden.

2.1.1.3.1 Chemische Konstitution der Dispergiermittel

Energetische Betrachtungen über oberflächenaktive Stoffe, d. h. Oberflächen- oder Grenzflächenspannungen erniedrigende Stoffe, fordern deren Anreicherung oder Adsorption an Phasengrenzflächen. Die wirksamsten oberflächenaktiven Emulgiermittel enthalten im gleichen Molekül als antagonistische Gruppen sowohl einen stark hydrophilen oder polaren wie einen stark hydrophoben Molekülteil. Sie verhalten sich „amphiphil", d. h. sie entfalten Affinität gegenüber zwei verschiedenartigen Phasen. Die wirksamsten polaren oder hydrophilen Gruppen sind bei anionischen Emulgiermitteln ionisierte Sulfonat-, Sulfat-, Phosphat- und Carboxylgruppen, bei nichtionischen Emulgiermitteln Polyoxäthylat- und Polyol-Gruppen, bei kationischen Emulgiermitteln ionisierte tertiäre oder quartäre Ammoniumgruppen. Selten werden amphotere oberflächenaktive Stoffe, die sowohl anionische wie kationische hydrophile Gruppen enthalten, verwendet.

Der hydrophobe Molekülteil ist im allgemeinen eine Kohlenwasserstoffgruppe mit mehr als 8 Kohlenstoffatomen (Alkyl-, Alkylaryl-Gruppe). Die hohe Affinität zur organischen Phase verleiht ihm lipophile Eigenschaften. Langkettige Polyoxpropylate (Polyoxypropylen-Verbindungen) zeigen im Vergleich mit den Kohlenwasserstoffgruppen zwar beträchtlich geringeres hydrophobes Verhalten, sie sind jedoch ausreichend wasserabweisend, um in Verbindung mit einem ausgeprägt hydrophilen Molekülteil, z. B. Polyoxäthylatgruppen (Äthylenoxid-Kondensationspolymere), dem Stoff starke oberflächenaktive Eigenschaften aufzuprägen. Blockcopolymere aus Äthylenoxid und Propylenoxid, bei denen die Molverhältnisse und Molekulargewichte der Aufbaukomponenten (Polyäthergruppen) über einen weiten Bereich geändert werden können, bieten ein vielseitiges Emulgiermittelsortiment (Pluronic-Marken der Wyandotte Chemicals/USA).

Tabelle 18 vermittelt einen Überblick über die Haupttypen der Emulgiermittel des Handels.

Für die Herstellung – insbesondere hochviskoser – sogen. Schutzkolloiddispersionen (Acrylat-, Vinylacetat-, Vinylpropionatpolymere) werden auch natürliche oder synthetische Schutzkolloide als Dispergier- oder Stabilisiermittel, vielfach als Hilfsemulgiermittel in Verbindung mit den in Tabelle 18 genannten Emulgiermitteltypen, verwendet. Tabelle 19 gibt einige technisch verwendete Schutzkolloide [*134*].

Tabelle 18. *Emulgiermittel*

Typ	Vertreter	Verwendung
anionaktiv:		
$C_{17}H_{35}COO^-$ Stearatseife	„Fettsäureseifen“, Na-, K-, Ammoniumsalze der Laurin-, Myristin-, Palmitin-, Öl-, Stearinsäure, Harz-, Abietinsäure, disproportionierte Kolophoniumsäuren	wirksam nur bei pH > 9 (freie Säuren unwirksam), empfindlich gegen 2- u. 3wertige Metallionen (Triäthanolaminsalze auch bei pH 8)
$C_{12}H_{25}—O—SO_3^-$ Alkanolsulfate	Alkali- und Ammoniumsalze höherer Fettalkoholsulfate (auch Oxo-Alkohole)	verhältnismäßig unempfindlich gegen Ca-Ionen
$C_6H_{13}—CH(OSO_3^-)—CH_2—CH{=}CH—C_7H_{14}\cdot COO^-$	Türkischrotöl	etwas weniger empfindlich gegen Härtebildner als Fettsäureseifen
$C_{12}H_{25}—O—CH_2CH_2—SO_3^-$ Alkoholisäthionat	Alkali- u. Ammoniumsalze der Isäthionsäure, Äther höherer Fettalkohole	frei von hydrolisierbaren Verbindungen
$C_{16}H_{33}SO_3^-$ „Ampho-Seifen“	Alkali- u. Ammoniumsalze der Alkansulfonsäuren	hohe Unempfindlichkeit gegenüber Härtebildnern, nicht hydrolisierbar, in weitem pH-Bereich wirkend (pH 3 bis pH 11)
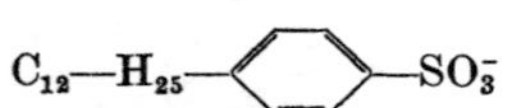 Alkylbenzolsulfonate	Dodecylbenzolsulfonat (Alkali- u. Ammoniumsalze)	
$C_8H_{17}—O—CO—CH_2—CH(SO_3^-)—CO—O—C_8H_{17}$ Sulfobernsteinsäureester	Alkalisalze der Sulfobernsteinsäureester (Aerosol-Marken der Cyanamid/USA)	
$C_{16}H_{33}—(OCH_2CH_2)_n—O—SO_3^-$ Alkanolpolyoxäthylatsulfate	Alkali- u. Ammoniumsalze der Schwefelsäureester polyoxäthylierter Fettalkohole	höhere Löslichkeit gegenüber Alkanolsulfaten

C_9H_{19}—C_6H_4—$(OCH_2CH_2)_n$—O—SO_3^- Alkylphenolpolyoxäthylatsulfate (auch: . . . $OCH_2CH_2)_n$—O—CH_2—CH_2—SO_3^-, Isäthionate)	Alkali- u. Ammoniumsalze der Sulfate aliphatisch alkylierter Phenole (Naphthole) (Triton-Marken/Rohm & Haas/USA)	
$C_{12}H_{25}$—$(OCH_2CH_2)_n$—O—PO_3^-	Alkali- u. Ammoniumsalze der Phosphate höherer Fettalkohole	
nichtionogen:		
$C_{17}H_{33}CO(OCH_2CH_2)_n$—OH Fettsäure-polyoxäthylate	polyoxäthylierte Ölsäuren	unabhängig von der Wirkung der Härtebildner und unabhängig vom pH-Wert des Dispersionsmediums,
$C_{17}H_{35}$—$CONH(OCH_2CH_2)_n$—OH Fettsäureamidpolyoxäthylate	polyoxäthyliertes Stearinsäureamid	große Variationsbreite in der Abstimmung der antagonistischen Molekülteile, gute Stabilisatoren für Dispersionen
$C_{16}H_{33}$—$(OCH_2CH_2)_n$—OH Fettalkoholpolyoxäthylate	polyoxäthylierte höhere Fettalkohole	
C_9H_{19}—C_6H_4—$(OCH_2CH_2)_n$—OH Alkylphenolpolyoxäthylate	Oktyl-, Nonyl-, Dodecylphenoloxäthylate	
$HO(CH_2CH_2O)_m$—$(C_3H_6O)_n(CH_2CH_2O)_pH$ Polypropylenglykolpolyoxäthylate	Pluoronic-Marken (Wyandotte Chemicals Corp./USA)	
$(C_3H_7O_2)$—O—$COC_{11}H_{23}$ Glyzerinmonofettsäureester	Glyzeryl-monolaurat	
kationaktiv:		
$[C_{16}H_{33}N(CH_3)_3]^+Br^-$ quartäre Ammoniumhalogenide	Cetyltrimethylammoniumbromid (Cetrimid/Fine Organics Inc./USA)	bakterizide Wirkungen
$[C_{16}H_{33}OOC—CH_2N(CH_3)_3]^+Cl^-$ quartäre carboxymethylierte Ammoniumhalogenide	Trimethylcarboxmethylcetylammoniumchlorid	im pH-Bereich unterhalb pH 7 angewendet
$[C_5H_5N \cdot C_{12}H_{25}]^+Cl^-$	Lauryl-pyridiniumchlorid	

Tabelle 19. *Schutzkolloide*

natürliche wasserlösliche Polymere:	
Pflanzengummis	Gummi arabicum, Traganth, Karaya- und Guar-Gummi (komplizierte Polysaccharide, Arabinsäure als wesentliche Komponente)
Gelatine, Leim, Casein	
Alginate	aus Meerestang; Na-, K- und Ammonium-Salze der Polysaccharid-Alginsäure, neuerdings auch deren Propylenglykolester
Cellulosederivate	Methylcellulose (Tylose-Marken, Fa. Kalle & Co.) als Celluloseäther und Carboxymethylcellulose (CMC) als Na-Salz, beide in zahlreichen Löslichkeits- und Viskositätseinstellungen. Hydroxyäthylcellulose.
synthetische wasserlösliche Polymere:	Polyvinylalkohol-Marken in zahlreichen Viskositäts- und Hydrolysegraden, Homo- und Copolymere des Acrylamids und des Vinylpyrrolidons in verschiedenen Viskositätseinstellungen

2.1.1.3.2 Wirkungsweise und Hydrophilie-Lipophilie-Bilanz (HLB) der Dispergiermittel

Die Adsorption der Dispergiermittelmoleküle am dispergierten Polymerteilchen ist gerichtet [*135*]: Der hydrophobe Molekülteil ist nach der organischen Phase, der hydrophile Teil nach der wässrigen Phase orientiert. Der Grad der Oberflächenaktivität der Dispergiermittel hängt primär vom Verhältnis zwischen hydrophilem und hydrophobem Teil ab. Diese Bilanz wird durch die Natur der antagonistischen Molekülgruppen und durch ihre Positionen zueinander im Molekül wie auch durch die Gegenwart, Konzentration und chemische Natur anderer Bestandteile des Systems bestimmt. Die Dispergiermittel haben abhängig von ihrer chemischen Natur und Molekülgröße verschiedenes relatives Netz-, Dispergier- und Solubilisierungsvermögen. Während ein Netzmittel die Oberflächenspannung des Wassers wie auch die Grenzflächenspannung zwischen Wasser und einer anderen Phase herabsetzt, ist die Aufgabe eines echten Dispergiermittels, die Separation der Polymerteilchen durch Überwindung der

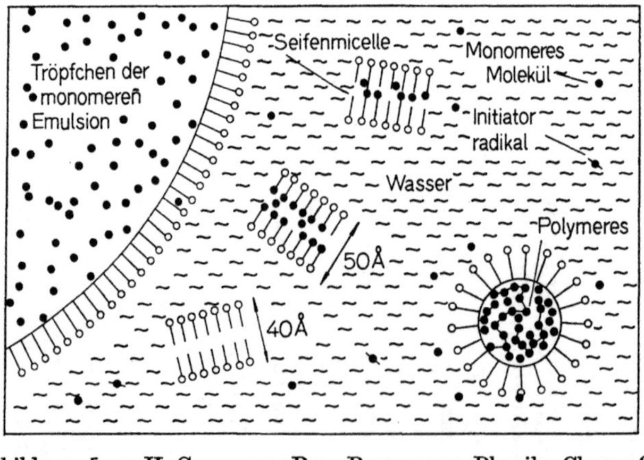

Abb. 22. Mizellbildung [aus H. Gerrens: Ber. Bunsenges. Physik. Chem. **67**, 741 (1963)]

Kohäsionskräfte zwischen den einzelnen Teilchen zu gewährleisten. Die Oberflächenspannung des Wassers wird durch ionogene und nichtionogene Emulgiermittel jedoch wesentlich stärker herabgesetzt (von 72 auf 20–30 dyn/cm) als durch Schutzkolloide (auf 40–50 dyn/cm). Ähnlich der HL-Bilanz besteht eine Bilanz zwischen Netz- und Dispergierwirkung, die pH-Wert-abhängig ist. Während ionogene und nichtionogene Emulgiermittel ausgeprägtes Solubilisierungsvermögen für Vinylmonomere zeigen, solubilisieren Schutzkolloide weniger oder gar nicht: Schutzkolloidmizellen sind bisher experimentell nicht nachgewiesen.

Die gerichtete Adsorption der Dispergiermittel führt durch Assoziation der lipophilen Molekülteile miteinander zur Ausbildung einer eigenen „Öl-Phase", die von den in der wässrigen Phase „verankerten" hydrophilen Molekülteilchen umgeben ist. Diese innere Assoziation und Orientierungsart wird als Mizellbildung bezeichnet. Die experimentell nachgewiesenen Mizellen können Kugel- oder Lamellengestalt haben [*136*]. Die Abbildung 22 gibt eine schematische Darstellung.

Die Dimensionen sind durch die Raumverhältnisse der Dispergiermittelmoleküle bestimmt. In erster Näherung beträgt die Dicke der lipophilen Schicht etwas mehr als das Zweifache der Länge des hydrophoben Molekülteils. Jede Mizelle kann in Abhängigkeit von der Natur des Dispergiermittels etwa 50 bis 100 dieser Moleküle enthalten: Es liegen dann Kolloid-Elektrolyte vor. Während die ionogenen Dispergiermittel sich bei sehr niedrigen Konzentrationen weitgehend wie einfache anorganische Elektrolyte verhalten, treten bei ihnen in Abhängigkeit von ihrer Konstitution bei charakteristischen Konzentrationen oder über Konzentrationsbereiche sprunghafte Änderungen in einigen Eigenschaften auf: So wird der osmotische Koeffizient viel kleiner als bei einfachen Elektrolyten und auch die Viskosität, Oberflächenspannung, Ionenaktivität und elektrische Leitfähigkeit ändern sich diskontinuierlich [*137*]: Ursache dieser Änderungen ist die Mizellbildung. Als „kritische Mizellkonzentration" (KMK) gilt jene spezifische Konzentration, bei der dieser Vorgang erstmals eintritt. Im Gegensatz zum Verhalten lyophober Kolloide ist der Vorgang der Mizellbildung reversibel. Beim Verdünnen einer Mizellen enthaltenden Lösung unter die KMK hinab verschwinden praktisch alle Mizellen. Die Temperatur hat bei den meisten ionogenen und nichtionogenen Dispergiermitteln nur einen geringen Einfluß auf die KMK, während das Solubilisierungsvermögen mit der Temperatur ansteigt. Der Einfluß der solubilisierten Stoffe auf die KMK ist in der Regel gering. Liegt die Menge des Emulgiermittels unterhalb der KMK, so findet die Polymerisation im wesentlichen als Suspensionspolymerisation statt. Die KMK läßt sich durch Farbstoffadsorption bestimmen [*138*]. Tabelle 20 gibt die KMK für einige Emulgiermittel [*139*].

Die KMK-Werte erstrecken sich über einen Bereich von etwa 5×10^{-2} Mol je Liter für die hydrophilen bis zu etwa 5×10^{-4} Mol je Liter für die hydrophoben Emulgiermittel. Besonders ionische Emulgiermittel unterliegen dem Einfluß von Elektrolyten, anderen oberflächenaktiven Stoffen und antagonistisch-polaren Verbindungen (Alkohole, Amide).

Die wichtigste Folge der Mizellbildung bei der Emulsionspolymerisation der Vinylmonomere ist das Solubilisieren dieser praktisch wasserunlöslichen Verbindungen oberhalb der KMK, d. h. [*140*] „das spontane Übergehen der Moleküle praktisch wasserunlöslicher Verbindungen in eine verdünnte wässrige Lösung eines oberflächenaktiven Stoffes unter Bildung einer thermodynamisch stabilen

Lösung". Die Abnahme des Dampfdrucks der Monomere nach dem Solubilisieren belegt, daß der Vorgang von einer Abnahme der freien Oberflächenenergie begleitet ist [*141*]. Wegen der Assoziation der lipophilen Molekülgruppen der Emulgiermittel innerhalb der Mizelle und damit der Bildung von Anziehungszentren für lipophile Stoffe ist es möglich, erheblich größere Mengen der in Wasser kaum löslichen Monomere in Mizellösungen im Vergleich zu rein wässrigen Medien

Tabelle 20. *Kritische Mizellkonzentrationen (KMK)*

Emulgiermittel	Oberflächenspannung (dyn/cm)	KMK, % (25° C)
Triton X 305 (Octylphenol + 30 AeO)	38	ca. 0,01
Triton X 405 (Octylphenol + 40 AeO)	48	ca. 0,1
Triton X 200 (Octylphenol-2AeO — SO_3Na)	31	0,023
Triton X 301 (Dodecylphenol-6AeO — SO_3Na)	31	> 0,1
Triton GR 5 (Na-Salz des Dioctylesters der Sulfobernsteinsäure)	27 (1,0%)	0,101
Aerosol MA (Cyanamid/USA; Na-Salz des Dihexylesters der Sulfobernsteinsäure)	27,8 (1,0%)	ca. 0,65
Aerosol AY (Na-Salz des Diamylesters der Sulfobernsteinsäure)	29,2 (1,0%)	0,9—1,2
Aerosol 18 ($CH_2 \cdot CONH \cdot C_{18}H_{37}$ | $CH \cdot COONa$ | SO_3Na)	41,5 (0,1%)	0,04—0,05
Aerosol OS $(C_3H_7)_2$ 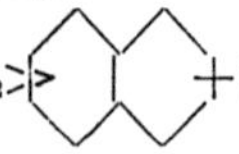 (SO_3Na)	37,1 (1,0%)	ca. 0,7

Anmerkung: AeO: —CH_2CH_2O—

zu lösen. Im wesentlichen nichtpolare Monomere werden sich nur innerhalb des hydrophoben Mizellbereichs lösen. Ihre Unterbringung im Mizellzentrum hängt von ihren Moleküldimensionen ab. Große Monomerenmoleküle benötigen Emulgiermittel mit größeren lipophilen Molekülgruppen. Monomere mit polaren Gruppen lassen sich zumindest teilweise in der wässrigen Phase oder an der Mizelloberfläche unterbringen. Tabelle 21 verdeutlicht den Einfluß der Art und der lipophilen Kettenlänge auf das Solubilisieren semipolarer und nichtpolarer Stoffe [*142*].

Über die Löslichkeit einiger Vinylmonomerer ist bekannt:

Butadien löst sich bei 50° C zu 0,19 g in 100 ml Wasser, bei 50° C zu 1,06 g in 100 ml 2,8-%ig. Fettsäure-Seifenlösung.

Styrol löst sich in Wasser bei 50° C zu 0,39 g in 100 ml Wasser bzw. zu 0,00368 Mol/Liter, bei 50° C zu 0,139 Mol/Liter einer 0,093-molaren Kaliumpalmitatlösung.

Der Vorgang der Mizellbildung läßt sich sowohl als Erscheinung der Massenwirkung wie einer Phasentrennung deuten [*143*]. Über den genauen Aufbau der Mizellen besteht noch Ungewißheit. Der Aufbau kann mit der Natur und Menge des Emulgiermittels variieren. Der Durchmesser einer Mizelle beträgt, abhängig von der Moleküllänge, etwa 40–100 Å, während der Durchmesser eines emulgierten Monomerentröpfchens bei etwa 10000–30000 Å (1 μ bis 3 μ) liegt. Das Mizellsystem ist an der Grenzfläche Wasser-Mizelle durch die Gouy-Chapman-Stern-Schicht, eine elektrische Doppelschicht, oder durch Solvathüllen stabilisiert.

In Gegenwart praktisch wasserunlöslicher Monomerer quillt die Mizelle durch aufgenommene Monomere und erhöht hierdurch deren Löslichkeit: Im allgemeinen

Tabelle 21. *Mol solubilisierte Verbindungen je Mol Emulgiermittel*

Emulgiermittel	n-Hexan	n-Oktan	Ölsäure	Dodecanol	n-Heptyl-mercaptan	Dimethylamino-azobenzol (50° C)
anionaktiv:						
Na-laurat	0,18	0,08	0,02	0,03	0,13	0,011
Na-stearat	0,46	0,18	0,05	0,13	—	0,035
	n-Heptan					
Decylsulfat	0,17					
Undecylsulfat	0,25					
Dodecylsulfat	0,34					0,025
kationaktiv:						
Dodecylamin-hydrochlorid		0,29				

ist die Steigerung der Löslichkeit um so größer, je weniger das Monomer wasserlöslich ist. Übersteigt die Monomerenkonzentration diese gesteigerte Löslichkeit, so bilden sich beim Rührvorgang durch mechanische Zerteilung emulgierte Tröpfchen, die durch Adsorption einer bestimmten Menge Emulgiermittel an ihrer Oberfläche partiell stabilisiert werden. Bei technisch üblichen Emulsionspolymerisationen befinden sich im Dispersionsmedium je ml mindestens 10^{10} bis 10^{11} Monomerentröpfchen der Durchmesser von etwa 1–3 μ (10000–30000 Å) und etwa 10^{18} Mizellen der Durchmesser von etwa 40–100 Å.

Die Vielfältigkeit der Eigenschaften und der Wirkungsweisen der verschiedenen Dispergiermittel (Oberflächennetzung, Änderung der freien Oberflächenenergie, Stabilisierung der emulgierten Monomere, Stabilisierung der dispergierten Polymerteilchen, Schaumstabilisierung u. a.) und der komplexe Charakter der Kolloidsysteme erklärt, daß theoretische Betrachtungen bisher unzureichende Richtlinien für die Auswahl der Emulgiermittel für die speziellen Emulsionspolymerisationen bieten. Es kann nicht erwartet werden, daß das gleiche Emulgiermittel sowohl das emulgierte Monomertröpfchen wie das dispergierte Polymerteilchen gleicherweise optimal stabilisiert und gleichzeitig die optimale Monomertröpfchengröße oder Polymerteilchengröße einstellt. Eingehende Untersuchungen über Beziehungen zwischen der chemischen Konstitution der Emulgiermittel und der Monomerenkonstitution sowie ihrer gezielten Anwendung bei der Emulsionspolymerisation sind nicht bekannt. Erschwert werden solche Untersuchungen durch spezifische Wechselwirkung zwischen den Emulgiermitteln unter sich und mit den anderen Komponenten (besonders Initiatoren, wachsende Polymerteilchen) des Polymerisationssystems. Es sind zwar allgemeine Beziehungen aufgefunden worden, die jedoch für spezielle Systeme nur als Anhaltspunkte zu betrachten sind. Die Auswahl eines optimalen Emulgiermittelsystems, das oft nur in einem Kompromiß durch Kombination mehrerer Emulgiermittel gefunden werden kann, erfordert eingehende Laboratoriumsuntersuchungen [*144*].

Für die Emulsionspolymerisation als solche erscheinen als besonders geeignet die stark hydrophilen anionischen und nichtionischen Emulgiermittel. Selten werden kationische Emulgiermittel verwendet; sie können einen ungünstigen Einfluß auf das Initiatorsystem ausüben [*144, 145*]. Auch können sie in Kombination mit anionischen Stoffen ausgefällt werden (Verwendung bei der Fällungstitration).

Am häufigsten werden anionische Emulgiermittel verwendet. Alkylsulfate, Alkylaryl- und Arylalkylsulfonate und Phosphate sind als Primäremulgiermittel besonders wirksam [*145*], da sie vielfach niedrige KMK-Werte haben, die Oberflächen- und Grenzflächenspannung verhältnismäßig stark herabsetzen und bereits verhältnismäßig geringe Konzentrationen für die Herstellung sehr feinteiliger Dispersionen ausreichen [*146*]. Bei ihrer Verwendung wird der Oberfläche des Polymerteilchens eine Ionenladung übertragen, deren Verteilung sich mit der Emulgiermittelkonstitution ändern kann [*145, 147*]. Auf Grund dieser Ladung der Polymerteilchen in anionisch stabilisierten Dispersionen sind diese in Abhängigkeit von der Emulgiermittelkonstitution verhältnismäßig empfindlich gegenüber Elektrolyten und Fremdemulgiermitteln, bei Kombination mit anderen Dispersionen, bei der Kälteeinwirkung (Gefrier-Tau-Stabilität) und gegenüber Pigmenten. Ferner neigen sie zur Bildung großer Mengen stabilisierter Schäume, die sich bei der Herstellung, dem Transport und der Verarbeitung nachteilig auswirken können. Zur Behebung dieser Nachteile werden Mischungen anionischer Emulgiermittel verschiedener chemischer Konstitution oder ihre Kombinationen mit nichtionogenen Emulgiermitteln empfohlen [*146, 147, 148*].

Die Verwendung der nichtionischen Emulgiermittel als Primäremulgiermittel führt manchmal zu Mikrokoagulat oder Stippen enthaltenden Dispersionen, da ihre Oberflächenwirksamkeit geringer und ihr Vermögen zur Mizellbildung weit geringer als bei anionaktiven Stoffen ist [*145, 146*]. Nichtionogene Emulgiermittel mit 15–20 Äthoxylatgruppen im hydrophilen Teil haben HLB-Werte (vgl. unten) unterhalb 16; bei 30–40 Äthoxylatgruppen (z. B. Triton X-305 und X-405, vgl. Tab. 20) liegen die HLB-Werte zwischen 17 und 18 und damit steigt ihre Eignung als Primäremulgiermittel. Sie bilden wahrscheinlich kaum echte Mizellen [*149*], bewirken jedoch die Ausbildung umfangreicher Wasser-Solvat-Hüllen um die hydrophilen Gruppen des großen Polyoxäthylat-Segmentes und damit die Bildung mizellähnlicher Molekülaggregate, durch die Polymerisationsreaktionszentren isoliert und anschließend die Polymerteilchen isoliert und stabilisiert werden. Sie ermöglichen die Herstellung ausreichend kleiner Polymerteilchen mit ausgedehnten Hydrathüllen, die zur Stabilität der Dispersionen gegenüber Elektrolyten und Gefriertemperaturen in starkem Maße beitragen.

Oft empfehlen sich die Kombinationen aus anionischen und nichtionischen Emulgiermitteln, bei denen sich die Eigenschaften der Komponenten abstimmen lassen. In einigen Fällen scheinen hierbei synergistische Wirkungen aufzutreten [*150*]. Die Verwendung solcher Emulgiermittelkombinationen bei der Herstellung von Acrylat-Copolymerdispersionen führt im Vergleich zu anionischen Emulgiermitteln bei günstigen kleinen Teilchengrößen zu verbesserter Elektrolyt- und Gefrier-Tau-Stabilität, verminderter Neigung zur Schaumbildung und bei der Verarbeitung zu wässrigen Anstrichbindemitteln zu höherem Naßreibwiderstand [*151*]. Dispersionen mit nichtionischen Emulgiermitteln sind in der Regel mit ionische Emulgiermittel enthaltenden Dispersionen mischbar.

Über die Wirkungsweise der stark hydrophilen wasserlöslichen makromolekularen Schutzkolloide als Dispergiermittel bei der Entstehung der Polymerdispersionen ist bisher wenig bekannt. Die hohe Zahl der hydrophilen Gruppen führt zu starken intermolekularen Wechselwirkungen. Im Gegensatz zu Seifenemulgiermitteln sind die in der Praxis verwendeten Schutzkolloide meistens unbegrenzt wasserlöslich. In einigen Fällen werden jedoch auch nur begrenzt wasserlösliche oder solche Schutzkolloide verwendet, deren Lösungen sich bei höheren Temperaturen entmischen. Ihre wässrigen Lösungen sind weit viskoser als Seifenlösungen gleicher Konzentration. Ihre Moleküle sind im Vergleich zu den ionischen und nichtionogenen Emulgiermittelmolekülen in weit höherem Grade von Wasser-Solvat-Hüllen umgeben. Das Vorhandensein von Mizellen oder Assoziaten anderer Art konnte nicht nachgewiesen werden. Die Oberflächenspannung des Wassers wird durch sie in weit geringerem Grade als durch ionische oder nichtionogene Stoffe herabgesetzt (auf 40–50 dyn/cm gegenüber 20–30 dyn/cm). Im Diagramm Oberflächenspannung gegen Konzentration ergibt sich für ionogene Emulgiermittel ein Kurvenknick bei der kritischen Mizellkonzentration (KMK), für Schutzkolloide (z. B. Polyvinylalkohol) dagegen ein kontinuierlicher linearer Verlauf. Die Einstellung der Adsorptionsgleichgewichte und damit der statistischen Oberflächenspannung verläuft bei Schutzkolloiden sehr langsam. Das Lösungsverhalten der Schutzkolloide ist empfindlich temperatur- und pH-Wert-abhängig. Charakteristisch für die Emulsionspolymerisation bei Verwendung von Schutzkolloiden als Dispergiermitteln ist die Reaktion der Vinylmonomere mit dem Schutzkolloid: Es tritt Pfropfreaktion ein (Nichtdesorbierbarkeit des Schutzkolloides von der Polymerteilchenoberfläche). Schutzkolloidlösungen solubilisieren – im Gegensatz zu Seifenlösungen – nichtpolare Vinylmonomere kaum [*152*]. Das Monomer wird in ihnen zunächst nur molekular gelöst und emulgiert. Während der durch Radikale initiierten Polymerisation steigt die Viskosität im System – im Gegensatz zu Seifenemulgiermittel enthaltenden Systemen – beträchtlich. Bei Monomerkonzentrationen von 50% und mehr erhält man in der Regel pastöse Dispersionen mit Teilchengrößen von 1 μ bis 3 μ (gegenüber 0,05 bis 0,2 μ bei Seifendispersionen). Das vor Beginn der Polymerisation eingesetzte Schutzkolloid wird im Polymerisationsverlauf in hohem Maße dem Dispersionsmedium durch Pfropfreaktion mit dem gebildeten Polymer entzogen, z. B. Polyvinylalkohol bei der Polymerisation von Vinylacetat zu etwa 50% [*153*]. Als Polymerisationszentrum läßt sich die wässrige Phase nachweisen [*154*]. Der Polymerisationsvorgang in Gegenwart eines Schutzkolloides läßt sich als echte Emulsionspolymerisation deuten. Nicht oder kaum oberflächenaktive Schutzkolloide (z. B. Polyvinylalkohol) bilden im allgemeinen Polymerteilchen von 0,5–5 μ, d. h. die Gesamtoberfläche der Polymerteilchen ist 10- bis 50mal kleiner als bei den Seifendispersionen. Eine Eigentümlichkeit der Schutzkolloiddispersionen ist ihre mehr oder minder hohe Strukturviskosität.

Im Bestreben, quantitative Beziehungen zwischen der optimalen chemischen Konstitution und dem Leistungsvermögen der Emulgiermittel aufzufinden, hat GRIFFIN [*155*] den empirisch definierten Begriff der Hydrophilie-Lipophilie-Bilanz (HLB) eingeführt und eine Methode zur Bestimmung der HLB-Werte für eine Reihe nichtionogener Emulgiermittel (Polyoxäthylate der Fettalkohole, Fettsäureester mehrwertiger Alkohole) ausgearbeitet. Die von ihm abgeleiteten Funktionsgleichungen gelten jedoch nicht für ionogene Emulgiermittel und nicht für nichtionogene Propylen-, Butylenoxid-, N- und S-haltige oberflächenaktive Substanzen, sondern nur für nichtionogene Emulgiermittel, in denen eine Kohlenwasserstoffgruppe über Ester-, Äther- oder Amidbindungen an Polyoxäthylatgruppen verschiedener Molekulargewichte gebunden ist. Für diese läßt sich der HLB-Wert errechnen nach:

$$\mathrm{HLB} = \frac{\text{Molekulargewicht des hydrophilen Molekülteils} \times 20}{\text{Molekulargewicht des Emulgiermittels}}$$

(hydrophiler Molekülteil: Polyoxäthylatkette, Polyolkette). Der willkürlich gewählte Faktor 20 soll die Hydrophilie der Polyoxäthylat- und verwandter wasserbindender Gruppierungen kennzeichnen. Für die nach einer komplizierten Methode zu berechnenden HLB-Werte ionogener Emulgiermittel müssen weit höhere Hydrophiliefaktoren und besondere Faktoren für die verschiedenen lipophilen Gruppen eingesetzt werden. Für die Praxis erweist es sich als zweckmäßig, den Emulgiermitteln sehr verschiedener chemischer Konstitution HLB-Werte durch Vergleich ihrer Wirkung auf die Grenzflächenspannungen zwischen Wasser und der organischen Phase zuzuordnen [*156, 159*]. HLB-Werte können einen brauchbaren Hinweis bei der Auswahl geeigneter Emulgiermittel oder Emulgiermittelkombinationen für die Herstellung und Stabilisierung der Dispersionssysteme bieten. Als Emulgiermittel für die Herstellung von O-W-Dispersionen sind hiernach geeignet Substanzen mit HLB-Werten von 8–18 (W-O-Dispersionen: 3–6; Netzmittel: 7–9, Waschmittel: 13–15, Solubilisiermittel: 15–18). Die HLB-Werte für Triton X-305 bzw. X-405 sind 17,3 bzw. 17,9. Nach DAVIES [*157*] läßt sich – ähnlich wie für den Parachor-Wert – der HLB-Wert errechnen durch Summierung der konstitutiven Inkremente nach der Beziehung:

$$\mathrm{HLB} = 7 + \sum \text{Wert der hydrophilen Gruppe} - \sum \text{Wert der lipophilen Gruppe}$$

(für $\sum$ Wert der lipophilen Gruppe $= 0{,}475\,n$, n: Zahl der CH_2-Gruppen im lipophilen Teil). Tab. 22 zeigt einige HLB-Inkremente.

Tabelle 22. *HLB-Inkremente*

HLB-Wert hydrophiler Gruppen		HLB-Wert lipophiler Gruppen		HLB-Wert abgeleiteter Gruppierungen	
$—O—SO_3Na$	38,7	$—CH—$	—0,475	$—CH_2CH_2O—$	0,33
—COOK	21,1	$—CH_2—$	—0,475	$—CH_2CH_2CH_2O—$	—0,15
—COONa	19,1				
≡ N (tertiär)	9,4				
— Ester	2,4				
—COOH	2,1				
—OH	1,9				

Für eine Reihe von nichtionogenen Dispergiermitteln besteht gute Übereinstimmung zwischen gemessenen und berechneten HLB-Werten, nicht jedoch für Alkoholpolyoxäthylate (weit niedrigere berechnete Werte) oder ionogene Emulgiermittel. Zweifellos erfordern polare Einflüsse eine besondere Berücksichtigung (Polaritätsindex [*158*]).

Die Größe der in der Polymerisationsreaktion (vgl. unten) entstehenden Teilchen ist der Dispergiermittelkonzentration im allgemeinen umgekehrt proportional. Mit steigender Menge fällt die Teilchengröße zunächst sehr rasch, dann bald langsamer, um bei einem Gehalt von 8–10 Gewichtsprozent an Emulgiermittel (bezogen auf Gesamtmonomere) nur noch wenig abzunehmen. Im allgemeinen werden als Dispergiermittelmengen (Gewichtsprozent bezogen auf Monomere) verwendet:

anionaktive: 1–3% (für feinstdisperse Dispersionen bis 5%);
nichtionogene: 2–6%;
kationaktive: 2–5%;
Schutzkolloide: 2–6%.

Bei der Auswahl der Dispergiermittel für die Herstellung von Polymerdispersionen, die für die Herstellung von Verpackungsmaterialien und Bedarfsgegenständen verwendet werden, sind die Bestimmungen und Empfehlungen der Gesundheitsämter zu berücksichtigen (in der BRD: Bundesgesundheitsamt, in USA: Food and Drug Administration). Im Gegensatz zur Änderung und Ergänzung des Lebensmittelgesetzes (der BRD) vom 21. 12. 1958 bestimmt Artikel 1, § 4b: „Es ist verboten, Bedarfsgegenstände im Sinne des § 2, Nr. 1 . . . so zu verwenden, daß von ihnen fremde Stoffe auf Lebensmittel oder ihre Oberfläche übergehen, ausgenommen gesundheitlich, geruchlich oder geschmacklich unbedenkliche Anteile, die technisch unvermeidbar sind“ (vgl. auch Bundesgesundheitsblatt **1961**, S. 120–122). Von den bei der Produktion der Dispersionen verwendeten Fabrikationshilfsmitteln dürfen aus den Polymerfilmen maximal 30 mg auf 1 kg Verpackungsgut übergehen.

Es ist bekannt, daß Emulgiermittelreste in sehr geringer Menge chemisch im Polymer gebunden werden können.

2.1.1.4 Initiatoren

Aus technisch-wirtschaftlichen Gründen muß die Polymerisationsreaktion durch Erzeugung von Radikalen initiiert werden. Die Radikalbildung erfolgt durch sichtbares Licht, Wärme, UV-Licht, X- oder γ-Strahlung oder chemische Radikalbildner.

Das Radikal R· reagiert mit dem radikalisch angeregten Monomer in einer Startreaktion zu einer echten chemischen Verbindung unter Bildung eines R-Monomer-Adduktradikals, das ein Monomer nach dessen Aktivierung anlagert. In gleichartigen Reaktionsfolgen entstehen durch Kettenreaktionen in idealisierter – von Kettenverzweigungen abstrahierender – Formulierung die Polymere:

a) Aktivierung und Startreaktion:

$$\underset{\text{(Primär-Radikal)}}{R\cdot} + CH_2{=}CHX \rightarrow [R\cdot + \cdot CH_2{-}CHX\cdot] \rightarrow \underset{\text{(Sekundär-Radikal)}}{RCH_2{-}CHX\cdot}$$

b) Ketten-Wachstum:

$$RCH_2\text{—}CHX\cdot + \cdot CH_2\text{—}CHX\cdot \rightarrow RCH_2\text{—}CHX\text{—}CH_2\text{—}CHX\cdot$$

(Tertiär-Radikal)

und fortlaufend bis zum Kettenabbruch.

Die gegenüber anderen Polymerisationsreaktionen (Substanz-, Lösungs-, Suspensions-, Fällungspolymerisation) höhere Geschwindigkeit der Emulsionspolymerisation und die nach ihr erzielten höheren Molekulargewichte der Polymere beruhen u. a. auf der Trennung der Reaktionszentren, der Bildung von Primär-, Sekundär- und Folgeradikalen in den Mizellen, wie auch der geringen Teilchengröße, insbesondere bei Verwendung der wasserlöslichen radikalbildenden Stoffe. Jedoch entstehen auch in der wässrigen Phase höhere als Primärradikale.

Tab. 23 enthält eine Übersicht über vielfach technisch bei der Emulsionspolymerisation verwendete Initiatoren verschiedener Löslichkeiten (Verteilungskoeffizienten) in organischen oder in wässrigen Medien wie thermisch verschiedener Geschwindigkeiten des Zerfalls in Radikale.

Tabelle 23. *Radikalbildner*

a) anorganische Peroxy-Verbindungen: Wasserstoffperoxid, H_2O_2 Peroxydisulfate $X_2S_2O_8$ (X: Na, K, NH_4)	d) Diacylperoxide, RCOOOCOR (2,4-Dichlorbenzoyl-, Lauroyl-, Caprylyl-, Acetyl-, Benzoyl-)
b) Alkylhydroperoxide HOOR (t-Butyl-, p-Mentyl-, Cumyl-)	e) Peroxysäuren und Ester: (Peroxy-essigsäure, -laurinsäure, -pivalinsäure, t-Butylperacetat, -perlaurat, -permaleinat, -perphthalat)
c) Dialkyl- und Diarylperoxide, ROOR (t-Butyl-, Cumyl-) Keton-peroxide (Methyläthylketon-, Cyclohexanon-)	f) Azo- und Hydrazo-Verbindungen: Azo-diisobuttersäurenitril, $(CH_3)_2\text{—}C(CN)\text{—}N{=}N\text{—}C(CN)\text{—}(CH_3)_2$

Die organischen Peroxide neigen unter Wärmeeinwirkung und unter dem Einfluß reduzierend wirkender Stoffe zu explosiver Selbstzersetzung. Sie werden daher meistens nicht in 100%iger Form, sondern unter Zusatz von Verdünnungsmitteln („Phlegmatisierungsmittel": Wasser, Methanol, Cyclohexanol, Phthalate) in den Verkehr gebracht.

Als Vorsichtsmaßnahmen sind zu beachten: Lagerung im Dunkeln unterhalb 25° C, kein offenes Feuer in der Nähe, Vermeidung elektrostatischer Aufladung, grundsätzlich kein Kontakt mit anderen Stoffen (außer dem Behältermaterial), bei Lagerung größerer Mengen (ab 100 kg) Lagerung in einem besonderen Gebäude leichter Konstruktion in einigem Abstand von Arbeitsstätten und Baulichkeiten. Bei der Handhabung müssen Schutzbrille und Gummihandschuhe getragen werden. Die organischen Peroxide wirken stark hautätzend (bei Hautkontakt: Entfernung mit Alkohol, Waschen mit Wasser und Seife und Auftragen von Lanolinsalbe; bei wiederholtem Kontakt kann durch Überempfindlichkeit Ekzembildung eintreten). Im besonderen muß Augenkontakt ausgeschlossen werden. Lauryl- und Benzoylperoxide hinterlassen bei sehr kurzer Einwirkung keine bleibende Schädigung; Keton- und Alkylhydroperoxide können zur Erblindung des angegriffenen Auges führen (Gegenmaßnahmen: sofort kräftige Augenspülung mit – monatlich frisch herzustellender – 5%iger Natriumascorbatlösung, anschließend 15 min kräftig mit Wasser spülen und sofortige ärztliche Hilfe).

Die Brauchbarkeit der Radikalbildner wird in erster Linie bestimmt durch die thermische Zersetzungsgeschwindigkeit. Als übliches Maß für diese dient die Halbwertszeit bei einer bestimmten Temperatur, d. h. die für die Zersetzung von 50% des Radikalbildners bei einer bestimmten Temperatur benötigte Zeit. In Tab. 24 sind die Halbwertszeiten einiger technisch verwendeter Radikalbildner aufgeführt.

Tabelle 24. *Halbwertszeiten einiger Radikalbildner*

Produkt	Halbwert °C	Halbwert Stunden	Produkt	Halbwert °C	Halbwert Stunden
Laurylperoxid (96%)	50	54,2	Di-t-butylperoxid (95%)	100	218
	70	3,38		115	34
	85	0,5		130	6,4
	100	0,1			
Benzoylperoxid (98%;	70	13	Methyläthylketonperoxid	85	81,2
mit 25—30% Wasser)	85	2,15	(50%; in Phthalat)	100	16,2
	100	0,14		115	3,6
2,4-Dichlorbenzoylperoxid	50	17,9	t-Butylperbenzoat	100	18
(95%; mit 50% Wasser)	70	1,41	(50%; in Phthalat)	115	3,1
	85	0,25		130	0,55
Acetylperoxid	50	158	t-Butylperacetat	85	88
	75	4,1	(50%; in Phthalat)	100	12,5
	85	1,1		115	1,88
	100	0,2		130	0,34
t-Butylhydroperoxid	100	165	Azo-diisobuttersäurenitril	50	83
(75%)	115	21,5		60	13,2
	130	3,2		75	2,4
				85	0,53
Cumylhydroperoxid (75%)	115	472		100	0,12
	130	113			
	145	29			
Dicumylperoxid (95%)	115	12,4			
	130	1,84			
	145	0,28			

Bei der Auswahl der Radikalbildner ist zu beachten, daß sich die Radikalausbeute, d. h. der für die Polymerisationsinitiierung verfügbare Teil der erzeugten freien Radikale bei einem bestimmten Radikalbildner mit den Anwendungsbedingungen ändert. Die Peroxide haben im allgemeinen verhältnismäßig geringe Wirksamkeiten (0,3–0,6), da ein großer Teil der freien Radikale mit anderen

Peroxidmolekülen unter Verbindung mit einem Molekülteil unter Freisetzung eines freien Radikals reagiert. Hierdurch werden Peroxidmoleküle vergeudet, da für die Initiierung keine zusätzlichen Radikale gebildet werden. Die Azo-Radikalbildner bieten demgegenüber den Vorteil, daß sie dieser Art induzierter Zersetzung nicht unterliegen [*160*]. Sie haben im allgemeinen höhere Wirksamkeiten. Der Radikalbildner soll im praktischen Fall eine Halbwertszeit zwischen 0,5 und 20 Std bei der jeweiligen Polymerisationstemperatur haben. Die bei der Emulsionspolymerisation angewendete Menge des Radikalbildners beträgt in der Regel 0,02–0,8% (bezogen auf die Monomerenmenge). Der Radikalbildner muß im Monomer oder im Dispergiermittel löslich und vor dem thermischen Start der Polymerisation gelöst sein. Für die am häufigsten verwendeten Radikalbildner – Benzoyl-, Laurylperoxid und die Peroxydisulfate – gibt Tab. 25 die Löslichkeiten an (g Radikalbildner je 100 g Lösungsmittel; vgl. Monomerentyp).

Tabelle 25. *Löslichkeit einiger Radikalbildner* (20° C, sofern nicht anders vermerkt)

Lösungsmittel	Benzoyl-peroxid	Lauryl-peroxid	Kaliumper-oxydisulfat	Ammonium-peroxydisulfat
Methylalkohol	1,7	0,1		
Äthylalkohol	1,2	0,6		
Aceton	10,5	10,3		
Äthylendichlorid	19,7	49,1		
Äthylacetat	12,1	15,3		
Äthyläther	8,6	43,1		
Toluol	12,7	61,2		
Wasser			1,77 (0° C) 5,3 (20° C) 10,0 (40° C)	58,2 (0° C)

Die chemische Bindung von Initiatormolekülteilen im Polymeren ist mehrfach nachgewiesen [*161*].

Aus der Praxis der Emulsionspolymerisation mit wasserlöslichen Radikalbildnern ergibt sich:

Wasserstoffperoxid ist auch bei sehr reaktiven Monomeren (Acrylate) – selbst in Gegenwart aktivierender Stoffe – nicht besonders wirksam [*162*]. Bei der Verwendung von Vinylmonomeren mit quartärem Stickstoff wird Wasserstoffperoxid (oder organisches Peroxid) an Stelle von Peroxydisulfaten verwendet, da die im Polymeren chemisch gebundenen Sulfogruppen (aus Peroxydisulfatbruchstücken) die Dispersion sonst zur Kongulation bringen können.

Die Bindungsenergie zwischen O-O ist etwa 36 kcal/Mol. Die polymerisationsinitiierende Wirkung dürfte durch Metallionen vermittelten Zerfall in Radikale oder Hydroperoxidbildung der Vinylmonomere erfolgen [*163*].

Peroxydisulfate sind außerordentlich ergiebige Radikalbildner bei der Emulsionspolymerisation. Ihr Anwendungsbereich wird durch die leicht durchführbare Redox-Katalyse (vgl. unten) außerordentlich gesteigert. Das (hygroskopische) Ammoniumperoxydisulfat bietet gegenüber dem (nicht hygroskopischen) Kaliumperoxydisulfat („Kaliumpersulfat“) den Vorteil höherer Löslichkeit. Der thermische

Zerfall der Peroxydisulfate in wässriger Lösung ergibt primär Sulfat-Radikalionen: $S_2O_8^{--} \rightarrow 2\ \dot{S}O_4^-$. Die Aktivierungsenergie für die Spaltung ist 33,5 kcal/Mol. Nach SMITH *[164]* bilden sich in einer 0,175% Kaliumperoxydisulfat enthaltenden wässrigen Lösung bei 50° C etwa 10^{13} freie Radikale je Sekunde und je ml unter üblichen Polymerisationsbedingungen bzw. $8,4 \times 10^{12}$ (50° C), $1,7 \times 10^{14}$ (70° C) und $2,5 \times 10^{15}$ (90° C) *[165]*. Obwohl induzierte und Sekundärzersetzungen erfolgen können, werden diese in Gegenwart von Monomeren durch Verbrauch der Radikale weitgehend unterdrückt.

t-Butylhydroperoxid wird vielfach als „Sekundär"-Initiator gemeinsam mit Peroxydisulfaten verwendet, um den Monomerenumsatz zu vervollkommnen. Das 90%ige t-Butylhydroperoxid löst sich bei Raumtemperatur zu etwa 10% in Wasser.

2.1.1.4.1 Aktivierte Initiatorsysteme

Die Wirksamkeit der Radikalbildner läßt sich steigern:

a) durch physikalische Faktoren (Temperatur, Lichtstrahlung, pH-Wertänderungen) und

b) durch Zusatz chemischer Stoffe, der sogenannten Aktivatoren (Beschleuniger), die eine Beschleunigung der Polymerisationsgeschwindigkeit bzw. eine oft vorteilhafte Erniedrigung der Polymerisationstemperatur ermöglichen. Als aktivierte Initiatorsysteme werden unterschieden:

1. Redox-Systeme. Bei Redox-Reaktionen, d. h. Reaktionen wechselseitiger Reduktion und Oxydation, gibt ein Reaktionspartner ein Elektron ab, das ein anderer Reaktionspartner aufnimmt. Für die Emulsionspolymerisation besonders wichtig sind solche Reaktionen, bei denen freie Radikale durch Reduktion von Peroxyverbindungen entstehen (Haber-Weiss-Mechanismus). Ein einfaches Beispiel ist:

$$Fe^{++} + H_2O_2 \rightarrow Fe^{+++} + OH^- + \cdot OH \text{ (Radikal)}.$$

In Gegenwart eines Vinylmonomers finden folgende Wettbewerbsreaktionen statt *[166]*:

$$\text{(a)}\ HO\cdot + Fe^{++} \rightarrow Fe^{+++} + OH^-$$

$$\text{(b)}\ HO\cdot + CH_2 = CHX \rightarrow HOCH_2 - \dot{C}HX$$

Während in Abwesenheit des Vinylmonomers die Gesamtreaktion $2\ Fe^{++} + H_2O_2 \rightarrow 2\ Fe^{+++} + 2\ OH^-$ abläuft, d. h. 2 Fe^{++} je 1 H_2O_2 verbraucht werden, fällt der Verbrauch auf 1 Fe^{++} je 1 H_2O_2, wenn ein geeignetes Vinylmonomer in hoher Konzentration zugegen ist und alle Radikale von ihm aufgenommen werden. Im Polymer sind OH-Gruppen nachgewiesen *[167]*. Die „Reduktionsaktivierung" der Peroxyverbindungen bietet neben erhöhter Radikalkonzentration bereits bei niedrigeren Temperaturen stark verkürzte Induktionsperioden gegenüber der alleinigen Verwendung der Peroxyverbindungen, wie sich aus folgendem Vergleich *[168]* ergibt: Kaliumperoxydisulfat allein gibt in 0,1-molarer Lösung bei 70° C 3×10^{-4} Mole $\dot{S}O_4^-$ -Radikale je Liter und je Minute, dagegen bei nur 10° C in Gegenwart von 10^{-3} Mol Fe^{++} (bei 10^{-3} Mol $S_2O_8^{--}$) 18×10^{-4} Mol $\dot{S}O_4^-$-Radikale je Liter und je Minute. Dieser Unterschied ergibt sich aus der weit niedrigeren Aktivierungsenergie für den Reduktionsvorgang (etwa 11 kcal/Mol) gegenüber der rein thermischen Spaltung der Peroxybindung (etwa 35 kcal/Mol). Technologisch wichtig ist die hierdurch gegebene Möglichkeit, die Emulsionspolymerisation technisch-wirtschaftlich vorteilhaft bereits bei sehr niedrigen Temperaturen durchzuführen (Butadien-Styrol-Polymerisation bei 0° C und darunter zu Kalt-Kautschuk) und Polymere mit überlegenen anwendungstechnischen Eigenschaften (höhere Polymerisationsgrade, geringere Verzweigung und Vernetzung) herzustellen.

Als Reduktionsmittel werden technisch verwendet:

S-Verbindungen niedriger Oxidationsstufe, z. B. Alkalisulfite, Alkalihydrogensulfite, Alkalimetabisulfite ($Na_2S_2O_5$), Thiosulfate ($Na_2S_2O_3$), Formaldehyd-Sulfoxylate ($NaHSO_2 \cdot CH_2O \cdot H_2O$), aliphatische Sulfinsäuren ($R-SO_2Na$), Sulfide (NaHS);

Salze der mehrwertigen Metalle: Eisen(II)-Sulfat ($FeSO_4 \cdot 7\,H_2O$), Eisen(II)-Ammoniumsulfat ($Fe[NH_4]_2\,[SO_4]_2 \cdot 6\,H_2O$), Eisen(II)-Phosphat, Cu-, Cr-, Ag-Salze; höhere Konzentrationen der Schwermetalle inhibieren jedoch oft die Polymerisation;

Endiole: Dihydroxymaleinsäure, Benzoin, Ascorbinsäure;

Reduzierende Saccharide: Sorbose, Glucose, Fructose, Dihydroxyazeton;

Hydroxylamin- und Hydrazin-Verbindungen ($NH_2OH \cdot H_2SO_4$; $H_2N-NH_2 \cdot H_2SO_4$).

Auch Mercaptane können beim Initiatorzerfall als Reduktionsmittel wirken.

Analytische Präzisionsuntersuchungen [*169*] machen wahrscheinlich, daß die tatsächlich wirksamen Initiatoren bei der thermisch aktivierten Emulsionspolymerisation unter Rückfluß und bei der chemisch aktivierten Redox-Emulsionspolymerisation verschieden sind. Polymere nach dem Rückflußverfahren enthalten bei alleiniger Verwendung von Peroxidisulfaten sowohl Sulfat- wie Hydroxylendgruppen, da durch eine Sekundärreaktion zwischen $\dot{SO}_4^- + H_2O \rightarrow HSO_4^- + HO\cdot$ Hydroxylradikale entstehen, die ebenfalls die Polymerisationsreaktion initiieren können [*170*]. Polymere nach dem Redox-Polymerisationsverfahren enthalten bei gleichzeitiger Verwendung von Peroxydisulfaten und Reduktionsmitteln Sulfat- bzw. Sulfonatendgruppen [*171*].

Bei Fe^{++}-Ionen enthaltenden 3-Komponenteninitiatorsystemen – als 3. Komponente können organische Reduktionsmittel verwendet werden, z. B. Ascorbinsäure, Hydroxymethansulfinsäure (Rongalit) usw. – wählt man im allgemeinen etwa 0,01-molare Konzentration für Peroxydisulfat und Reduktionsmittel und 0,001-molare Konzentration für das Fe^{++}-Salz. Um Eisensalze oberhalb des pH-Wertes 8 in Lösung zu halten, setzt man dem System Komplexbildner (z. B. Alkalisalze der Äthylendiamintetraessigsäure) zu. Bei Einhaltung der Molverhältnisse 2 : 1 für Komplexbildner: Fe^{++}-Salz besteht ausreichender Schutz gegen Fällungsreaktionen [*172*].

2. Aminaktivatoren (Peroxy-Amin-Systeme). Alkyl-, Alkylaryl-, Hydroxyalkyl- und Polyamine können in Abhängigkeit von ihrer Konstitution den Zerfall der Peroxyverbindungen auch in Abwesenheit von Schwermetallionen aktivieren [*173*]. Technisch werden verwendet Trimethylamin (Acrylnitril-Copolymere), Triäthanolamin (Vinylchlorid, Vinylester, Acrylate) und Polyamine (Diäthylen-

triamin, Triäthylentetramin und Tetraäthylentetramin und Tetraäthylenpentamin bei Butadien-Styrol-Polymerisaten). Empirisch wurde für Polyamine ermittelt [*173*]: Aktivierungswirksamkeit besteht nur, wenn die Stickstoffatome in verschiedenem Grade substituiert sind und gleichzeitig die Amino-Gruppen maximal durch eine $-CH_2-CH_2-$ Gruppe voneinander getrennt sind (Äthylendiamin ist nur ein schwacher, $RNH(CH_2)_2NHR$ kein Aktivator, $H_2N(CH_2)_2NHR$ zeigt merkliche Aktivität, Triäthylentetramin ist ein Aktivator, Tripropylentetramin ist kein Aktivator).

3. Metallchelat-Aktivatoren. Bei der Verwendung von Metallchelat-Verbindungen im System Styrol-Wasserstoffperoxid-Chrom(2)sulfat-Äthylendiamintetraessigsäure-Chelat entspricht die pH-Wertabhängigkeit der Polymerisationsgeschwindigkeit der pH-Wertabhängigkeit des Redox-Potentials der Chelatbildnersysteme [*174*]. Die Wirkung der Metallchelat-Initiatoren hängt ab sowohl von der Natur des Zentralatoms wie der Liganden. Am wirksamsten erwiesen sich für die Butadien-Emulsionspolymerisation Mangan-3- und Cobalt-3-Chelate aliphatischer 1,3-Dicarbonyl-Verbindungen (Acetonylacetat) in Kombination mit Cyclopenta- oder Cyclooctadien bzw. Cyclooctatrien [*175*]. Die Metallchelat-Initiatoren sind durch γ- oder UV-Bestrahlung oder durch Kombination mit Co-Katalysatoren (organische Halogen-Verbindungen, mehrfach ungesättigte Kohlenwasserstoffe, vgl. oben) aktivierbar. Bei wahrscheinlichem Radikalpolymerisationsmechanismus beeinflußt das Metallzentralatom die sterische Anordnung der Polymerkette. Die Butadien-Emulsionspolymerisation unter Verwendung dieser Metallchelate verläuft im Vergleich zur Lösungspolymerisation mit hoher Geschwindigkeit, hohem Umsatz und bei tieferer Temperatur unter Bildung hochmolekularer Polymerisate, die gelfrei löslich sind und ähnliche sterische Anordnung wie Butadien-Lösungspolymerisate haben. Unter gleichen Bedingungen entstehen in normaler wässriger Emulsionspolymerisation mit Peroxidbildnern Polybutadiene mit beträchtlichen Gelanteilen (bei 25° C in Benzol unlösliche Anteile), die stark abweichende sterische Anordnung zeigen [*176*]. Die Hauptrolle des Chelatbildners bei Fe^{++}-Chelaten mit Carboxymethyl- und Hydroxyalkyl-Carboxymethyl-Derivaten des Ammoniaks, Äthylendiamins oder Diäthylentriamins [z. B. $N(CH_2COOH)_3$, $HOCH_2N(CH_2COOH)_2$, $(HOCH_2CH_2)_2NCH_2COOH$, $(HOOCCH_2)_2NCH_2CH_2N(CH_2COOH)_2$ u. a.] besteht in der Kontrolle des Fe^{++}-Ionenspiegels im Aktivierungssystem [*177*].

4. Deaktivatoren: Sauerstoff, der ohne besondere Maßnahmen stets im Reaktionssystem gelöst vorliegt, ist in der Regel ein außerordentlich wirksamer Polymerisationsinhibitor, der mit steigender Menge zunehmend zur Zerstörung der Initiatormenge führt und zudem rascher als das Monomer mit einem Radikalkettenende reagiert (Radikalfänger, der die normale Kettenwachstumsreaktion hemmt). Sauerstoff sollte daher vor Beginn der Polymerisationsreaktion entfernt werden. Bei der Polymerisation unter Rückfluß wird dies (nur unvollkommen) durch den Schutz der Reaktionsmischung durch Monomerendampf im Gasraum oberhalb der Mischung erreicht. Für die vollständige Ausschaltung des nachteiligen Einflusses des molekularen Sauerstoffs bei der Rückflußpolymerisation unter normalem oder vermindertem Druck und im besonderen bei der Redox-Polymerisation – bei der die Reaktionstemperaturen für die Ausbildung einer schützenden Monomerendampfphase zu niedrig liegen – muß der molekulare Sauerstoff vor

und während der Polymerisation aus dem Reaktionssystem durch Passieren von Inertgasen (Stickstoff, Kohlendioxid, Kohlenwasserstoffspaltgase) entfernt und ferngehalten werden.

Verbleiben die Inhibitoren (Monomerenstabilisatoren), die den Monomeren für den Transport und für die Lagerung zugesetzt sind, bei der Polymerisation im Vinylmonomer (vgl. 2.1.1.2.2.), so muß die anzuwendende Initiatormenge etwas erhöht werden (etwa um eine der Inhibitormenge äquivalente Menge). Nach einer kurzen Induktionsperiode verläuft die Polymerisation dann im allgemeinen normal. Azoinitiatoren sind bei Gegenwart von Inhibitoren wirksamer als Peroxidinitiatoren.

2.1.1.5 Kettenübertragung (Kettenregler und Kettenabbrecher)

Zwar zeigen Polymerradikale eine weit größere Neigung, mit Vinylmonomeren im Vergleich zu anderen Bestandteilen des Stoffsystems zu reagieren, jedoch können Reaktionen mit artfremden Stoffen eintreten oder zwecks Erniedrigung des Polymerisationsgrades (z. B. für eine bessere Verarbeitung der Synthesekautschuke) angestrebt werden. Reagiert das Polymerradikal $M_n^{\cdot}$ · nicht mit einem Vinylmonomer sondern mit anderen Stoffen, z. B. $M_n^{\cdot} + S$ (Lösungsmittel) $\rightarrow M_n + S\cdot$ (Lösungsmittelradikal) oder $M_n^{\cdot} + X$ („Kettenüberträger") $\rightarrow M_n + X\cdot$ (Kettenüberträgerradikal), so spricht man von Kettenübertragung [*178*]: „Das Reaktionszentrum wird von einem Polymermolekül auf ein anderes Molekül übertragen, wobei das Polymermolekül inaktiv wird und das andere Molekül die Fähigkeit erlangt, fortlaufend Vinylmonomeres zu binden". Verläuft die Addition des Monomers an $X\cdot$ ebenso rasch wie an $M_n^{\cdot}$, so bleibt die Reaktionsgeschwindigkeit ungeändert; das Molekulargewicht des Polymers wird jedoch erniedrigt. Substanzen X dieser Art bezeichnet man als Kettenregler (modifier, chain transfer agents). Verläuft die Addition des Monomers an $X\cdot$ viel langsamer als an $M_n^{\cdot}$, so werden sowohl die Reaktionsgeschwindigkeit erniedrigt wie das Molekulargewicht vermindert. Substanzen X dieser Art bezeichnet man als Kettenabbrecher (retarder). Zwischen Inhibitoren (Erniedrigung der Polymerisationsgeschwindigkeit praktisch auf den Wert Null) und Kettenabbrechern bestehen kinetisch nur graduelle Unterschiede.

Angenähert läßt sich das in Gegenwart eines Kettenübertragungsmittels eintretende Molekulargewicht des Polymers nach der Gleichung von Mayo [*179*] bestimmen:

$$1/P = \frac{C_s\,[S]}{[M]} + 1/P_0 \qquad (32)$$

für P bzw. P_0: mittlerer Polymerisationsgrad des mit bzw. ohne Kettenübertragungsmittel erhaltenen Polymers, C_s: Kettenübertragungskonstante des Reglers, $[S]$ bzw. $[M]$: die molaren Konzentrationen des Reglers bzw. des Monomers.

Beziehung (32) beruht auf der Annahme einer Proportionalität zwischen Molekulargewicht des Polymers und Konzentration des Reglers. Dies trifft jedoch nur in grober Annäherung zu. In dieser Form besagt Gl. (32) z. B.: Entsteht in Abwesenheit von Reglern ein Polymer des Molekulargewichtes 1×10^6, so entstehen unter sonst gleichen Umständen bei Zusätzen von 0,01 bzw. 1 Mol des Reglers (bezogen auf umzusetzende Monomermengen) mit der Kettenübertragungskonstante 1 ($C_s = 1$) Polymere mit den Molekulargewichten 5×10^5 bzw. 1×10^5 bzw. 1×10^4. Die Kettenübertragungskonstante C wird durch Gleichung (33) definiert [*180*]:

$$C = k_{tr}/k_p \qquad (33)$$

für k_{tr} bzw. k_p: Geschwindigkeitskonstante für die Kettenübertragung bzw. für das Kettenwachstum.

Sie läßt sich nach verschiedenen Methoden bestimmen, z. B. aus dem Verbrauch des Reglers (Mercaptan) in der Reaktion [*181*], durch amperometrische Titration des restlichen Reglers (Mercaptan), indirekt aus der Bestimmung des Molekulargewichts des bei einer bestimmten Reglermenge bei einem bestimmten Monomerenumsatz erhaltenen Polymers [*182*] oder im allgemeinen aus Molekulargewichtsbestimmungen an Polymeren, die mit wechselnden Reglermengen hergestellt wurden [*179*].

Eingehendere kinetische Untersuchungen durch Flory [*183*] ergeben für das Polymerisationsysstem aus Monomer, Kettenüberträger (Lösungsmittel) und Initiator die Beziehung (34):

$$1/\bar{x}_n = C_M + C_s[S]/[M] + (k_t/k_p^2)\, R_p/[M]^2 + C_I(k_t/k_p^2\, f k_d)\, R_p^2/[M]^3 \qquad (34)$$

für $C_M = k_{tr,M}/k_p$ als Konstante für Monomerenübertragung,
$C_S = k_{tr,S}/k_p$ als Konstante für Kettenübertragung,
$C_I = k_{tr,I}/k_p$ als Konstante für Initiatorübertragung,
$[S]$ bzw. $[M]$: Konzentration des Kettenüberträgers bzw. des Monomers;
k_t und k_p: Reaktionsgeschwindigkeitskonstante für Kettenabbruch bzw. für Kettenwachstum,
R_p: Polymerisationsgeschwindigkeit,
k_d: Geschwindigkeitskonstante für den Initiatorzerfall,
$\bar{x}$: Polymerisationsgrad.

Hiernach reagiert z. B. bei 60° C ein Polystyrolradikal mit Styrolmonomeren 18mal schneller als mit einem Benzoylperoxidmolekül (bei gleich angenommenen Konzentrationen), dessen Zersetzungsgeschwindigkeit k_d in Styrol oder Toluol 3×10^{-6}/sec bei 60° C ist. Aliphatische Azonitrilinitiatoren sind für Kettenübertragung nicht empfänglich.

Als Regler finden technische Anwendung oder sind als Begleitstoffe der Monomere zu beachten:

Thioverbindungen wie t-Butylmercaptan t-C_4H_9SH, t-Dodecylmercaptan t-$C_{12}H_{25}SH$, Xanthogenate, z. B. Diproxid: Di-isopropylxanthogensäuredisulfid (alle insbesondere bei Butadien-Copolymeren), Aldehyde (Vinylester-Polymerisationen), Chlorkohlenwasserstoffe (Vinylchlorid-Polymerisation), ungesättigte Fettsäuren, z. B. Ölsäure (Synthesekautschuk), Diene mit nichtkonjugierten Doppelbindungen, z. B. Divinylmethan, Vinylcyclohexan, und allgemein einfach oder mehrfach ungesättigte Vinylverbindungen, die für sich nicht oder außerordentlich träge reagieren (Vinyläther, Allylalkohole, Distyrol, dimeres 1-Methylstyrol). Tab. 26 enthält Werte für die Kettenübertragungskonstanten C_s bei Polystyrol (60° C) [*183*]:

Tabelle 26. *Kettenübertragungskonstanten (Styrol, 60° C)*

Überträger	$C_s \times 10^4$:	Überträger	$C_s \times 10^4$:
Cyclohexan	0,024	Chloroform	0,5
Benzol	0,018	Äthylendichlorid	0,32
Toluol	0,125	Kohlenstofftetrachlorid	90
Äthylbenzol	0,67	Kohlenstofftetrabromid	13600
t-Butylbenzol	0,06		
n-Butylchlorid	0,04		
n-Butylbromid	0,06		
n-Butyljodid	1,85		
Methylenchlorid	0,15		

In allen Fällen wird ein H- oder Halogenatom dem Kettenüberträger entzogen und durch das Polymerradikal chemisch gebunden. Die Reaktivität der Überträger steigt mit steigender Substitution am α-C-Atom (Toluol, Äthyl-, Isopropylbenzol). t-Butylbenzol – das keine Benzyl-Gruppe hat – ist verhältnismäßig wenig wirksam (trotz 9 H-Atomen in den Methylgruppen). Kohlenstofftetrachlorid wird im Polymeren gebunden: $Cl_3C\ [C_6H_5CHCH_2]_nCl$ [*184*].

Tab. 27 enthält Werte für die Kettenübertragungskonstanten C_s einiger *S*-Verbindungen für Polymerradikale bei 60° C.

Tabelle 27. *Kettenübertragungskonstanten C_s-Werte (60° C)*

Überträger	Styrol	Methylmethacrylat	Methylacrylat
Kohlenstofftetrabromid	2,2 [*185*]	0,27	0,41
t-Butylmercaptan	3,6 [*186*]	0,18 [*187*]	
Äthylmercaptan	17,1 (50°) [*188*]		1,57 [*189*]
n-Butylmercaptan	22 [*190*]	0,66 [*186*]	1,69 [*188*]
n-Docecylmercaptan	18,7 [*186*]		

Butadien ist besonders empfindlich gegenüber Kettenüberträgern, im besonderen gegenüber Mercaptanen. Diese üben auch hier neben der Reglerwirkung als Reduktionsmittel beim Initiatorzerfall eine Beschleunigung der Polymerisation aus. Bei der Auswahl geeigneter Mercaptane spielen eine besondere Rolle ihre Reaktionsgeschwindigkeiten mit dem Polymerradikal und ihre Geschwindigkeiten bei der Diffusion zum Reaktionsort, die abhängig ist von der Emulgiermittelkonstitution (unterschiedliche Solubilisierung), vom pH-Wert, der Schergeschwindigkeit im Polymerisationssystem (Rühreinfluß) und der Temperatur. Die Wirkung verschiedener Mercaptane und die Reaktionsmechanismen sind sehr eingehend untersucht [*191*]. Als besonders geeignet erweisen sich Mischungen von Mercaptanen.

Als Kettenabbrecher, die sowohl die Polymerkettenlänge wie die Polymerisationsgeschwindigkeit herabsetzen, wirken nichtkonjugierte Diene, Chinone, Nitro- und Nitrosobenzol, Dinitrobenzol. Tab. 28 gibt für die Inhibierungswirkung einige k_z/k_p-Werte [Verhältnis der Geschwindigkeitskonstante für die Übertragungsreaktion auf den Inhibitor (k_z) zu der des Kettenwachstums (k_p)].

Als Polymerisationsstoppmittel dienen u. a. Hydrochinon, Dinitrochlorbenzol, Natriumdimethyldithiocarbamat, Phenyl-β-naphthylamin, Natriumnitrit, Natriumdithionit, Natriumsulfid und Schwefel.

Tabelle 28. *Inhibierungsgeschwindigkeiten k_z/k_p-Werte*

Kettenabbrecher/ Inhibitor	Vinylacetat (45°)	Styrol (90°)
Benzochinon		560
p-Xylochinon		43
Durochinon	90	0,67
Nitrobenzol	20	
o-Dinitrobenzol	95	
m-Dinitrobenzol	105	
p-Dinitrobenzol	265	

2.1.1.6 Puffersubstanzen

Der pH-Wert des Reaktionssystems kann bei der Emulsionspolymerisation einen spezifischen und oft starken Einfluß ausüben. So droht die Gefahr der Verseifung von Monomeren (Vinyläthern, Vinylestern, Acrylsäureestern u. a. Vinylmonomeren) oder auch der Änderung der Polymerisationsgeschwindigkeit. Die Polymerisation von Styrol und Butadien läuft in der Technik gewöhnlich bei pH-Werten oberhalb 7 ab, die der Vinylester, Acrylate, Methacrylate unterhalb 7. Bei der Verwendung von Peroxy-Initiatoren treten durch oxydative Nebenreaktionen saure Substanzen auf. Der Zerfall der Alkaliperoxysulfate führt zur Bildung stark saurer Alkalihydrogensulfate. Durch Chlorwasserstoffabspaltung aus Halogenmonomeren (Polymeren) kann ein starker pH-Wertabfall eintreten.

Soweit es der pH-Wertabfall erfordert, können dem Reaktionssystem in eingeschränktem Umfang Puffersubstanzen zugesetzt werden: Alkalihydroxide, Alkalisalze der Kohlensäure (Natriumbikarbonat), Borsäure, Essigsäure, Zitronensäure, Acrylsäure und Di- oder Trialkaliphosphate. Eine pH-Wertpufferung im strengen Sinne läßt sich jedoch meistens wegen der nachteiligen Folgen beträchtlicher Elektrolytmengen im Reaktionssystem nicht erreichen (vgl. 2.1.1.7.).

2.1.1.7 Elektrolyte und Lösungsmittel

Im Reaktionssystem anwesende Elektrolyte können die für die Mizellbildung erforderliche kritische Konzentration der Dispergiermittel erniedrigen [*192*]. Sie können als Gefrierpunktserniedriger bei der Tieftemperaturpolymerisation wirken und zu gesteigerter Stabilität, größeren Teilchendurchmessern der dispergierten Polymere und zu günstigerem Viskositätsverhalten der Polymerdispersionen führen [*193*]. Wahrscheinlich liegen hierbei Sekundäreinflüsse aus Mizelländerungen oder Änderungen in den kritischen Konzentrationen für die Mizellbildung vor [*194*]. In jedem Fall ist jedoch zu beachten, daß ein von der Zusammensetzung des Polymerdispersionensystems abhängiger Elektrolytschwellenwert nicht überschritten werden darf, wenn Koagulationen durch die Fällwirkung der Elektrolyte vermieden werden sollen (Anionen-Kationen-Bilanz des Dispersionensystems).

Die Stabilität der Polymerdispersion bzw. des Reaktionssystems während der Polymerisation beruht auf der Ausbildung einer das Polymerteilchen umhüllenden adsorbierten elektrischen Doppelschicht (Gouy-Chapman-Stern-Schicht) oder einer Schutzkolloidschicht. Die Kombination der Dispersionen mit anderen Stoffen (Elektrolyten, Lösungsmitteln u. a.) fordert die Aufrechterhaltung oder Regulierungsmaßnahmen für die Erhaltung dieser Schutzumhüllungen der dispergierten Teilchen. Die Stabilität läßt sich vielfach durch Zugabe nichtionogener Emulgiermittel mit höheren Polyoxäthylat-Molekülsegmenten, hydrophiler Schutzkolloide (Polyvinylalkohol, Cellulosederivate) oder Polyelektrolyte (Ammoniumpolyacrylat) in begrenzten Mengen steigern. Die Zugabe nichtpolymerer (anorganischer) Elektrolyte zu den Polymerdispersionen führt oft zu Flockungen oder Koagulatbildung. Hierbei folgt die flockende Wirkung der Gegenionen der Schulze-Hardy-Regel. Hiernach steigt die Wirkung der Kationen in der Folge 1wertige < 2wertige < 3wertige Metallionen bei verhältnismäßig geringem Unterschied zwischen 2- und 3-Wertigkeit. Tab. 29 verdeutlicht den Elektrolyteinfluß.

Tabelle 29. *Elektrolyteinfluß auf Polymerdispersionen* [*195*]

anionaktive Polymerdispersionen	für beginnende Koagulation erforderlichen 5 %ige Elektrolytlösungen je 100 g Polymerdispersionen				
	$NaCl$	$MgCl_2$	$CaCl_2$	$Al_2(SO_4)_3$	$AlCl_3$
Saran F 122 (DOW Chemical Comp.)	44	10,5		2,5	
Geon 351 (Goodrich Comp.)	> 300	0,2			
DOW 512 (DOW Chemical Comp.)	> 100	0,25	0,35	0,8	0,2

Untersuchungen an Butadien-Styrol-Dispersionen deuten auf Unterschiede zwischen einwertigen Kationen und auf den Einfluß des Gegenions (elektrophoretische Beweglichkeiten) [*196*].

Den Einfluß der Zugabe polarer Lösungsmittel verdeutlicht Tab. 30.

Tabelle 30. *Einfluß polarer Lösungsmittel* [*197*]

anionaktive Polymerdispersionen	Lösungsmittel	für beginnende Koagulation erforderliche ml Lösungsmittel je 100 ml Dispersion
Saran F 122	Methylalkohol	37,0
Geon 351	Methylalkohol	10,1
DOW 512	Methylalkohol	28,3
	Äthylalkohol	7,25
	Aceton	7,3

2.1.2 Physikalische Verfahrensfaktoren

Der Erfolg und die Wirksamkeit der Emulsionspolymerisationsverfahren hängen außer von der Qualität und der optimalen Abstimmung der Vielzahl der Stoffkomponenten des Systems von einer Reihe von Verfahrensfaktoren ab. So von dem Phasen-Mengenverhältnis (Konzentration der Reaktionspartner) und von der Verteilung der Reaktionspartner (Mischungsverhältnisse, Scherkraftwirkungen) in Abhängigkeit von der Zeit und der Temperatur (Wärmeabführung). Hierbei muß der stark exotherme Polymerisationsverlauf ebenso wie die hohe Empfindlichkeit der erzeugten Kolloidsysteme gegenüber Fremdstoffen besonders in Rechnung gesetzt werden.

2.1.2.1 Mengenverhältnisse

2.1.2.1.1 Phasen-Mengenverhältnisse

Die Zusammenführung der Reaktionspartner kann sich in einem praktisch unausschöpfbaren Bereich zwischen den Grenzbeziehungen vollziehen:

a) Initiierung der Polymerisationsreaktion in einem Stoffsystem, das sämtliche Stoffkomponenten, einschließlich Wasser, in genau vorgegebener Gesamtmengenrelation vor Beginn der Polymerisation enthält („Gesamtemulsionsvorlage") bis

b) Initiierung der Polymerisationsreaktion in einem Stoffsystem, das sämtliche Reaktionspartner mit Ausnahme der Vinylmonomere – und erforderlichenfalls der Initiatoren – in genau vorgegebener Relation enthält (Gesamtdispergiermittelvorlage). Diesem Dispersionssystem werden sehr geringe Vinylmonomerenmengen zur Einleitung der Polymerisationsreaktion zugeführt (diskontinuierliche Polymerisation unter „Monomerenzulauf zum Dispersionsmedium"). Dabei können in Abhängigkeit vom thermischen Zerfall der jeweils angewendeten Initiatoren diese in der erforderlichen Gesamtmenge im vorgelegten Dispersionsmedium enthalten sein oder im Verlauf der Vinylmonomerenzugabe dem Reaktionssystem allmählich zugeführt werden.

Bei festgelegter Relation der Stoffkomponenten für das Dispersionssystem kann die Relation der im Polymerisationsverlauf zugeführten Stoffe zueinander in Abhängigkeit vom spezifischen Polymerisationsverhalten der Monomere variieren (Copolymerisationsparameter, vgl. unten). Dabei ist der Einfluß der Dispergiermittel auf die Teilchengrößen und deren Verteilung, die Halbwertszeit der Initiatoren (Initiatorzugabe) und die eventuell beabsichtigte Sequenz-Blockbildung oder Pfropfpolymerisation zu beachten. Bei Einsatz gleicher Gesamtstoffmengen unterscheiden sich die jeweils erhaltenen Dispersionen sehr weitgehend voneinander (Teilchenverhältnisse, Viskositäten, Polymerisationsgrade, Polymerkettenstruktur).

Im besonderen ist das Verhältnis der wässrigen zur organischen Phase bestimmt durch die technische Beherrschbarkeit der Abführung der hohen Polymerisationswärmemengen entweder allein über die Kühlmäntel der Reaktoren oder zusätzlich über Kondensatoren für Monomeren-Wasserdampfgemische, die diesem als Azeotropkondensat und damit als „inneres" Kühlmedium wiederzugeführt werden (z. B. bei der diskontinuierlichen „Siedekühl"- oder „Rückflußpolymerisation"). Die hohe spez. Wärme des Wassers begünstigt im allgemeinen mit steigender Wasserkonzentration die Herstellung niedrigviskoser Dispersionen. Bei der Redox-Emulsionspolymerisation, die bei Monomeren hoher spezifischer Polymerisationsgeschwindigkeit sehr rasch ablaufen kann, ist die zur Vermeidung einer „Kesselexplosion" erforderliche Mindestwassermenge diktiert durch die praktisch momentan freiwerdende Polymerisationswärmemenge des oder der Monomere. Einer extrem hohen Polymerisationsgeschwindigkeit bzw. einer extrem rasch erfolgenden Freisetzung großer Polymerisationswärmemengen kann in technisch-wirtschaftlich tragbarer Weise durch rasche Wärmeabführung nicht immer entsprochen werden. Beim Redox-Vorgang läßt sich die für die Wärmeabsorption erforderliche Wassermenge aus den Polymerisationswärmen der Monomere und ihren spezifischen Wärmen (vgl. Tab. 12) durch die Berechnung des zu erwartenden Temperaturanstiegs ermitteln, z. B. ist bei der Redox-Polymerisation einer Monomerenemulsion aus 700 g wässriger Phase und 300 g Äthylacrylat bei adiabatischem Verlauf der Polymerisation angenähert zu erwarten:

Bestandteil:	Wärmekapazität, cal/°C	Polymerisationswärme, cal
700 g wässrige Phase	700 × ca. 1,0 = 700	
300 g Äthylacrylat (Molgewicht: 100)	300 × ca. 0,47 = 141	$\frac{300}{100} \times 18600 = 55800$
	841	

$$\Delta T = 55800/841 = \text{ca. } 66^\circ\,\text{C}\,.$$

Die Redox-Polymerisation läßt in Abhängigkeit vom Molekulargewicht des Monomers und der ihm zugehörigen Polymerisationswärme in einer Stufe nur die Herstellung von Polymerdispersionen verhältnismäßig niedriger Polymerkonzentration zu. Jedoch läßt sich – nach dem Abkühlen der Polymerdispersion der ersten Stufe – vielfach in einer zweiten Stufe erneut unter Monomerenzufuhr eine Redox-Polymerisation unter Verwendung der Polymerdispersion aus der ersten Stufe als wässrige Phase vollziehen und damit eine Dispersion höherer Polymerkonzentration erhalten. Der bei adiabatischem Ablauf zu erwartende Temperaturanstieg läßt sich angenähert wie folgt berechnen:

Bestandteil:	Wärmekapazität cal/°C	Polymerisationswärme, cal
800 g Dispersion aus Stufe 1 =		
560 g wässrige Phase	560 × ca. 1,0 = 560	
240 g Polymer	240 × ca. 0,35 = 84	
200 g Äthylacrylat	200 × 0,47 = 94	$\frac{200}{100} \times 18600 = 37200$
	738	

$$\Delta T : 37200/738 : \text{ca. } 50^\circ\,\text{C}\,.$$

Die berechneten Werte des Temperaturanstiegs liegen stets etwas über den beobachteten Werten (ca. 2–4° C). Im allgemeinen erhält man nach Redox-Einstufenverfahren nur Polymerdispersionen mit 20–35% Polymeranteil, in Redox-Mehrstufenverfahren Dispersionen mit bis zu 65% Polymeranteil.

Bei der Siedekühl- oder Rückflußpolymerisation führt ein Wasser-Monomerengewichtsverhältnis von 2 : 1 zu günstigen Polymerisationsgeschwindigkeiten und niedrigen Viskositäten. Bei sehr langsam verlaufenden Polymerisationsreaktionen, bei denen größere Teilchen und höhere Konzentrationen angestrebt werden, wird im allgemeinen ein Verhältnis von 60–40 Gewichtsteilen Wasser gegenüber 40–60 Gewichtsteilen der Monomeren gewählt. Unter sonst gleichen Verhältnissen führt eine höhere Monomerenkonzentration im allgemeinen zu größeren Teilchendurchmessern, da die Zahl der Teilchen durch die Gesamtmenge des Emulgiermittels, jedoch nicht durch seine Konzentration bestimmt ist. Das Verhältnis Teilchenzahl zu absoluter Emulgatormenge ist also eine Konstante [*198*]. Die Monomerenkonzentration in der Ausgangsemulsion übt einen starken Einfluß auf die Polymerisationsgeschwindigkeit aus. Unter sonst streng gleichen Verhältnissen ergab sich für das Comonomerenpaar Butadien-Methylmethacrylat in Gegenwart von Natriumoleat der Umsatz zu 36% bzw. 62% bzw. 85% bei Monomeren-Gehalten von 20% bzw. 30% bzw. 45% [*84*].

In besonderen Fällen werden der wässrigen Phase auch wassermischbare organische Verbindungen zugesetzt, z. B. Glyzerin [*199*], Glykole oder Methanol als Gefrierschutz bei der Tieftemperaturpolymerisation („Kaltkautschuk"), zur Steigerung der Polymerisationsgeschwindigkeit [*200*] und zur Verminderung der Wechselwirkungen zwischen den Polymerketten [*201*] und damit der Vernetzungen und Verzweigungen bei hohen Monomerenumsätzen. Die Wirkung der wassermischbaren organischen Verbindungen ist in Beeinflussung der Löslichkeiten und der Solubilisierungen (Monomere, Emulgiermittel, Aktivatoren u. ä.) zu suchen.

2.1.2.1.2 Emulgiermittelkonzentration

Die Geschwindigkeit der Polymerisation läßt sich durch die Emulgiermittelkonzentration stark beeinflussen. Tab. 31 [*191*] verdeutlicht dies für zwei Butadien-Styrol-Systeme (mit je 0,75% freiem NaOH + 1% Kondensationsprodukt (Naphthalinsulfonsäure + Formaldehyd) + 1% Kaliumperoxydisulfat).

Tabelle 31. *Polymerisationsgeschwindigkeit und Emulgiermittelkonzentration*

Butadien : Styrol	70 : 30	75 : 25
Kaliumferricyanid	0%	0,15%
Mercaptan	1%	0,75%
Polymerisationszeit	32 h (40° C)	10 h (50° C)
Umsatz in %:		
bei 4% Natriumoleat		90
bei 6% Natriumoleat	88	97
bei 8% Natriumoleat	97	
bei 10% Natriumoleat	100	

Nach Lohmann [*198*] ist „die Zahl der im Latex entstehenden Polymerteilchen der absoluten Menge des im Ansatz vorhandenen Emulgiermittels, nicht aber seiner Konzentration proportional. Sie ist spezifisch für Polymerdispersionen mit gleichem Emulgator und nur noch von der Polymerisationstemperatur abhängig. Die Art und Menge der angewendeten Monomere Butadien und Styrol hat auf sie keinen Einfluß. Sie beeinflußt lediglich die Größe der Polymerteilchen. Da das Verhältnis der Teilchenzahl zu absoluter Emulgatormenge eine Konstante ist, läßt sich mit diesen Konstanten die Teilchenzahl einer Polymerdispersion aus den Daten ihres Ansatzes berechnen. Fügt man der fertig polymerisierten Dispersion erneut die Monomeren zu (vgl. z. B. vorstehendes Beispiel Äthylacrylat-Redox-Stufenpolymerisation) und führt mit diesem Gemisch erneut eine Emulsionspolymerisation durch, so lagert sich das neu zugefügte Monomere nur an die schon vorhandenen Teilchen an, vergrößert also nicht deren Zahl, sondern nur ihr Gewicht und ihr Volumen. Dabei spielt das Alter des angewendeten ‚Keim'-Latex und die Größe seiner Teilchen keine Rolle" (vgl. 2.1.3).

2.1.2.1.3 Initiatorkonzentration

Die Polymerisationsgeschwindigkeit ist von der Initiatorkonzentration des Systems abhängig. Tab. 32 nennt die Teilchenzahl als Funktion der ursprünglichen Kaliumperoxydisulfatkonzentration bei der Emulsionspolymerisation des Styrols in einer 1%igen Natriumoleatlösung bei 50° C [*202*].

Tabelle 32. *Initiatorkonzentration und Teilchenzahl*

Peroxydisulfatkonzentration, %	0,70	0,175	0,044
Teilchen je g Seife, $\times 10^{-17}$	1,37	0,805	0,498
relative Teilchenzahl, gefunden	1,70	1	0,62
relative Teilchenzahl, theoretisch	1,74	1	0,58

Nach der Smith-Ewart-Theorie (vgl. 2.1.3.) ist die Eintrittsgeschwindigkeit freier Radikale aus der wässrigen Phase in die Polymerteilchen im allgemeinen der Initiatorkonzentration proportional. Mit steigender Initiatorkonzentration steigt auch die Teilchenzahl und die Bruttoreaktionsgeschwindigkeit. Abb. 23 zeigt gute Übereinstimmung zwischen experimentell ermittelten und nach der Theorie berechneten Werten für eine Styrol-Emulsionspolymerisation [*203*]

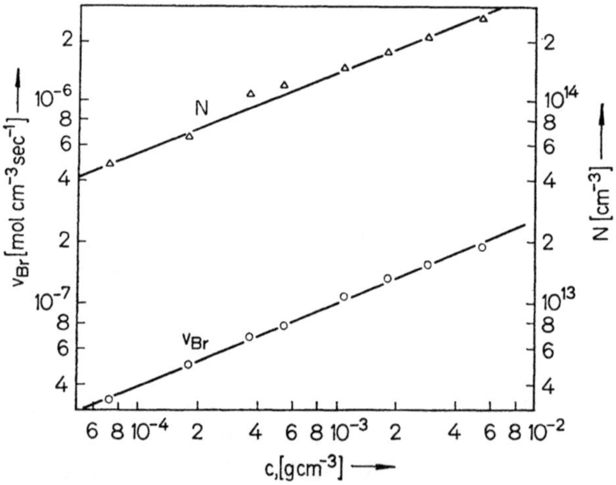

Abb. 23. Bruttopolymerisationsgeschwindigkeit v_{Br} und Teilchenzahl *N* bei der Emulsionspolymerisation des Styrols in Abhängigkeit von der Initiatorkonzentration [aus Angew. Chem. **72**, 858 (1960); dort Abb. 4]

In der Regel besteht ein optimaler Bereich für die Initiatorkonzentration. Bei der Polymerisation einer Mischung aus Butadien und Methylmethacrylat in alkalischer Natriumoleatlösung bei 60° C wurden nach 16 Std Polymerisationsdauer die einander entsprechenden Werte erhalten [*191*]:

Ammoniumperoxydisulfat, %	0	0,25	0,5	1,0	1,5	2,0
Umsatz, %	6	50	85	97	95	58[1]

Den Einfluß zunehmender Initiatorkonzentration nach Verschwinden aller Micellen auf das Molekulargewicht des später gebildeten Polymers bei der Emulsionspolymerisation des Styrols in einem Keimlatex bei 50° C zeigt Tab. 33 [*204*]:

Tabelle 33. *Einfluß der Peroxydisulfatkonzentration auf das Polystyrolmolekulargewicht in einem Keimlatexsystem bei 50° C*

$K_2S_2O_8$-Konzentration	Polymerisations-geschwindigkeit %/Std	Viskosität η_{25} des Polymers	Molekulargewicht des Polymers, $\times 10^{-6}$
0,044	7	7,7	4,7
0,175	8	5,2	2,3
0,70	8	3,1	1,0

Sind im Emulsionspolymerisationssystem in der Polymerphase lösliche Substanzen zugegen, die Radikale einfangen und in den Teilchen wachsende Radikale zum Abbruch bringen können, bevor ein anderes eindringendes Radikal dies vollzieht, so hängt die Abbruchgeschwindigkeit der wachsenden Radikale nicht von der Initiatorkonzentration ab. Eine Erhöhung der Initiatorkonzentration und damit der Initiierungsgeschwindigkeit sollte dann zu wachsender Polymerisationsgeschwindigkeit führen. Dies ließ sich experimentell bestätigen [*204*].

Die Beschleunigung der Polymerisation durch einen Primärinitiator (Peroxidisulfat, Hydroperoxid) läßt sich durch einen Aktivator („Sekundärinitiator", promoter) beträchtlich steigern: z. B. durch Fe- oder Cu-Komplex-Verbindungen (komplexe Metallcyanide) und Äthylenpolyamine, bei Dien-Monomeren auch durch kettenübertragende Mercaptane. Die Tab. 34 zeigt dies für Kaliumferricyanid für das Emulsionspolymerisationssystem aus Butadien-Styrol (75 : 25) bei

Tabelle 34. *Aktivatoreinfluß auf die Polymerisationsgeschwindigkeit*

Kaliumferricyanid ppm	Umsatz bei 40° C, % 16 Std	Kaliumferricyanid ppm	Umsatz bei 40° C, % 12 Std:	16 Std:
50	70	1000		91
250	80	1500	70	93
500	90	2000	74	92

[1] vermutlich durch pH-Wert-Änderung verfälscht.

Gegenwart von 4% Ölsäure + 0,75% freiem Ätznatron + 0,75% t-Dodecylmercaptan + 1% Kondensationsprodukt aus Naphthalinsulfonsäure und Formaldehyd + 1% Kaliumperoxydisulfat [*191*].

Einen ähnlichen Einfluß übt Kaliumferricyanid auf t-Butylhydroperoxid-initiierte Emulsionspolymerisationen aus. Auch hier deuten die Versuchsergebnisse auf optimale Konzentrationsverhältnisse sowohl für Initiatoren wie für Aktivatoren.

2.1.2.1.4 Kettenüberträger- (modifier) oder Reglerkonzentration

Aus der Fülle der Kettenübertragungs- oder Reglersubstanzen sind technisch besonders bedeutsam als „ideale" Regler die Mercaptane, die z. B. bei Butadien-Copolymeren viele Copolymerketten erwünschter niedriger Molekulargewichte an Stelle weniger Copolymerketten höherer, aber schlecht verarbeitbarer Molekulargewichte ergeben. Die Aktivierungsenergie für den Umsatz der Mischungen aus t-Mercaptanen wurde zu 9 kcal je Mol für die Gesamtreaktion gegenüber etwa 8 kcal je Mol für die Gesamtkettenabbruchreaktion ermittelt [*205*]. Hierbei bleibt zu beachten, daß die Mercaptane zusammen mit Peroxidisulfaten als Redox-Systeme auch Initiatoraktivatoren (promoters) sind. Der Einfluß der Mercaptankonzentration auf die Polymerisationsgeschwindigkeit ist bei Konzentrationen unterhalb 1000 ppm sehr ausgeprägt, oberhalb dieser Konzentration ist die Polymerisationsgeschwindigkeit praktisch unabhängig von der absoluten Mercaptanmenge. Abb. 24 vermittelt ein schematisches Bild über die Wirkung der Mercaptane auf die Polymerisationsgeschwindigkeit, die Mooney-Viskositäts-Werte und den Gelgehalt des Polymers bei peroxidisulfatinitiierter Butadien-Styrol-Emulsionspolymerisation.

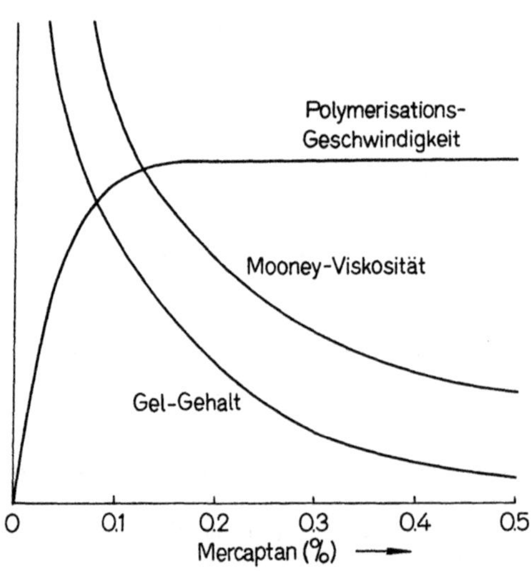

Abb. 24. Wirkung der Mercaptane auf die Polymerisationsgeschwindigkeit, Mooney-Viskositätswerte und Gelgehalt der Butadien-Styrol-Polymere [aus D. C. Blackley: High polymer latices, Vol. 1, p. 286. London: Maclaren & Sons, Ltd. 1966; dort Fig. V 6]

Anmerkungen:

Mooney-Viskositätszahl [*206*]: Es ist die zur Durchführung der rotierenden Bewegung in dem das Prüfmaterial enthaltenden Mooney-Plastometer erforderliche Kraft, die als

Maß für die Plastizität des Polymers angesehen wird. Mooney-Werte und Molekulargewichte lassen sich zueinander in Beziehung setzen [*207*].

Gelgehalt (Mikrogelanteil [*208*]): Es ist der bei 25° C in Reinbenzol unlösliche, gequollene Anteil mit Netzstruktur.

Bei Acrylverbindungen findet eine Beeinflussung der Polymerisationsgeschwindigkeit durch Kettenüberträger praktisch nicht statt [*209*]. Acrylnitril lagert in alkalischem Medium leicht Mercaptane unter Bildung von 2-Cyanäthylderivaten an. Steigender pH-Wert des Polymerisationsmediums, steigende Rührintensität und steigende Reaktionstemperatur führen zu steigender Geschwindigkeit des Mercaptanverbrauchs. Tertiäre Mercaptane werden geradkettigen Isomeren vorgezogen, da sie sich leichter solubilisieren lassen. Über umfangreiche quantitative Untersuchungen ist ausführlich berichtet worden [*210*]. Die Eignung einer Verbindung als Kettenüberträger hängt ab von der Natur des Monomers und des Emulgiermittels, vom pH-Wert des Systems und von der Art der Initiierung. Wegen der unerwünschten Nebenwirkungen (Verfärbung der Polymere bei halogenhaltigen Reglern, starker Geruch der Mercaptane) muß die Reglermenge auf das unabdingbar niedrigste Maß beschränkt werden.

2.1.2.1.5 Polymerisationsstoppmittel

Für die Unterbindung der Polymerisation (insbesondere bei butadienhaltigen Systemen) werden in der Praxis verwendet (Mengen bezogen auf Einsatzmenge der Monomere): ca. 0,1% Hydrochinon, ca. 0,2% Di-t-butylhydrochinon oder ca. 0,2% nichtfärbend wirkendes Kaliumdithiocarbamat, das wegen seiner hohen Wasserlöslichkeit dem Natriumdithiocarbamat vorgezogen wird und keine Erschwerung bei der Vulkanisation des ausgefällten Kautschukpolymers bringt [*211*].

2.1.2.1.6 Stabilisierungsmittel

Für die Stabilisierung der Polymerdispersion gegen Koagulation setzt man erforderlichenfalls 1–2% (bezogen auf Polymermenge) zusätzliches Emulgiermittel in konzentrierter Lösung zu, bei Kautschukdispersionen als Schutz gegen den Abbau bei der Trocknung in der Regel 1,5% (bezogen auf Polymermenge) eines Kautschukantioxydans (Phenyl-β-naphthylamin oder 2,6-Di-t-butyl-p-kresol) als Emulsion oder Suspension unmittelbar vor dem Koagulationsprozeß.

2.1.2.2 Temperatur

Die allgemeinen Temperatureffekte bei der Emulsionspolymerisation ähneln jenen in homogenen Reaktionssystemen. Besonderheiten ergeben sich aus den in der Reaktion mit charakteristischen Temperaturkoeffizienten ablaufenden Einzelreaktionen. Mit steigender Temperatur steigt die Bruttoreaktionsgeschwindigkeit, während das Molekulargewicht und die Teilchengröße bei steigender Temperatur abfallen – als Ergebnis mehrerer gleichzeitig verlaufender gegenläufiger Einflüsse.

Steigende Temperatur erhöht sowohl die Geschwindigkeit des Kettenwachstums [*212*] als auch der Startreaktion, wobei die Geschwindigkeitszunahme letzterer überwiegt. Hierdurch wird der Polymerisationsgrad des Polymers mit steigender Temperatur kleiner. Mit fallender Temperatur können durch Änderungen in der Viskosität und im Wärmeübergang im System komplizierende Begrenzungen für das Fließverhalten und für Diffusionsvorgänge eintreten. Bei vielen Systemen wächst der Logarithmus der Bruttoreaktionsgeschwindigkeit angenähert linear mit dem reziproken Wert der absoluten Temperatur. Durch die Temperatur beeinflußte Faktoren, die eine Zunahme der Bruttoreaktionsgeschwindigkeit bewirken, sind die mit steigender Temperatur verhältnismäßig schwach abnehmende kritische Micellkonzentration des Emulgiermittels, die beträchtliche Zunahme des Solubilisierungsvermögens der Micelle, die Zunahme der Teilchenzahl, die Abnahme der Teilchengröße und die Änderung der Mikrostruktur des Polymers.

Nach FIKENTSCHER, GERRENS und SCHULLER [*213*] läßt sich der komplizierte Temperatureinfluß auf die Teilchenzahl N, die Bruttoreaktionsgeschwindigkeit v_{Br} und den Polymerisationsgrad $\overline{P}_n$ (unter Abstrahieren von Kettenübertragungen) reaktionskinetisch wie folgt überblicken: Die Volumenwachstumsgeschwindigkeit μ der Teilchen ist abhängig von der temperaturabhängigen Größe der Wachstumskonstanten k_W, deren Aktivierungsenergie E_W ist. Die scheinbare Aktivierungsenergie E_N der Teilchenbildung ist bestimmt durch die Differenz zwischen E_W und der Aktivierungsenergie E_ϱ für die Radikalbildung. Da E_ϱ im allgemeinen größer als E_W ist, steigt die Teilchenzahl in der Regel mit steigender Temperatur. Für die Aktivierungsenergie E_{Br} der Bruttoreaktionsgeschwindigkeit addieren sich E_W und E_N. Bei Abwesenheit von Kettenübertragungsreaktionen ist der Polymerisationsgrad $\overline{P}_n$ bestimmt durch das Verhältnis Bruttoreaktionsgeschwindigkeit v_{Br} zu Startgeschwindigkeit v_{St}. Steigerung der Emulgiermittelkonzentration $[S]$ läßt nur v_{Br} steigen. Damit nimmt entsprechend auch der Polymerisationsgrad $\overline{P}_n$ zu. Steigerung der Initiatorkonzentration $[I]$ läßt neben v_{Br} auch v_{St} steigen: damit nimmt $\overline{P}_n$ ab, da v_{St} mit höherer Potenz der $[I]$ steigt. Die Temperaturabhängigkeit des Polymerisationsgrades $\overline{P}_n$ entspricht dem Wert für $E_{Br}-E_{St}$: da E_{St} meist größer als E_{Br} ist, nimmt $\overline{P}_n$ mit steigender Temperatur ab. Hiernach ergibt sich für die Temperaturabhängigkeit:

Temperatur-einfluß auf:	Teilchenzahl N	Bruttoreaktions-Geschwindigkeit v_{Br}	Polymerisationsgrad $\overline{P}_n$
	$E_N = 2/5\,(E_\varrho - E_W)$	$E_{Br} = E_W + E_N$	$3/5\,(E_W - E_\varrho)$

Im einzelnen wurden folgende spezifische Temperatureinflüsse auf die Mikrostruktur bei einigen Polymeren beobachtet: Mit sinkender Temperatur steigt die Neigung zu alternierender Addition der Comonomere im Copolymer [*214*] — das Viskositäts-Molekulargewichts-Verhältnis bei Polybutadienen ist stark temperaturabhängig [*215*] — bei niedrigeren Temperatur hergestellte Polybutadiene neigen stärker zur Kristallisation [*215*]. Bei niedrigerer Temperatur wird bei der Dien-Emulsionspolymerisation das Verhältnis zwischen 1,2- und 1,4-Addition zugunsten der 1,4-Addition verschoben [*216*] und in stärkerem Maße das Verhältnis zwischen trans-1,4- und cis-1,4-Addition zugunsten der cis-Addition begünstigt [*217*]. Überdies wird die Reißfestigkeit (Rückstellkraft, Flexibilität) der bei niedrigeren Temperaturen erhaltenen Butadien-Styrol (70 : 30)-Copolymerisate nach deren Vulkanisation stark gesteigert [*218*]. Niedrigere Temperaturen führen vielfach zu regelmäßigeren Strukturen.

Tab. 35 zeigt den Temperatureinfluß auf die Teilchengröße in Abhängigkeit vom Monomerenumsatz am Polymerisationssystem Butadien-Styrol (70 : 30) mit 5% Seifen-Emulgiermittel (bezogen auf Monomerenmenge) bei 30°, 50° bzw. 70° C [*219*].

Tabelle 35. *Temperatureinfluß auf die Teilchengröße*

Umsatz, %	Gramm Polymer je Millimol adsorbierter Seife		
	30° C	50° C	70° C
20	1,02	0,78	0,72
30	1,42	1,08	0,92
40	1,70	1,32	1,04
50	1,94	1,55	1,15
60	2,18	1,72	1,24
70	2,38	1,87	1,33
80	2,56	1,99	1,41

Steigende Temperatur führt zu niedrigerer mittlerer Teilchengröße und damit zunehmender Teilchenzahl bei einem gegebenen Monomerenumsatz.

Eine Erniedrigung der Polymerisationstemperatur kann zu einer breiteren Molekulargewichtsverteilung und einer Zunahme des Molekulargewichtsmittels führen.

Temperatursteigerung führt zu einer merklichen Minderung des Verhältnisses Monomer : Polymer in den Teilchen während der Polymerisation [*220*].

2.1.2.3 pH-Wert

Die Polymerisationsreaktion in wässriger Emulsion ist auf die Reaktion der Vinylmonomere mit freien Radikalen eingeschränkt, da Lewis-Säuren und Lewis-Basen (Initiatoren der kationischen bzw. der anionischen Polymerisationen) rasch mit Wasser reagieren. Im Emulsionspolymerisationssystem können als stärkste Säuren oder Basen nur H_3O^+- oder OH^--Ionen zugegen sein, die kationische oder anionische Polymerisationen nicht zu initiieren vermögen.

Der bei der Emulsionspolymerisation zulässige pH-Wert hängt von der Resistenz der Monomere gegenüber H_3O^+- bzw. OH^--Ionen ab.

Bei der Butadien-Styrol (75 : 25)-Emulsionspolymerisation hängt der Monomerenumsatz (bei 40° C bzw. 50° C) von der Menge freier Natronlauge im System ab. Abb. 25 zeigt die Funktionsabhängigkeit [*221*].

Hiernach besteht für die Dien-Emulsionspolymerisation ein optimaler pH-Wertbereich.

Vinylester – die Carbonsäureester des Vinylalkohols (Vinylacetat, Vinylchloracetat, Vinylpropionat u. a.) – lassen eine Emulsionspolymerisation bei pH-Werten oberhalb 7,0 nicht zu. Die Bruttoreaktionsgeschwindigkeit nimmt mit zunehmender Erniedrigung der pH-Werte unter den Wert 7,0 zu.

Aliphatische Vinyläther werden mit unter 7,0 abnehmenden pH-Werten und mit steigender Temperatur zunehmend zu Acetyldehyd und aliphatischen Alkoholen hydrolysiert. Ihre Verwendung als Comonomere erfordert – zunehmend mit abnehmender Alkylkettenlänge – eine pH-Wert-Pufferung des Systems.

Olefin-Mono- und -Dicarbonsäureester (Acrylsäure-, Methacrylsäure-, Itacon-, Malein-, Fumarsäureester) werden mit Rücksicht auf die unterschiedliche, vom Alkylrest abhängige Verseifungsgeschwindigkeit, bevorzugt bei pH-Werten von 7,0 und wesentlich darunter (bis pH: 3) und nur bei rasch verlaufenden Polymerisationsreaktionen oberhalb pH-Werten von 8,0 polymerisiert. Bei pH-Werten von

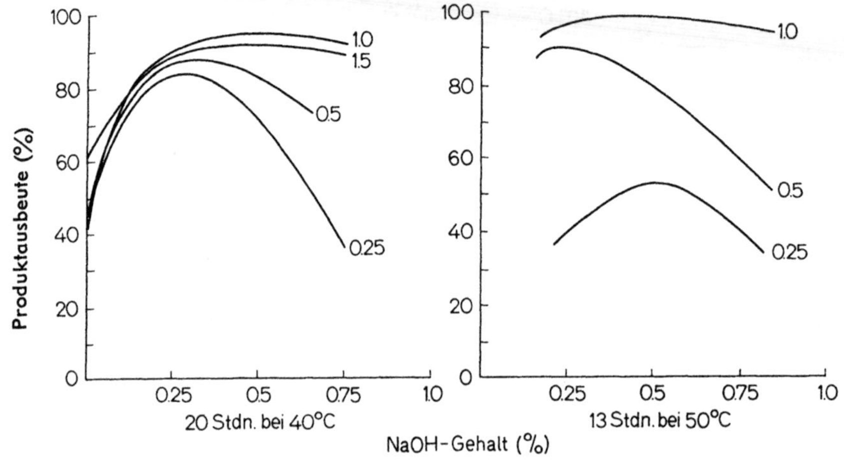

Abb. 25. Abhängigkeit des Monomerenumsatzes von der [OH^-]-Konzentration in einem Butadien-Styrol (75 : 25)-System (Kurvenbezeichnungen: Prozent Kaliumperoxydisulfat bezogen auf Monomerenmenge) [aus Ind. Eng. Chem. **39**, 212 (1947); dort Fig. 1]

7,0 oder wenig darunter ist der Hydrolysegrad der am leichtesten verseifbaren Acrylsäureester (Methyl- und Äthylacrylat) selbst in Emulsionssystemen sehr gering. Der Hydrolysegrad wurde für Äthylacrylat in neutraler Emulsion bei 70° C zu 0,6% bei 6 Std ermittelt [*222*]. Methacrylsäureester sind gegenüber Medien mit pH-Werten oberhalb 7,0 weit resistenter. Die Hydrolysegeschwindigkeit fällt sowohl bei Acrylsäure- wie bei Methacrylsäureestern mit zunehmender Länge der Ester-Alkylgruppe stark ab. Nur Methyl- und eingeschränkt Äthylacrylat werden bei pH-Werten oberhalb 8,0 auch bei Raumtemperatur zeitabhängig merklich verseift [*222*]. Die Verseifung der Polyacrylate erfordert dagegen sehr hohe H_3O^+- bzw. OH^--Ionen-Konzentrationen, höhere Temperaturen und längere Einwirkungszeiten für eine als beträchtlich zu bezeichnende Verseifung. Polyacrylat- und Acrylat-Copolymerdispersionen erleiden auch nach einer Lagerung von über einem Jahr bei pH-Werten zwischen 6,0 und 8,0 und üblichen Umgebungstemperaturen keine gravierende Änderung der sie kennzeichnenden anwendungstechnischen Eigenschaften.

Die Polymerisierbarkeit der Acryl- und der Methacrylsäure (als freie Säuren) mit Wasserstoffperoxid oder Peroxydisulfatinitiatoren fällt oberhalb des pH-Wertes 5 sehr stark ab [*223*]. Polymerdispersionen, deren Polymeres Segmente mit freien

Carboxylgruppen enthält, können – in Abhängigkeit von der statistischen Verteilung der Carboxylgruppen in der Polymerkette – nach der Salzbildung (Alkali- oder Ammoniumsalze) einer beträchtlichen Steigerung der Viskosität, die bis zur Pastenkonsistenz führen kann, unterliegen („mit Ammoniak verdickbare Polymerdispersionen", z. B. CORIALGRUNG OS oder ACRONAL 500 D der BASF AG).

2.1.2.4 Scherkraft (Rühren und Mischen)

Gegenüber der Suspensionspolymerisation ermöglicht das Kombinieren hochwirksamer oberflächenaktiver Dispergiermittel bei der Emulsionspolymerisation die Herstellung weicher, gummiartiger und klebriger Polymerer. Die Scherkraftwirkung ist notwendig für die Verteilung der Monomere zu stabilisierten Monomerentröpfchen in der Emulsion, für die Förderung der Diffusion des Monomers aus den Tröpfchen in die wachsenden Polymerteilchen und der oberflächenaktiven Dispergiermittel aus der wässrigen Phase und aus den Micellen an die Teilchenoberfläche. Der Rührvorgang ist in der Regel verfahrenstechnisch erforderlich für die kontrollierte Abführung hoher Beträge an Polymerisationswärme. Gleichzeitig bewirken die Scherkräfte die Verhinderung eines Zusammenfließens der Monomerentröpfchen, die bei der Emulsionspolymerisation in der Regel nur verhältnismäßig geringe Mengen an Dispergiermittel oder Schutzkolloidstoffen adsorbiert haben. Im Gegensatz zum Verfahren der Suspensionspolymerisation ist jedoch bei der Herstellung niederviskoser (Seifen-)Dispersionen durch Emulsionspolymerisation der Einfluß der Scherkräfte – auch in Berücksichtigung der Umsatzgeschwindigkeit und der Teilchengrößen der Polymere – in weiten Änderungsbereichen verhältnismäßig gering. Bei der Herstellung hochviskoser (Schutzkolloid-)Dispersionen mit ausgeprägter Strukturviskosität übt dagegen die auf das Polymerisationssystem ausgeübte Scherkraft in der Regel – oft bereits in engen Änderungsbereichen – einen starken Einfluß aus auf die Verteilung der Monomerenphase, die Umsatzgeschwindigkeit, die Teilchengröße, das Fließverhalten bei der Lagerung (thixotropes bzw. rheopexes Verhalten), die ihrerseits von scherkraftabhängigen Veränderungen der Schutzkolloidstrukturen abhängen.

Bei Einwirkung zu niedriger Scherkräfte kann sich im Polymerisationssystem eine separate Monomerenschicht bilden. Die Polymerisationsgeschwindigkeit ist dann abhängig von der Diffusionsgeschwindigkeit der Monomere durch die wässrige Phase zu den Reaktionsorten der wachsenden Teilchen (in etwa linearer Funktion von der Zeit bis zu etwa 90%igen Umsätzen). Dabei ist die Polymerisationsgeschwindigkeit im Vergleich zum Verlauf in stabilen Emulsionssystemen stark erniedrigt [*224*]. Steigerungen der Scherkräfte über ein minimal erforderliches Maß für die Herstellung diskreter Monomerentröpfchen hinaus haben jedoch praktisch keinen Einfluß auf die Polymerisationsgeschwindigkeit oder auf die Teilchengröße [*224*]. Bei Einwirkung zu hoher Scherkräfte (hohe Tangentialgeschwindigkeit bei stark wandgängigen Rührern) kann mit steigender Viskosität zunehmend starker Viskositätsabbau und Koagulatbildung eintreten.

Die Ausübung von Scherkräften auf das Polymerisationssystem kann erfolgen:

1. durch Nutzung der Schwerkraft bzw. der inneren Reibung durch Änderung des Schwerkraftpotentials der Stoffsysteme (Überkopfschütteln des Inhalts von Behältern oder Durchmischen des Reaktionssystems in rotierenden, exzentrisch

gelagerten Taumelautoklaven), z. B. bei der Durchführung der Emulsionspolymerisation im Laboratorium [*225*] oder bei ihrer Durchführung in einer zwischen Laboratoriums- und Produktionsmaßstab liegenden Herstellmenge (Herstellung im Technikum) durch Schütteln des Reaktionsbehälters („äußeres Mischen"),

2. durch Mischen des Reaktionssystems mit Hilfe von mechanischen Rührwerken, bei denen Rührer der verschiedensten Rührergestalt (Blatt-, Flügel-, Impeller und Paddelrührer bevorzugt für niederviskose, Anker-, Finger- und Schraubenrührer für hochviskose Dispersionen) in Umlauf gesetzt werden („inneres Mischen"),

3. durch Strömungsdurchmischen in Röhrenreaktionsbehältern oder bei den in Reihe geschalteten Reaktionskaskaden,

4. in Sonderfällen durch Ultraschall [*226*].

Die für den Einzelfall optimale Rührergestalt und die optimale Drehzahl und die hierdurch bestimmte Umfangsgeschwindigkeit müssen jeweils aus Untersuchungen an geometrisch ähnlichen Modellen abgeleitet werden. Im Vergleich zu den in Polymerisationsreaktoren angewendeten Umfangsgeschwindigkeiten sind in der Regel bei der Herstellung der Monomerenemulsionen weit höhere Rührgeschwindigkeiten vorteilhaft (abhängig von der Entmischungsgeschwindigkeit der Emulsion). Beim Mischen durch mechanische Rührer muß das Einrühren von Luft (Trombenbildung) und das Benetzen der Apparateteile oberhalb des Flüssigkeitsspiegels zwecks Unterbindung von Reaktionsinhibierung oder Koagulatbildung vermieden werden.

Oft kommt der Art, nach der das Reaktionssystem durchmischt wird, kritische Bedeutung zu (Scherspannungsverteilung, Verweilzeitverteilung der Komponenten, Temperatur- und Konzentrationsverteilung). Hierbei ist das im Polymerisationsverlauf sich ändernde Viskositätsverhalten der Dispersionen besonders zu berücksichtigen [*227*]. Eine starke Abhängigkeit des Transports von Mercaptan zum Reaktionsort bei der Butadien-Styrol-Emulsionpolymerisation vom Rühreffekt zeigt Tab. 36 [*228*]:

Tabelle 36. *n-Dodecylmercaptanverbrauch in Abhängigkeit vom Mischen*

Umsatz, %	nicht umgesetztes Mercaptan, % Über-Kopf-Schütteln, 35 Upm	Rühren 140 Upm
10	77	63
20	66	50
30	55	41

Die Verhältnisse zwischen Rührergestalt, Rührwerkleistung und Rührwerkleistungsbedarf in Rührkesseln und Rührkesselkaskaden sind eingehender untersucht worden [*229*]. Für die in der Praxis häufig verwendeten Blattrührer (bei niedrigviskosen Dispersionen) erweist sich in der Regel das Verhältnis $h \sim H/2$ für h: Blatthöhe, H: Gefäßhöhe am günstigsten.

2.1.3 Theorien über den Mechanismus der Emulsionspolymerisation

Das Wissen über die bei der Emulsionspolymerisation ablaufenden Reaktionen ist wegen der Vielzahl der Stoffkomponenten und Reaktionsbedingungen sehr komplex und noch weitgehend empirischer Natur.

Im einfachsten Grenzfall sind mindestens vier Grundstoffkomponenten im System zugegen: Monomeres – Dispergiermittel – Micellenerzeuger oder Schutzkolloid – Initiator. Die Grundreaktion ist eine Radikalkettenreaktion. Die vom Initiator gelieferten Radikale lagern sich jeweils an das eine π-Elektron der π-Bindung des Monomers an und bilden über das zweite π-Elektron dieser Bindung ein neues Radikal, das in gleicher Weise fortlaufend mit den Monomermolekülen reagiert, wobei durch Umwandlung der π-Bindungen in σ-Bindungen Energie („Polymerisationswärme“) frei wird:

$$\underset{\substack{^{-}O_3S{-}O{-}O{-}SO_3^{-}\\ \text{Peroxydisulfat-Anion}}}{\text{Initiator}} \rightarrow \underset{\substack{2\,\dot{}\,SO_4^{-}\\ \text{Sulfatradikal-Anion}}}{\text{Initiatorradikal}} + \underset{M}{\text{Monomeres}} \xrightarrow[\text{Initiierung (Kettenstart)}]{\text{Polymerisations-}}$$

$$\underset{^{-}O_4SM\cdot}{\text{Monomerradikal}} \xrightarrow[+xM]{\text{Ketten-Wachstum}} \underset{^{-}O_4S(M)_xM\cdot}{\text{Polymerradikal}} \xrightarrow[\text{Abbruch}]{\text{Ketten-}} \text{Polymeres}$$

Kettenabbruch:

a) durch Kombination

$$^{-}O_4S(M)_xM\cdot + {}^{-}O_4S(M)_yM\cdot \rightarrow {}^{-}O_4S(M)_{x+y}SO_4^{-}$$

b) durch Disproportionierung:

$$^{-}O_4S(M)_xM\cdot + {}^{-}O_4S(M)_yM\cdot \rightarrow {}^{-}O_4S(M)_xMH + {}^{-}O_4S(M)_{y-1}\,.$$

Als Reaktionsorte im Polymerisationssystem lassen sich denken:

1. das Monomerentröpfchen,
2. die Grenzfläche zwischen Monomer und wässriger Phase,
3. die wässrige Phase,
4. die Micelle bei Anwesenheit oberflächenaktiver Emulgiermittel.

Staudinger und Frost [*230*] nahmen 2. als Reaktionsort an. Gegen die Annahme von 1. als Hauptreaktionsort spricht:

a) die emulgierten Monomerentröpfchen sind sehr viel größer (etwa 1 μ) als die Polymerteilchen (etwa 0,1–0,3 μ) des entstehenden Latex.

b) die Anfangs-Polymerisationsgeschwindigkeit ist bei konstantem Volumen und konstanter Zusammensetzung der wässrigen Phase unabhängig vom Volumen des Monomers; sie hängt dagegen stark ab vom Emulgiermittelgehalt des Systems. Nach Erreichen eines bestimmten Umsatzes kann zusätzlich zugegebenes Emulgiermittel die Polymerisationsgeschwindigkeit steigern, wenn die kritische Micellkonzentration überschritten wird.

c) in der Regel erfordert das Polymerisationssystem die Verwendung wasserlöslicher im Gegensatz zu monomerenlöslichen Initiatoren.

d) die Kinetik der Emulsionspolymerisation unterscheidet sich wesentlich von der Kinetik der Substanzpolymerisation.

Die vorgenannten Begründungen a) bis d) sprechen auch gegen die Annahme von 2. als Reaktionsort. Zwar würde der Polymerisationsbeginn an der Grenzfläche nicht gegen die Begründung c) sprechen, da die wachsende Kette jedoch in das Monomertröpfchen eindringt, steht die Annahme zu den übrigen Gründen im Widerspruch. Aus Versuchen mit noch merklich wasserlöslichen Monomeren (Methyl-, Äthylacrylat, Acrylnitril, Vinylacetat) schlossen FIKENTSCHER u. Mitarb. [*231*] auf 3. als Reaktionsort. Sie nahmen an, daß sich die Polymerisation am gelösten Monomer vollzieht, das solange aus den Monomerentröpfchen nachgeliefert wird, solange diese noch zugegen sind. Sie fanden ferner, daß im Bereich der Sättigungskonzentration sowohl die Bruttoreaktionsgeschwindigkeit (je Zeiteinheit entstandene Menge Polymeres) wie der Polymerisationsgrad des entstandenen Polymers konstant sind, daß die entstandenen Polymerteilchen entsprechend der Löslichkeit des Monomers im Polymeren ihrerseits Monomeres aufnehmen, solange dieses noch aus Monomertröpfchen nachgeliefert werden kann, und daß bei Absinken der Monomerenkonzentration unter die Sättigungskonzentration die Bruttoreaktionsgeschwindigkeit und der Polymerisationsgrad abfallen [*232*]. Gegen die Annahme von 3. als Hauptreaktionsort, d. h. Reaktionsort im molekulargelösten Monomerteilchen, sprechen der störungsfreie und schnelle Polymerisationsverlauf auch bei Verwendung praktisch in Wasser unlöslicher Monomerer und im Fall der Copolymerisation die Feststellung, daß das weniger wasserlösliche Monomer bei der Emulsionspolymerisation im Vergleich zur Substanzpolymerisation bei gleicher Monomerenzusammensetzung im entstandenen Copolymer in größerer Menge im Vergleich zum Anteil des wasserlöslicheren Comonomers enthalten ist. Andererseits gibt es eine Reihe von Polymerisationsreaktionen (Vinylacetat, Schutzkolloiddispersionen) mit noch merklich wasserlöslichen Monomeren, bei denen sich die Startreaktion an den im Dispersionsmedium molekular gelösten Monomeren zu vollziehen scheint. Bei Gegenwart von stark oberflächenaktiven Emulgiermitteln („Seifen") steigt die Menge des Monomers in der wässrigen Phase über die molekulargelöste Menge hinaus an [*233*]. Diese Erscheinung der zusätzlichen Lösung des Monomers in den Micellen der wässrigen Dispersionsphase wurde als Solubilisierungsvorgang gedeutet [*234*]. Die hierauf gründende „Lösungstheorie der Emulsionspolymerisation" wurde unabhängig voneinander von FIKENTSCHER [*231*], besonders HARKINS [*235*], FRYLING [*235*], TROMMSDORF [*235*] u. Mitarb. entwickelt. Besonders HARKINS wies auf die große Bedeutung solubilisierender Micellen als Reaktionsorte für den Polymerisationsstart wasserunlöslicher Monomerer hin. Der von ihm postulierte Micell-Reaktionsmechanismus wurde durch zahlreiche spätere Untersuchungen im wesentlichen bestätigt und bietet für alle charakteristischen Kennzeichen der Emulsionspolymerisation eine befriedigende Deutung. Nach ihm verläuft der Grundmechanismus wie folgt [*236*].

Das in der Praxis stets oberhalb der kritischen Micellkonzentration angewendete Emulgiermittel bildet Micellen (je ml etwa 10^{18} Micellen aus je etwa 100 Emulgiermittelmolekülen), in denen aus den emulgierten Monomerentröpfchen (je ml etwa 10^{10} Monomerentröpfchen des mittleren Durchmessers von etwa 3×10^{-4} cm) über die molekulare Lösung in Wasser durch Diffusionsvorgänge Monomeres gelöst bzw. solubilisiert wird. Die Micellen wachsen mit den in ihnen aufgenommenen Monomeren stark (bis etwa 10^{-4} cm). Die Aufnahmegeschwindigkeit steigt mit abnehmender Monomerteilchengröße.Der in der wässrigen Phase enthaltene, molekular in Wasser lösliche Initiator liefert durch thermischen oder redoxkatalysierten Zerfall Radikale, die infolge des Verhältnisses Monomertröpfchen zu Micellen wie 10^{10} zu 10^{18} hauptsächlich auf Micellen treffen. Die Polymerisation erfolgt daher mit großer Wahrscheinlichkeit in den mit solubilisierten Monomeren beladenen Micellen in rascher Kettenreaktion unter Nachlieferung des Monomers im Maße des Verbrauchs aus den emulgierten Monomerentröpfchen („Monomerenreservoir") durch Diffusion über die wässrige Phase. Jedes in der Micelle gebildete Polymerradikal schöpft zunächst den Monomerengehalt der Micelle aus. Die durch das entstehende Polymer anschwellenden Micellen gehen allmählich in kugelförmige Polymerteilchen über, in denen noch Monomeres gelöst ist (je ml etwa 10^{14} Teilchen des Durchmessers von etwa 10^{-5} cm). Im Verlauf der Polymerisation werden große Monomerentröpfchen (etwa 3×10^{-4} cm) durch kleine Polymerteilchen ersetzt. Der mittlere Teilchendurchmesser des Systems sinkt ab, die Gesamtoberfläche der Teilchen nimmt in gleichem Maße zu, wodurch steigende Mengen Emulgiermittel adsorbiert werden. Die Bildung neuer Polymerteilchen setzt sich fort, bis das gesamte ursprünglich micellenbildende Emulgiermittel an der Polymergrenzfläche adsorbiert ist und die Emulgiermittelkonzentration die kritische Micellkonzentration unterschreitet. Die Micellen verschwinden und damit steigt die Oberflächenspannung (in der Praxis bei 10- bis 20%igem Umsatz) an [*237*]. Bis zum Verschwinden der Micellen (vgl. Abb. 26) steigt die Bruttoreaktionsgeschwindigkeit an (Teilchenbildungsperiode), sie bleibt danach zunächst konstant (Periode nullter Ordnung auf Monomeres bezogen) – da neue Polymerteilchen nicht mehr gebildet werden und durch die Diffusion aus den Monomerentröpfchen über die wässrige Phase die Monomerenkonzentration in den Polymerteilchen konstant bleibt –, und sie fällt anschließend nach Verbrauch der Monomerentröpfchen und Aufnahme der noch vorhandenen Monomere, die sich dann in den Polymerteilchen befinden, nach der 1. Ordnung für das Monomer (Verarmungsphase als Periode 1. Ordnung) stark ab.

Sobald das gesamte Emulgiermittel an der Polymerteilchengrenzfläche adsorbiert ist, entsteht für die Polymerisation eine neue Situation. Würde sie nur innerhalb der Emulgiermittelmicellen erfolgen, so müßte sie zum Stillstand kommen. Nun ähnelt jedoch das wachsende Polymerteilchen in seinen allgemeinen Eigenschaften einer echten Micelle, von der es sich nur in der chemischen Konstitution und der Größe des lipophilen Molekülteils unterscheidet. An der Grenzfläche befindet sich eine Schicht orientierter oberflächenaktiver Moleküle, deren hydrophile Molekülteile der wässrigen Phase zugewandt sind und deren lipophile Molekülteile nun nicht mehr miteinander, sondern mit der dispergierten Polymerphase assoziiert sind, wodurch die Voraussetzungen für die Monomerensolubilisierung stark begünstigt werden (höhere Affinität zu Monomerenmolekülen im Vergleich zur Micelle). Der Reaktionsort für die Polymerisation geht dann von den Micellen auf die Polymerteilchen über, auf die fortlaufend alles emulgierte Monomere übertragen wird. Dies bedeutet, daß ab dem Zeitpunkt des Verschwindens der Micellen die Teilchenzahl in der Folge unverändert bleibt und nur die Größe der Teilchen mit fortschreitendem Umsatz zunimmt. Die Praxis bestätigt dies, sofern die Emulgiermittelkonzentration – etwa durch Emulgiermittelzugabe – nicht über der kritischen Micellkonzentration liegt und die Adsorptionsschicht der Polymerdispersion ausreichende Stabilisierung gegen

Teilchenagglomeration verleihen kann. Bei der Emulsionspolymerisation praktisch wasserunlöslicher Monomerer ist mithin die Teilchenzahl und damit die Teilchengröße bei Verwendung stark oberflächenaktiver, micellbildender Emulgiermittel in einer früheren Reaktionsstufe, d. h. zum Zeitpunkt des Verschwindens von Emulgiermittelmicellen, vorherbestimmt. Dies ist in der Praxis, abhängig von der ursprünglichen Menge und Natur des Emulgiermittels, nach 10- bis 20%igem Monomerenumsatz bei der Herstellung 40- bis 50-gewichtsproz. Polymerdispersionen der Fall. Bei der Emulsionspolymerisation der meisten Acrylate erfolgt nach mehr als 30% Umsatz infolge des Trommsdorff-Effektes ein sehr schnelles Fortschreiten der Reaktion bis zu praktisch quantitativem Umsatz [*238*] (Zunahme der Bruttoreaktionsgeschwindigkeit durch Abnahme der Abbruchgeschwindigkeit). Dieser Geleffekt, d. h. die Zunahme der Bruttoreaktionsgeschwindigkeit durch Hemmung der Kombination radikalischer Kettenenden wegen der hohen Viskosität des Mediums, wobei die kleinen Monomerenmoleküle für die Aufrechterhaltung des Kettenwachstums noch leicht im Gel diffundieren können, kann auch durch im Monomer gelöste viskositätssteigernde Substanzen (Celluloseester, gelöstes Polymeres) erzielt werden.

Hiernach ist zu erwarten, daß die Polymerisation beträchtlich wasserlöslicher Monomerer (Vinylacetat, Methylacrylat) in wässriger Phase selbst in Abwesenheit von Emulgiermittelmicellen möglich ist, da sich neue Polymerteilchen so lange bilden können, wie die Monomerenkonzentration in der wässrigen Phase ausreichend hoch bleibt. Die Polymerisation in der wässrigen Phase und damit die Bildung neuer Polymerteilchen nimmt mit wachsender Polymerteilchenkonzentration schließlich ab. Danach erfolgt der Umsatz an der Grenzfläche der Polymer-Monomer-Teilchen weitgehend ähnlich dem Polymerisationsverlauf bei wasserunlöslichen Monomeren nach dem Verschwinden der Emulgiermittelmicellen. Auf Grund der nicht unbeträchtlichen Wasserlöslichkeit des Vinylacetats läßt sich die Emulsionspolymerisation zu Homopolymeren auch nur mit wenig Emulgiermittel oder gar in Abwesenheit dieser herstellen (Bildung micellähnlich wirkender Substanzen). Bei der Copolymerisation beträchtlich wasserlöslicher Monomerer (Vinylacetat, Methylacrylat, Acrylnitril) mit praktisch wasserunlöslichen Monomeren (Butyl- und höhere Acrylate) müssen micellbildende oberflächenaktive Emulgiermittel zur Hilfe herangezogen werden. Hierbei wirkt sich die solubilisierende Wirkung der Micellen auf die Monomere verschieden aus. Die Wasserlöslichkeit praktisch kaum löslicher Monomerer wird etwa um das 10^2fache oder mehr gesteigert, die der bereits beträchtlich wasserlöslichen Monomere unbedeutend beeinflußt. Die Emulgiermittel bewirken in diesen Fällen eine Verringerung der Löslichkeitsunterschiede zwischen den Comonomeren und schaffen so günstigere Reaktionsbedingungen für die Copolymerisation der in der Wasserlöslichkeit stark verschiedenen Monomere. Nach dem Verschwinden der Micellen vollzieht sich die Copolymerisation in der Grenzflächenschicht des Polymer-Monomer-Teilchens.

Für die Emulsionspolymerisation ist gegenüber den in homogener Phase verlaufenden anderen Polymerisationen charakteristisch: Die Initiierung beginnt in der wässrigen Phase und wird abgeschlossen, nachdem das in die Micelle eingetretene Radikal mit einem Monomerenmolekül reagiert hat – das Wachstum verläuft innerhalb der Micelle isoliert und unbeeinflußt von gleichzeitig ablaufenden

Wachstumsstufen in anderen Micellen – der Abbruch wird verhältnismäßig stark gehemmt, da nur ein verschwindend kleiner Teil der Micellen mehr als ein wachsendes Radikal enthält (etwa nur die Hälfte aller wachsenden Micellen enthält im statistischen Mittel ein wachsendes freies Radikal) – die hohe Polymerisationsgeschwindigkeit und das hohe Polymerenmolekulargewicht ergeben sich aus der Isolierung des Wachstumsvorgangs innerhalb des Polymerisationssystems.

SMITH und EWART [*239*] sowie HAWARD [*240*] haben versucht, auf Grund dieser Vorstellungen quantitative Beziehungen für die Emulsionspolymerisation abzuleiten. Sie setzen voraus, daß die radikalisch initiierte Polymerisation in den Teilchen nach den bei der Substanz- und Lösungspolymerisation bekannten kinetischen Gesetzmäßigkeiten mit der Abweichung verläuft, daß die Emulsionspolymerisation an einer Vielzahl von Reaktionsorten in den Micellen und nach dem Verschwinden der Micellen in den Polymerteilchen erfolgt. Aus Betrachtungen über die statistische Verteilung der Radikale zwischen den verschiedenen Reaktionsorten kommen sie zu dem Schluß, daß von vielen rechnerisch möglichen Fällen jener Fall den experimentellen Ergebnissen sehr nahe entspricht, bei dem im Zeitmittel die Hälfte der Micellen (oder Polymerteilchen) ein freies Radikal und die andere Hälfte kein freies Radikal enthält. Die mittlere Radikalkonzentration je Micelle (oder Polymerteilchen) ist also $\bar{n} = 1/2$. Sie leiten dies aus folgender Betrachtung her: Tritt ein Radikal in eine Micelle ein, in der eine Polymerisation gerade abläuft, so reagiert es mit dem wachsenden Polymerradikal unter Kettenabbruch. Ist nun die Geschwindigkeit des Kettenabbruches sehr viel größer als die Geschwindigkeit des Radikaleintritts und die Geschwindigkeit des Radikalaustritts vernachlässigbar klein, so ist die Zeitspanne zwischen Eintritt des zweiten Radikals und Kettenabbruch sehr viel kleiner als die Zeitspanne zwischen Eintritt des ersten und Eintritt des zweiten Radikals, d. h. im Zeitmittel enthält nur jede zweite Micelle (bzw. jedes zweite latente Polymerteilchen) ein Radikal.

Für $\bar{n} = \frac{1}{2}$ ist

$$v_{Br} = \frac{N \cdot k_w \cdot [M]}{2\,N_L} \tag{35}$$

für N: Teilchenzahl,
N_L: Loschmidt-Zahl.

Bei konstanter Teilchenzahl N und konstanter Monomerenkonzentration $[M]$ ist auch v_{Br} konstant. Für die durch die Emulgiermittelkonzentration $[S]$ bestimmte Teilchenzahl N ergibt sich [*239*]:

$$N = 0{,}45 \cdot \left(\frac{\varrho}{\mu}\right)^{2/5} \cdot (a_s \cdot [S])^{3/5} \tag{36}$$

für ϱ: Geschwindigkeit des Radikaleintritts,
μ: Geschwindigkeit der Volumzunahme der Micelle (bzw. latentes Polymerteilchen) durch die Polymerisation,
a_s: Grenzfläche eines Gramms Emulgiermittel in der Micelle bzw. bei Adsorption am Polymer-Monomer-Teilchen.

Da σ/μ im allgemeinen der Initiatorkonzentration $[I]$ proportional ist, gilt die Näherungsbeziehung:

$$N = K \cdot [I]^{2/5} \cdot [S]^{3/5} \quad (37)$$

für K: Konstante, d. h. mit steigender $[S]$ nimmt N proportional $[S]^{3/5}$ zu und wegen Gleichung (*35*) auch v_{Br} proportional $[S]^{3/5}$ [*203*]; mit steigender $[I]$ nehmen nach Gleichung (*36*) N und v_{Br} proportional $[I]^{2/5}$ zu.

Dies ist für praktisch wasserunlösliche Monomere experimentell bestätigt [*203*]. Diese Smith-Ewart-Beziehung gilt jedoch nur für das Anfangsstadium der Polymerisationsreaktion. Sobald alle Micellen verschwunden sind, hat die Zugabe zusätzlichen Emulgiermittels nur einen sehr geringen Einfluß auf die Reaktionsgeschwindigkeit, dagegen wird hierdurch das mittlere Molekulargewicht des entstehenden Polymers erniedrigt.

Die Zugabe zusätzlicher Micellerzeuger hat nur einen geringen Einfluß auf die Polymerisationsgeschwindigkeit, wenn keine freien emulgierten Monomertröpfchen mehr vorliegen, dagegen übt sie einen starken Einfluß aus auf die Stabilisierung der schließlich erhaltenen Polymerdispersionen. Da die Teilchengröße umgekehrt proportional der gesamten Teilchenzahl ist, fällt die Teilchengröße bei konstanter Initiatorkonzentration mit wachsender Emulgiermittelkonzentration: Sie erreicht im allgemeinen einen Minimalwert bei etwa 8% Emulgiermittel (berechnet auf Monomere). Ähnliches gilt für die Beziehung zwischen Teilchengröße und Initiatorkonzentration. In der Praxis wird jedoch die Teilchengröße hauptsächlich durch die Emulgiermittelkonzentration reguliert.

Mehrfach beobachtete Abweichungen der Emulsionspolymerisation von den durch die Smith-Ewart-Theorie beschriebenen Gesetzmäßigkeiten fordern eine Erweiterung dieser Theorie, da unter bestimmten Bedingungen die mittlere Radikalkonzentration $\bar{n}$ größer als 1/2 angenommen werden muß. So fand GERRENS [*241*] bei einer Styrol-Emulsionspolymerisation oberhalb eines Umsatzes von 65% eine dem Trommsdorf-Effekt entsprechende Reaktionsbeschleunigung ($\bar{n}$ nimmt mit steigendem Umsatz zu und stärker steigend mit wachsenden Teilchendurchmessern). Bei sehr großen latenten Polymerteilchen (Butadien, Methylmethacrylat) besteht die Möglichkeit der Koexistenz von mehreren wachsenden Radikalen im gleichen Teilchen über eine längere Zeitspanne und damit die Erreichung von $\bar{n} > 1/2$ bereits beträchtlich vor dem Verschwinden der Monomertröpfchen [*241, 242*]. Die bei der Emulsionspolymerisation des Methylmethacrylats beobachtete geringe Abhängigkeit der Bruttoreaktionsgeschwindigkeit v_{Br} von der Emulgiermittelkonzentration $[S]$ scheint durch den Ausgleich zweier Effekte gegeben: Die Erniedrigung von $[S]$ ergibt eine Erniedrigung von N und damit von v_{Br}, während größere Polymerteilchen zu höherer mittlerer Radikalkonzentration $\bar{n}$ und höherer v_{Br} führen. Hierbei konnte nachgewiesen werden, daß der Radikalausbeutefaktor proportional der gesamten Oberfläche der Polymerteilchen ist ([*242*], ZIMMT). Bei substituierten Styrolen wurde eine durch sterische Behinderung der Abbruchreaktion bedingte Zunahme der Radikalkonzentration $\bar{n}$ beobachtet. Bei sehr starker Behinderung (2,4- und 2,6-Dimethylstyrol) nimmt $\bar{n}$ Werte an, die den Verhältnissen bei der Substanzpolymerisation ($\bar{n}$ viel größer als 1) entsprechen [*243*]. Hierdurch wird die nach der Smith-Ewart-Theorie zu erwartende Abhängigkeit zwischen Teilchenzahl und Emulgiermittel- bzw. Initiatorkonzentration stark verändert. Die Beziehung zwischen diesen Variablen und $\bar{n}$ wurde erstmals von STOCKMAYER [244] eingehend berechnet. Auf diesen Berechnungen beruhen Methoden zur Bestimmung der mittleren Radikalkonzentration $\bar{n}$ je latentem Polymerteilchen [245].

Der noch ungeklärte Mechanismus der Polymerteilchenbildung aus nicht unbeträchtlich wasserlöslichen Monomeren in Dispersionsphasen mit Emulgiermittelkonzentrationen unterhalb der kritischen Micellkonzentration oder in der sogenannten „emulgiermittelfreien" wässrigen Phase läßt die Bildung von latenten Polymerteilchen außerhalb der „Micellen" vermuten [246]. Nach VAN DER HOFF [247] ist die Bildung emulgiermittelähnlich wirkender (z. B. Sulfonatgruppen tragende Oligomere) Substanzen im Reaktionssystem anzunehmen.

Wenig untersucht ist bisher der Mechanismus der Polymerteilchenbildung in makromolekulare Schutzkolloide (als alleinige Dispergiermittel) enthaltenden wässrigen Phasen. Die Reaktionskinetik solcher Emulsionspolymerisationen [248] zeigt den für die Seifen-Emulsionspolymerisation kennzeichnenden Verlauf (vgl. Abb. 26).

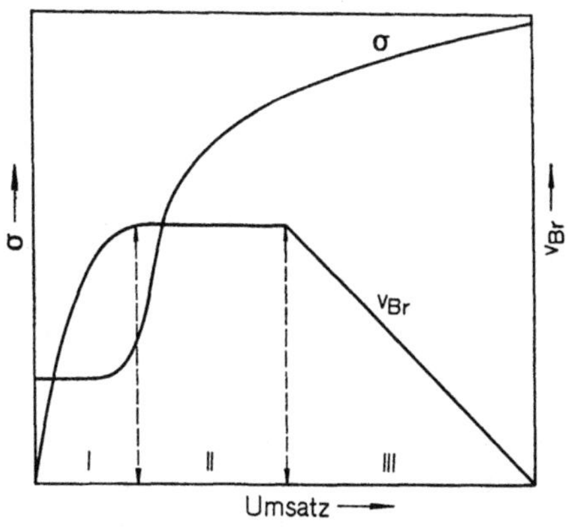

Abb. 26. Änderung der Bruttoreaktionsgeschwindigkeit v_{Br} und der freien Oberflächenenergie σ mit dem Monomerenumsatz [aus Angew. Chem. **72**, 857 (1960); dort Abb. 2]

Die Lösungen der in ihrer Wasserlöslichkeit stark durch Salze und Lösungsmittel oder organische Stoffe (Monomere, Weichmacher, Verlaufmittel) beeinflußten makromolekularen Schutzkolloide solubilisieren die Monomere nur sehr wenig im Vergleich zu Seifenmicellen: „Schutzkolloidmicellen" sind nicht mit Sicherheit nachgewiesen. Beim Unterschreiten einer Mindestkonzentration an Schutzkolloid geht die Emulsions- in eine Suspensionspolymerisation über. Die Elektrolytempfindlichkeit und die elektrophoretische Beweglichkeit der Polymerteilchen deutet auf eine Umhüllung der Teilchen mit Schutzkolloidmolekülen in einer Schichtdicke von etwa 100 Å (im gequollenen Zustand bei Polyvinylacetatteilchen). Die Schutzkolloidmoleküle sind größtenteils chemisch am Polymeren gebunden. Im Polymerisationsverlauf verschwinden 25–50% des eingesetzten Schutzkolloids, das zudem in beträchtlichem Umfang durch Peroxyinitiatoren chemisch abgebaut wird [249]. Die im Polymerisationssystem gebildeten Initiatorradikale reagieren durch Übertragung mit den in größerer Zahl vorhandenen Schutzkolloidmolekülen.

An die über gelöste Monomere entstehenden makromolekularen Radikale lagert sich das Monomer an. Mit zunehmender Aufpfropfung des hydrophoben Monomers auf das hydrophile Schutzkolloidmolekül wird dieses schwerer löslich und stärker geknäuelt. Im Verlauf fortschreitender Pfropfungsreaktion und zunehmender Knäuelung durch Lösungspolymerisation bilden sich kugelförmige „unlösliche" Teilchen. Im Inneren dieser Teilchenkeime ist das Monomer besser als in der wässrigen Phase löslich (Minderung der Hydrophilie des Schutzkolloids durch Aufpfropfen hydrophober Monomerenmoleküle). Das Monomer diffundiert aus den emulgierten Tröpfchen zunehmend über die wässrige Phase in die latenten Polymerteilchen, in denen sich fortlaufend Wachstum- und Abbruchreaktionen vollziehen [*250*]. In beträchtlichem Umfang unterliegt das Schutzkolloid Nebenreaktionen (Molekulargewichtsabbau des freien Schutzkolloids in der wässrigen Phase). In der Polymerphase vollziehen sich in erheblichem Ausmaß Übertragungsreaktionen (Vernetzung der Makromoleküle bei der Schutzkolloid-Emulsionspolymerisation). Für die Teilchenkeimbildung ist nach dieser Auffassung des molekularen Verlaufs weder die Solubilisierung der Monomere durch Schutzkolloide noch durch Seifenmicellen Voraussetzung für den Polymerisationsablauf. Eine wesentliche Rolle kommt den Löslichkeiten der Monomere in der wässrigen Phase zu [*250*]. Bei Schutzkolloiddispersionen entstehen im allgemeinen verhältnismäßig einheitliche große Teilchen. Ab einem bestimmten Zeitpunkt bilden sich neue Teilchen nicht mehr, sondern die vorhandenen wachsen weiter zu großen Teilchen von 1 oder mehreren μ. Im Vergleich zu Seifendispersionen mit Teilchendurchmessern von etwa 0,1 μ zeigen Schutzkolloiddispersionen mit Teilchendurchmessern von etwa 1 μ Teilchenoberflächen bzw. Teilchenvolumina, die 100- bzw. 1000mal größer sind. Daher ist bei gleicher Konzentration die Teilchenzahl je Volumeneinheit der Dispersion bei einer Seifendispersion (0,1 μ-Teilchen) 1000mal größer bzw. ihre Teilchengesamtoberfläche 10mal größer als bei Schutzkolloiddispersionen (1 μ-Teilchen). Nach French [*251*] wurde bei der Schutzkolloid-Emulsionspolymerisation bereits nach 15%igem Umsatz das noch vorhandene Monomer in den latenten Polymerteilchen angetroffen, was für die Bildung verhältnismäßig einheitlicher großer Teilchen spricht.

Den Theorien über die wässrige Emulsionspolymerisation ist gemeinsam die Annahme eines Starts der Polymerteilchenbildung in der wässrigen Monomerenlösung unter Wachstums- und Abbruchsverlauf in der Seifenmicelle (bei Gegenwart von Emulgiermitteln) bzw. im System erzeugter micellähnlich wirkender Stoffe („selbst erzeugtes Emulgiermittel" bei Abwesenheit von Emulgiermitteln) oder in den im Verlauf der Polymerisationsreaktion zunehmend in der Hydrophilie abnehmenden Schutzkolloid-Aggregationen.

2.1.4 Copolymerisationsgleichung und Monomerenreaktivität

Die Zusammensetzung eines hochpolymeren Copolymers ist bestimmt durch die Monomerenreaktivitäten gegenüber Polymerradikalen [*252*]. Zwischen zwei Polymerradikalen ($M\cdot$) und zwei Monomeren (M) sind vier Wachstumsreaktionen möglich:

Reaktion:	Reaktionsgeschwindigkeitskonstante:
$M_1\cdot + M_1 \rightarrow M_1 M_1\cdot$	k_{11}
$M_1\cdot + M_2 \rightarrow M_1 M_2\cdot$	k_{12}
$M_2\cdot + M_1 \rightarrow M_2 M_1\cdot$	k_{21}
$M_2\cdot + M_2 \rightarrow M_2 M_2\cdot$	k_{22} .

Der Monomerenverbrauch verläuft fast ausschließlich nach vorstehenden Reaktionen und daher gilt für die Geschwindigkeiten

$$-d[M_1]/dt = k_{11}[M_1\cdot]\cdot[M_1] + k_{21}[M_2\cdot][M_1] \quad \text{und}$$
$$-d[M_2]/dt = k_{12}[M_1\cdot]\cdot[M_2] + k_{22}[M_2\cdot][M_2] \qquad (38)$$

bzw. für die Copolymerenzusammensetzung

$$d[M_1]/d[M_2] = (k_{11}[M_1\cdot][M_1] + k_{21}[M_2\cdot][M_1])/(k_{12}[M_1\cdot][M_2] + k_{22}[M_2\cdot][M_2]) \quad (39)$$

und für den stationären Zustand der Radikalkonzentration

$$k_{21}[M_2\cdot][M_1] = k_{12}[M_1\cdot][M_2] \quad (40)$$

und damit für die Zusammensetzung der Copolymere

$$d[M_1]/d[M_2] = ([M_1]/[M_2]) \cdot \frac{r_1[M_1] + [M_2]}{[M_1] + r_2[M_2]} \quad (41)$$

für die Monomerenreaktivitätsverhältnisse $r_1 = k_{11}/k_{12}$ bzw. $r_2 = k_{22}/k_{21}$. Diese bieten ein quantitatives Maß für die relative Reaktivität der beiden Monomere gegenüber Polymerradikalen $M_1\cdot$ bzw. $M_2\cdot$. Beispielsweise besagt ein kleiner r_1-Wert (kleiner k_{11}/k_{12}-Wert), daß das Monomere M_2 sich leichter als das Monomere M_1 an ein Polymerradikal $M_1\cdot$ anlagert. Eine sog. „ideale Copolymerisation" erfogt, wenn das Verhältnis der Additionsgeschwindigkeiten den Wert 1 hat, d. h. $r_1 = 1/r_2$ bzw. $r_1 r_2 = 1$. Dieser Fall liegt nur in seltenen Fällen vor. In der Praxis herrscht fast ausschließlich der Fall $r_1 r_2 < 1$. Je kleiner die r_1- und r_2-Werte sind, um so größer ist die Neigung zur Bildung alternierender Copolymerer. Im Grenzfall $r_1 = 0$ und $r_2 = 0$ bildet sich die Struktur $M_1 M_2 M_1 M_2 M_1 M_2 M_1 \ldots$. Die durch Gl. (41) gegebene Copolymerzusammensetzung ist bei gegebener Monomerenrelation unabhängig von Änderungen der absoluten Monomerenkonzentration, von der Art und der Konzentration des Initiators, sofern dieser freie Radikale liefert (kein Einfluß des Wassers, von Lösungsmitteln, Mercaptanen u. a.). Gl. (41) sagt eine monotone Änderung der Zusammensetzung mit zunehmendem Umsatz vorher. Für die in Tab. 12 aufgeführten Monomeren sind in Tab. 37 die für die Praxis der Emulsionspolymerisation wichtigen, dem Schrifttum entnommenen Copolymerisationsparameter (r_1- und r_2-Werte) aufgeführt [*252, 253*].

Tabelle 37. *Copolymerisationsparameter*

Monomere	Reaktions-temperatur, °C	r_1	r_2
Äthylen (M_1) und verschiedene Monomere (M_2) bei 1000 atm. Druck			
n-Butylacrylat	70	11,9 ± 2,5	0,03 ± 0,01
Vinylchlorid	90	3,60 ± 0,30	0,24 ± 0,07
Vinylacetat.	90	1,08 ± 0,19	1,07 ± 0,06
Butadien-(1,3) (M_1) und verschiedene Monomere (M_2)			
Acrylnitril	50	0,35 —0,40	0,04 —0,05
n-Butylacrylat	60	0,99 ± 0,07	0,08 ± 0,02
Diäthylfumarat	50	2,13	0,25
Diäthylmaleinat.	50	8,08	0,11
Isopren	50	3,40	0,45
Methylmethacrylat	90	0,75	0,25
Styrol	60	1,4	0,78
Vinylchlorid	50	8,8	0,035
Vinylidenchlorid.	5	2,0	< 0,05

Tabelle 37 (Fortsetzung)

Monomere	Reaktions-temperatur, °C	r_1	r_2
Styrol (M_1) und verschiedene Monomere (M_2)			
Acrylsäure	70	0,22	0,35
Acrylnitril	60	0,41 ± 0,08	0,04 ± 0,04
Butadien-(1,3)	60	0,78 ± 0,01	1,39 ± 0,03
n-Butylacrylat	60	0,76	0,15
n-Butylmethacrylat	50	0,63	0,64
Diäthylfumarat	60	0,30	0,07
Diäthylmaleinat	60	6,5 ± 0,5	0,01
Äthylacrylat	50	0,79	0,19
Äthylmethacrylat	50	0,67	0,26
Isopren	75	2,2	0,27
Methacrylnitril	60	0,25	0,13
Methylacrylat	60	0,75	0,18
Methylmethacrylat	60	0,50	0,50
Vinylacetat	60	~ 60	~ 0,01
Vinylchlorid	60	~ 15	~ 0,02
Vinylidenchlorid	60	2,0 ± 0,1	0,14 ± 0,05
Vinylisobutyläther		50	0,01
Vinylchlorid (M_1) und verschiedene Monomere (M_2)			
Acrylnitril	60	0,02 ± 0,02	3,28 ± 0,06
Butadien-(1,3)	50	0,035	8,8
n-Butylacrylat	45	0,07	4,4
n-Butylmethacrylat	45	0,05	13,5
Diäthylfumarat	60	0,12	0,45
Diäthylmaleinat	60	0,8	0,005
Diäthylmaleinat	70	0,9	0,01
Methylacrylat	50	0,08	9,0
Styrol	60	0,02	17 ± 3
Vinylacetat	60	1,6	0,2
Vinylidenchlorid	60	0,3	3,2
Vinylisobutyläther		2,0	0,02
Vinylpropionat	40	1,3	0,62
Vinylidenchlorid (M_1) und verschiedene Monomere (M_2)			
Acrylamid	60	0,15 ± 0,08	4.89 ± 0,08
Acrylnitril	60	0,37 ± 0,10	0,91 ± 0,10
n-Butylacrylat	70	0,84 ± 0,02	0,46 ± 0,13
n-Butylmethacrylat	70	0,35	0,22
Diäthylfumarat	60	12,2 ± 2	0,046 ± 0,015
Diäthylmaleinat	60	40 ± 8	0,0 ± 0,04
Äthylmethacrylat	68	0,35	0,22
Methylacrylat	60	1	1
Methylmethacrylat	60	0,24 ± 0,03	2,53 ± 0,01
Styrol	60	0,085 ± 0,01	1,85 ± 0,05
Vinylacetat	60	3,6 ± 0,05	0,0 ± 0,03
Vinylchlorid	60	3,2	0,3

Tabelle 37 (Fortsetzung)

Monomere	Reaktions-temperatur, °C	r_1	r_2
Vinylacetat (M_1) und verschiedene Monomere (M_2)			
Acrylsäure	70	0,1	2
Acrylnitril	60	0,06 ± 0,01	4,05 ± 0,3
n-Butylmethacrylat	60	0,13 ± 0,01	62,1 ± 3,8
cis-Dichloräthylen	60	6,3 ± 0,2	0,018 ± 0,003
trans-Dichloräthylen	60	0,99 ± 0,02	0,086 ± 0,01
Diäthylfumarat	60	0,011 ± 0,001	0,444 ± 0,003
Diäthylmaleinat	60	0,17 ± 0,01	0,043 ± 0,005
Methylacrylat	60	0,1	9
Methylmethacrylat	60	0,015 ± 0,015	20 ± 3
Styrol	60	0,01 + 0,01	55 — 10
Vinylchlorid	60	0,23 ± 0,02	1,68 ± 0,08
Vinylidenchlorid	60	0,0 ± 0,03	3,6 ± 0,5
Vinyllaurat	60	1,4	0,7
Acrylamid (M_1) und verschiedene Monomere (M_2)			
Acrylsäure	60	1,38	0,36
Acrylnitril	30	1,36	0,88
Methylacrylat	60	1,30 ± 0,05	0,05 ± 0,05
Vinylidenchlorid	60	4,89 ± 0,08	0,15 ± 0,08
Acrylsäure (M_1) und verschiedene Monomere (M_2)			
Styrol	60	0,25 ± 0,02	0,15 ± 0,01
Vinylacetat	70	2	0,1
Methylacrylamid (M_1) und verschiedene Monomere (M_2)			
Methacrylsäure	70	0,3	2,0
Methylacrylat	65	0,22	2,0
Methylmethacrylat	65	0,47 ± 0,04	1,5 ± 0,02
Methacrylsäure (M_1) und verschiedene Monomere (M_2)			
Butadien	50	0,53	0,20
Methacrylamid	50	2,0	0,22
Styrol	60	0,7 ± 0,05	0,15 ± 0,01
Vinylacetat	70	20	0,01
Vinylidenchlorid	70	3,0	0,15

2.1.5 Das Copolymerisations-Q-e-Schema

Wie bereits Tab. 37 nahelegt, ist das Reaktionsverhalten der Monomere bedingt durch ihre Struktur, im besonderen durch die Resonanz-, Polaritäts- und sterischen Verhältnisse der Monomerenmoleküle.

Der Resonanzfaktor (Q) beeinflußt das Reaktionsvermögen sowohl des Monomers wie des aus dem Monomer entstehenden Additionsradikals. Bindungskonjugation bei Monomeren (z. B. Styrol, Butadien, Acrylnitril) führt zu hoher Monomerenreaktivität und niedriger Additionsradikalreaktivität. Monomere ohne konjugierte Doppelbindungen (z. B. Äthylen, Vinylchlorid, Vinylacetat) reagieren mit freien Radikalen verhältnismäßig träge, sie geben jedoch Additionsradikale hoher Reaktivität. Der für viele Copolymerisationssysteme beträchtlich unter dem Wert 1 liegende Wert für das Reaktivitätsverhältnis besagt, daß die Größenordnung der Monomerenreaktivität von der Natur des einwirkenden Radikals abhängt und zwar stets in der Weise, daß die alternierende Reaktion gegenüber der Selbstaddition bevorzugt ist. Polare Effekte sind ferner ausgeprägt in der starken Neigung zu alternierender Reaktion bei der Reaktion der Monomere mit stark elektronenabziehenden Substituenten (z. B. Acrylnitril) mit Monomeren, die einen als Elektronendonator wirkenden Substituenten tragen (z. B. Methoxystyrol). Nach PRICE *[245]* copolymerisieren jene Monomerenpaare am stärksten alternierend, bei denen im einen Monomer eine elektronenreiche (negative, *A*) Doppelbindung und im anderen eine elektronenarme (positive, *B*) Doppelbindung vorliegt. Die Anziehung zwischen einem negativen (oder positiven) Radikal und einer positiven (oder negativen) Monomerendoppelbindung setzt die Aktivierungsenergie für die Kettenwachstumsreaktion herab.

Die spezifische Monomerenreaktivität beruht nach PRICE *[255]* im besonderen auf der elektrostatischen Wechselwirkung der freien Ladungen an der Monomerendoppelbindung und am Radikal, die aus der Polarisation durch die Substituenten herrühren. Nach ALFREY und PRICE *[256]* gilt für die Geschwindigkeitskonstante

$$k_{12} = P_1 Q_2^{-e_1 e_2} \tag{42}$$

für P_1: Reaktivität des Radikals $M_1\cdot$,
Q_2: Reaktivität des Monomers M_2,
e_1 u. e_2: Proportionalitätsfaktoren für restliche elektrostatische Ladungen an den betreffenden reagierenden Gruppen (Polaritäsfaktor).

Sind ε_1 und ε_2 die Ladungen, D die Dielektrizitätskonstante und k die Boltzmann-Konstante, so ist $e_1 \cdot e_2 = \varepsilon_1 \varepsilon_2 / r^* \, DkT$ für r^*: Entfernung zwischen den Ladungen im aktivierten Komplex. Unter der Voraussetzung, daß der gleiche e-Wert sowohl dem Monomer M wie dem daraus entstehenden Radikal $M\cdot$ zukommt, gilt ferner:

$$k_{11} = P_1 Q_1^{-e_1^2} \text{ bzw.}$$

$$r_1 = \left(\frac{k_{11}}{k_{12}}\right) = (Q_1/Q_2)^{-e_1(e_1 - e_2)} \text{ und}$$

$$r_2 = \left(\frac{k_{22}}{k_{21}}\right) = (Q_2/Q_1)^{-e_2(e_2 - e_1)} \tag{43}$$

$$r_1 r_2 = \text{Exponent}\,[-(e_1 - e_2)^2]\,. \tag{44}$$

Hiernach ist jedes Monomer nach seiner Reaktivität durch zwei Zahlen charakterisiert: den Q-Wert (Maß für die Resonanzstabilität) und den e-Wert (Polaritätsfaktor), die sich für die Bestimmung des Reaktivitätsverhältnisses eines jeden Monomerenpaares verwenden lassen.

Das empirische, halbquantitative Q-e-Schema hat sich als nützliches Hilfsmittel in der Abschätzung des Copolymerisationsverhaltens von Monomerenpaaren erwiesen, obwohl es genaue Werte nicht zu geben vermag, zumal es sterische Effekte nicht berücksichtigt.

Tab. 38 enthält eine Zusammenstellung der für die Praxis wichtigsten *Q-e*-Werte. (Die Zahlenwerte sind normiert auf Styrol mit $e = -0{,}8$ und $Q = 1$).

Tabelle 38. *Q-e-Werte* [*257*]

Monomer	*e*	*Q*	Monomer	*e*	*Q*
Äthylen	—0,20	0,015	Acrylnitril	1,20	0,60
Butadien-(1,3)	—1,05	2,39	Methacrylnitril	0,81	1,12
Isopren	—1,22	3,33	Methylacrylat	0,73	0,43
Chloropren	—1,34	0,049	Äthylacrylat	0,58	0,34
Styrol	—0,8	1,0	n-Butylacrylat	0,53	0,43
1-Methylstyrol	—1,27	0,98	2-Äthylhexylacrylat	0,39	0,41
Vinylchlorid	0,20	0,044	Methylmethacrylat	0,40	0,74
Vinylidenchlorid	—0,36	0,22	Äthylmethacrylat	0,50	0,64
Vinylacetat	—0,22	0,026	n-Butylmethacrylat	0,39	0,74
Vinylpropionat	—0,35	0,034	i-Butylmethacrylat	0,26	0,76
Vinylisobutyläther	—1,77	0,023	Acrylsäure	0,98	1,09
Diäthylmaleinat	1,49	0,059	Methacrylsäure	0,83	2,37
Diäthylfumarat	1,25	0,61	Acrylamid	1,30	1,18
Di-n-butylmaleinat	1,60	0,042	Methacrylamid	1,24	1,46

Anmerkung: Die *Q-e*-Werte sollten nur beim Fehlen von *r*-Daten verwendet werden. Auch dann muß noch mit erheblichen Abweichungen zwischen experimentell ermittelten und berechneten Werten gerechnet werden.

In Erweiterung des *Q-e*-Schemas leitete PRICE [*258*] eine modifizierte Copolymerisationsgleichung unter Verwendung der Parameter q und ε an Stelle von Q und e ab:

$$r_1 r_2 = \exp[-7{,}23 \times 10^{20} \cdot (\varepsilon_1 - \varepsilon_2)^2/RT]\,. \tag{45}$$

Da die Parameter q und ε – im Gegensatz zu Q und e – temperaturunabhängig sind, ist die Gl. (45) auf beliebige Temperaturbereiche anwendbar. Die Maßeinheiten sind für ε elektrostatische Einheiten, für q kcal/mol.

2.1.6 Die Technik der Herstellung

2.1.6.1 Laboratoriumsverfahren

Präparative Methoden für die Herstellung synthetischer Polymerdispersionen sind mehrfach eingehend beschrieben [*259*]. Als Reaktionsbehälter werden bei der diskontinuierlichen Polymerisation zweckmäßig verwendet:

a) bei den bei Raumtemperatur flüssigen Monomeren (deren Dampfdrucke bei der angewendeten Temperatur unterhalb 1 Atmosphäre liegen): 3-Hals-Rundkolben aus Glas mit Blatt- oder Propellerrührer, Rückflußkondensator (Kugelkühler), Thermometer und graduierten Zulaufbehältern (für Monomerenemulsion, für Monomeres oder für Initiatorlösung). Der Rundkolben befindet sich in einem Wasser- oder Ölbad, dessen Flüssigkeit durch einen Tauchsieder beheizt werden kann oder über einen Thermostaten auf konstante Temperatur gehalten wird. Insbesondere bei der Durchführung von Redox-Polymerisationen muß der Rührkolben mit einem Einleitungsrohr für sauerstoffreies Inertgas (Stickstoff,

Kohlendioxid, o. a.) versehen werden. Soll der Kolbeninhalt gekühlt werden, so wird das Heizbad durch ein (Kalt-) Wasserbad ausgetauscht.

b) bei Monomeren, die unter Druck verflüssigte Gase sind (Butadien, Vinylchlorid) und bei der Durchführung größerer Versuchsreihen verwendet man zweckmäßig druckfeste Glasbehälter (Glaseinschmelzrohre oder sog. Bombenrohre, Glasdruckflaschen), auch druckfeste Getränkeflaschen, die druckfest verschlossen werden können. Das Durchmischen des Behälterinhalts geschieht in der Weise, daß die auf einem Rohr befestigten Druckbehälter in einem – durch einen Thermostaten auf konstanter Temperatur gehaltenen – Wasserbad „über Kopf“ oder in horizontaler Richtung geschüttelt werden. Der Reaktionsmischung können Proben entnommen oder Zusätze beigegeben werden durch Verwendung einer druckfesten Injektionsspritze (2–5 ml Fassungsvermögen, [*260*]). Der Handel bietet auch bis zu 15 atü Betriebsdruck verwendbare Rührkessel aus rostfreiem Stahl mit Kesselbad für Reaktionsmischungsinhalte bis zu 5 l an.

Als verallgemeinerte Arbeitsrichtlinien gelten für das Beispiel der diskontinuierlichen Emulsionspolymerisation:

a) Rückflußpolymerisation. In einem Rührbehälter („Ansatz- oder Zulaufbehälter“) werden bei Raumtemperatur in der angegebenen Reihenfolge die nach der Rezeptur für das Gesamtsystem erforderlichen Mengen Wasser, Emulgiermittel, andere Hilfsmittel (Puffersubstanzen, Stabilisierungsmittel, Regler), Monomeres und Initiator zu etwa 70–80% der erforderlichen Wassermenge gegeben und unter Rühren wird eine Monomerenemulsion hergestellt. Danach wird die Restmenge Wasser und das ihr gleiche Volumen der Monomerenemulsion im Polymerisationsrührbehälter unter ständigem Rühren bis zum Einsetzen des Rückflusses von Monomeren-Wasserazeotrop aufgeheizt. Im allgemeinen verschwindet der Rücklauf aus dem Kondensator nach kurzer Zeit (in Abhängigkeit vom Monomerencharakter, oft nach wenigen Minuten). Das Ende des Siedens zeigt den Verbrauch der größten Menge des Monomers an. Aus dem Ansatzbehälter wird dann die Restemulsion möglichst gleichmäßig im Verlauf einiger Stunden (Abhängigkeit der Einlaufzeit von der Natur der Monomere, im allgemeinen 2–5 Std) unter ständigem Rühren dem Polymerisationsbehälter zugeführt. Die Temperatur der Polymerisationsmischung wird über das (Heiz)-Kühl-Bad (oder durch Änderung der Emulsionszulaufgeschwindigkeit) auf der geforderten Höhe gehalten. Nach beendetem Emulsionenzulauf wird die Badtemperatur im allgemeinen auf 90–97° C gesteigert und der Reaktionsmischung eine geringe Menge wässriger Initiatorlösung (10–20% der ursprünglich eingesetzten Menge) zugefügt, um die Polymerisation der Monomere zu vervollständigen. Nach Ablauf einer weiteren halben Stunde bis zwei Stunden unter Rühren bei dieser Temperatur werden durch Überblasen eines Luft- oder Inertgasstroms (etwa 20 *N* cbm je Stunde entsprechend) über die Oberfläche der ständig gerührten und bei 80–90° C gehaltenen Dispersion Spuren bis geringe Mengen wasserdampfflüchtiger Stoffe (Restmonomere und technisch nichtvermeidbare Begleitstoffe der Monomere) mit Wasserdampf entfernt. Nach dem Abkühlen der Dispersion auf 25–30° C wird sie über Filtergewebe (Nylon- oder V_2A-Drahtmaschengewebe, z. B. 1600 oder 3300 Maschen je cm^2) filtriert.

b) Redox-Polymerisation. In den mit Gaseinleitungsrohr versehenen Polymerisationsrührbehältern werden die Rezepturbestandteile in der Reihenfolge Wasser,

Emulgiermittel, Hilfsstoffe (Puffersubstanzen, Stabilisiermittel, Regler), Monomere und wasserunlösliche Regler bei Raumtemperatur eingebracht und unter Rühren in eine Emulsion übergeführt. Durch Einleiten von Inertgas unter Rühren der Emulsion wird die Luft aus der Reaktionsmischung und dem Behälter entfernt (im allgemeinen nach 15–30 min). Danach wird bei Raumtemperatur oder darunter liegenden Temperaturen (die zu wählende Temperatur hängt von der Gesamtpolymerisationswärme der Monomere ab: vgl. 2.1.2.1.1.) die Lösung des Redoxinitiators (z. B. durch Lösen in der Reihenfolge: Fe(II)-Sulfat, Peroxydisulfat und Reduktionsmittel in Wasser) unter Rühren und Inertgasdurchleiten in die Reaktionsmischung gegeben. Nach Verlauf einer Induktionperiode von 1 min bis zu einigen Stunden (abhängig von der Natur und Reinheit der Monomere) kündet ein Temperaturanstieg den Polymerisationsbeginn an. Im allgemeinen steigt die Temperatur der Reaktionsmischung in wenigen Minuten sehr rasch an. Sie kann bereits in 10–50 min ihren Höhepunkt erreicht haben (abhängig vom Monomerensystem). Nach beginnendem Temperaturabfall wird die Polymerisation wie unter a) beschrieben durch Aufheizen der Mischung auf 90–97° C zu Ende geführt, danach von wasserdampfflüchtigen Bestandteilen befreit und nach dem Abkühlen (zunächst langsam auf etwa 50° C, dann rasch) auf 25–30° C filtriert.

Bei der kontinuierlichen Polymerisation werden als Reaktionsbehälter verwendet: hintereinander geschaltete Rührkolben oder -kessel mit Heizkühlbad (Entnahme der Reaktionsmischung aus dem ersten Behälter aus der Bodenschicht über Siphon oder Heberrohr in den nächsten Behälter unter Aufrechterhalten der Flüssigkeitsspiegel in den folgenden Behältern) oder Reaktionsrohre mit Kühl-Heizmänteln (Mischen durch Strömung oder durch eingebaute Rührwerke), denen die Monomerenemulsionen aus Rührbehältern kontinuierlich zugeführt werden.

2.1.6.2 Halbtechnische Verfahren

Als Reaktionsbehälter bei der diskontinuierlichen Emulsionspolymerisation dienen im allgemeinen Rührdruckkessel mit Bädern und Nutzinhalten von 20 l bis zu 1 cbm bei einem zugelassenen Betriebsdruck bis zu 20 atü. Sie werden aus glasemailliertem Stahl oder aus V_2A- bzw. V_4A-Stahl gefertigt. Wegen der leichteren Reinigung wird höchste Oberflächenglätte der Innenwandung angestrebt. Nichtrostender Stahl wird daher industriepoliert (Korn 400). Technikumseinrichtungen sind näher beschrieben worden [*261*]. Die Verwendung von in Reihe geschalteten Rührkesseln bei der kontinuierlichen Polymerisation ist erprobt [*252*]. Mehrfachrohrreaktoren mit Wärmetauschermänteln sind eingehend beschrieben [*263*].

2.1.6.3 Produktionsverfahren

Im allgemeinen lassen sich die nach Laboratoriumsverfahren oder nach halbtechnischen Verfahren ermittelten Reaktionsbedingungen bei niederviskosen Polymerdispersionen in geometrisch ähnlich gestalteten großtechnischen Anlagen mit ähnlichen Konzentrations- und Temperaturverteilungen einhalten bzw. die Herstellung der niederviskosen Polymerdispersionen läßt sich im allgemeinen ohne besondere Schwierigkeiten vom Laboratoriums- oder halbtechnischen Maßstab in den großtechnischen Maßstab übertragen. Bei hochviskosen Dispersionen fordert die besondere Rücksichtnahme auf Wärmeübertragungsvorgänge und Beeinflussung der Zähigkeitseigenschaften des Reaktionssystems durch Scherkräfte vielfach besondere, produktabhängige apparative Einrichtungen (Rührerformen, Wärmeübertragungsflächen, Rührerdrehgeschwindigkeiten, Förderpumpen, Filter- und Lagereinrichtungen).

2.1.6.3.1 Diskontinuierliche Produktionsverfahren

Die Größe und Art der Anlageeinrichtungen hängen von der beabsichtigten Produktionsmenge, der Zahl und der Umschlagsgeschwindigkeit der zu produzierenden Verkaufsprodukte, den Möglichkeiten für die Abfuhr hoher Wärmemengen, den Mischverhältnissen und anderen Faktoren ab. Die wirtschaftlichen Nutzinhalte der Reaktoren betragen je nach Anlagengesamtgröße 3 cbm bis 30 cbm und darüber. Das Leistungsvermögen der Pumpen und Rührwerke, das

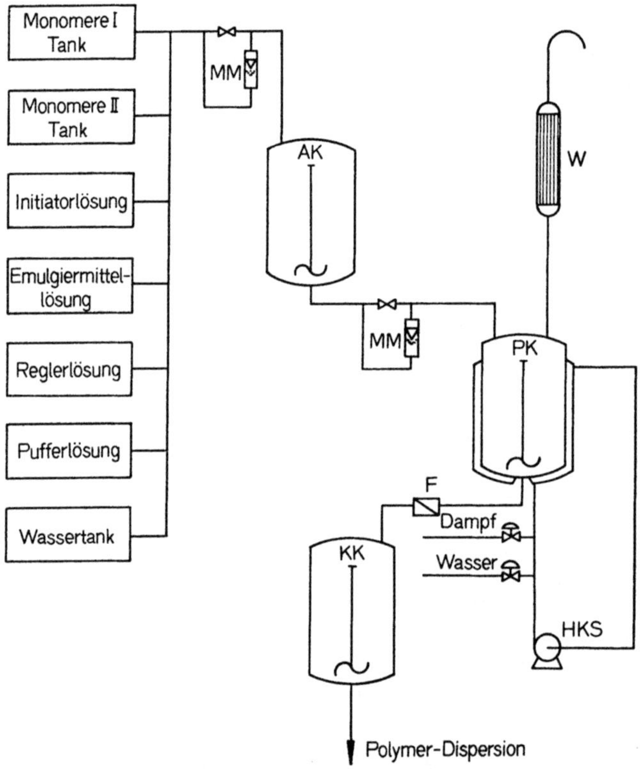

Abb. 27. Schema einer diskontinuierlichen Emulsionspolymerisationeinheit

Fördervermögen der Rohrleitungen und das Fassungsvermögen der Tanks hängen ab von der Kapazität des Reaktors, der Polymerisationsgeschwindigkeit der Monomerensysteme bei den geforderten Reaktionstemperaturen und der geforderten Lagerhaltung der Dispersionen.

Abb. 27 zeigt die schematische Wiedergabe einer Polymerisationsanlage für die diskontinuierliche Herstellung niederviskoser Polymerdispersionen.

Eine typische Anlage umfaßt: Lager für Einsatzstoffe, wie Lagertanks für Monomere, Comonomere und Monomerenmischtanks, einschließlich Förderpumpen (Kreiselpumpen) oder Inertgasdruckförderung, sowie ein Faßlager für Polymerisationshilfsstoffe, wie Emulgier-, Stabilisier-, Puffermittel und Initiatoren.

[Bei größeren Anlagen befindet sich neben dem Einsatzstofflager ein Lager für Einsatzstofflösungen, das in der Regel umfaßt: Wasserenthärtungsanlage (Aufbereitung von Fluß- oder Trinkwasser zu demineralisiertem oder vollentsalztem Wasser über Ionenaustauscher), Mischeinrichtungen für die Herstellung der wässrigen Hilfsstofflösungen, Vorratstanks für diese Lösungen und Fördereinrichtungen (Kreiselpumpen oder Druckgasförderung).]

Polymerisationseinheiten, bestehend aus: Ansatzrührkesseln – sie dienen der Herstellung der Monomerenemulsionen – oder Zulaufbehältern für Monomere, die jeweils zweckmäßig als Wiegebehälter auf einer Waage stehen oder an deren Stelle Gemischregler (Verdrängungsmesser). Die Ansatz- oder Zulaufbehälter haben einen Wasserkühlmantel, eine Standanzeige, Temperatur- und Druckmessungen, Blatt- oder Propellerrührer mit Regelgetriebe, Entlüftungsleitung, Sicherheitsventil oder Reißscheibe, Mannloch, Zuführungen für die Einsatzstofflösungen und eine Bodenablaufleitung in Verbindung zum Polymerisationskessel. Der dem Ansatzkessel in seinem Nutzinhalt entsprechende Polymerisationskessel hat einen Wärmetauschermantel (Heiz- bzw. Kühlbad, Wärmetauschmedium in Kreislaufführung), Temperatur-Druck-Messungen, Blatt-, Flügel-, Finger- oder Propellerrührer mit Regelgetriebe, Entlüftungsleitung, Sicherheitsventil oder Berstscheibe, Mannloch, Zuführungen für Hilfsmittellösungen (Initiatoren, Aktivatoren, Puffer) und einen Rohrbündelkondensator mit Rückführung des Kondensats in den Reaktor. Die Dispersion wird dem Polymerisationskessel über Bodenabgang entnommen und gelangt unter der Schwerkraft, durch Druckgas oder durch Pumpen mit niedriger Drehzahl (Vermeidung hoher Scherkräfte) über geschlossene Siebkorbfilter in Mischbehälter, deren Nutzinhalt etwa dem Dreifachen des Nutzinhalts des Polymerisationskessels entspricht. Die Mischbehälter haben Blatt- oder Flügelrührer, Mannloch, Entlüftung, Standanzeige, Temperaturmessung und Zuführung für Hilfsstofflösungen (pH-Werteinstellung, Stabilisierungs-, Verdickungs-, Konservierungsmittel). Im Freien stehende Mischbehälter müssen einen Isolier- oder Wärmeaustauschermantel erhalten, um die Dispersionen vor Frosteinwirkung schützen zu können. Die Dispersionen werden dem Mischbehälter über Feinfilter direkt entnommen und in Fässer oder Großbehälter abgefüllt. Bei größeren Anlagen gelangt die Dispersion über Feinfilter in frostgeschützt aufgestellte Fertigprodukt-Lagertanks.

Anlageeinrichtungen, z. B. für die Butadien-Styrol-Copolymerisation, sind eingehend beschrieben [*263*].

In der Praxis haben sich bewährt (vgl. hierzu 2.2., unten):

Lagertanks für Monomere (vgl. 2.1.1.2.) und Dispersionen: liegende oder stehende zylindrische Behälter aus V_2A (4541)- bzw. V_4A (4571)-Stahl (USA: stainless steel *SS* 304 bzw. *SS* 316), Emaille- oder einbrennharzausgekleidete Stahlbehälter (Einbrennharz-Mehrschichten), nur in Sonderfällen Aluminium (Reinaluminium oder Alu-Seewasserlegierung), für Dispersionen auch glasfaserverstärkte Polyesterharzbehälter.

Rohrleitungen aus V_2A- oder V_4A-Stahl, emaillierte oder einbrennharzausgekleidete Stahlrohre, Aluminiumrohre, für Dispersionen auch Kunststoffrohre; Rohrverbindungen möglichst als Flanschrohre.

Ventile aus V_2A- bzw. V_4A-Stahl, nur in Sonderfällen Aluminium, für Dispersionen auch Gummimembran-Quetschventile. Ausführungsformen der Ventile: Schrägsitz-, Kolbenventile, Kugelhähne, Keil-Ovalschieber.

Pumpen für Monomere: V_2A- bzw. V_4A-Kreiselpumpen, für Dispersionen: V_2A- oder kunststoffausgekleidete (Hycar-, Spezialkautschuke) Einfach-Schraubenpumpen (z. B. Moyno-USA, Mohno-BRD), Kreiskolben- und Membranpumpen (über Pumpenauswahl vgl. [*264*]); nur in Sonderfällen Kreiselpumpen niedriger Drehzahl; Vakuumpumpen als Wasserringpumpen.

Mengen- und Volumenmeßeinrichtungen für Monomere: Meßtanks mit druckfester Glasstand- oder V_2A-Schwimmerablesung, Foxboro-Standmessung, Wiegebehälter, Rota- oder V_2A-Ovalrad-Zähler (auch mit Voreinstellung), V_2A-Kolbendosierpumpen oder V_2A-Gemischregler, bei größeren Anlagen in automatischer Bedienung [*265*]. Für Dispersionen: Wiegebehälter, Standmessungen, Kreiskolbenpumpen.

Ansatzrührkessel und Reaktoren: Emaille-, V_2A- bzw. V_4A-Behälter oder V_2A- bzw. V_4A-plattierte Stahlbehälter mit hoher Oberflächenglätte (Politur Korn 400), jeweils mit Rührern aus dem gleichen Konstruktionsmaterial. Die Monomerenemulsion wird zweckmäßig durch einen Rohrkrümmer im Kesselinnern direkt an der Kesselwand als Flüssigkeitsfilm oberhalb des Flüssigkeitsspiegels eingeführt. Durch Vermeiden des freien Fallens in die Dispersion wird die Neigung des Reaktionssystems zum Schäumen und zur Koagulatbildung vermindert.

Druck- und Temperaturanzeige und Aufzeichnungsgeräte entsprechen allgemein verwendeten Handelstypen.

Das technische Emulsionspolymerisationsverfahren entspricht den oben erläuterten verallgemeinerten Arbeitsrichtlinien (vgl. 2.1.6.1).

2.1.6.3.2 Kontinuierliche Produktionsverfahren

Die kontinuierlichen Verfahren können die Herstellungskosten vermindern und die Produktqualität durch Erzeugung einheitlicher Produkte steigern. Wegen des allgemein höheren Kapitalaufwandes werden kontinuierliche Polymerisationsanlagen in der Regel – auch in Rücksicht auf die geringere Beweglichkeit in der Prozeßführung – nur für die Produktion sehr großer Polymerisatmengen errichtet (z. B. Synthesekautschuk oder Polyvinylchlorid). Der kontinuierliche Prozeß hängt außer von der Temperatur, der Konzentration und dem Druck im besonderen vom Verweilzeitspektrum (Ansatzlaufzeit-Spektrum) und daneben von der Scherspannungs- und Druckverteilung ab. Die Verweilzeitverteilung des in den Reaktor eintretenden Produktstroms ist bei kontinuierlichem idealem Einmischen nach Formeln exakt berechenbar [*266*]. Der Durchmischungsgrad hängt ab von der Reaktorgestalt. Die Grenzfälle der Reaktionsapparate sind das lange enge Strömungsrohr und der ideal durchmischte Rührkessel. Im langen engen Strömungsrohr ist die Durchmischung von Neuzulauf und Reaktionsmischung am geringsten. Die effektive Reaktionsdauer ist gleich der mittleren Verweilzeit. Im idealdurchmischten Rührkessel ist die effektive Verweilzeit der Reaktionspartner sehr unterschiedlich (Null bis ∞). Im Strömungsrohr mit Zwangsumlauf geht das Verweilzeitspektrum bei hohem Umlaufgrad in das eines einfachen Rührkessels über. In einer Rührkesselkaskade aus unendlich vielen nacheinander geschalteten ideal durchmischten Rührkesseln ist das Verweilzeitspektrum dem eines idealen Strömungsrohres gleich.

Reaktionskinetisch wird die Polymerisationsreaktion durch das Zeitgesetz, d. h. durch die in der Zeiteinheit statthabende Konzentrationsänderung beschrieben. Die Reaktionsgeschwindigkeit ist bestimmt durch Temperatur und Konzentration der Reaktionspartner. In der Anfangs- oder Induktionsperiode, die bei sehr reinen Monomeren sehr klein sein kann, nimmt die Reaktionsgeschwindigkeit rasch zu. In der Hauptperiode verläuft die Reaktion nach der nullten Ordnung. Die Konzentration bzw. der Umsatz nimmt linear mit der Zeit zu, die Reaktion verläuft unter stationären Bedingungen mit konstanter Geschwindigkeit. Die Geschwindigkeitskonstante ist charakteristisch für das Monomer und die Reaktionsbedingungen. In der End- oder Verarmungsphase verläuft die Reaktion nach der ersten Ordnung. Die Geschwindigkeit nimmt immer mehr ab. Der Gesamtreaktionsverlauf setzt sich zusammen aus drei Teilstufen unterschiedlicher Reaktionsgeschwindigkeiten und verschiedener Reaktionsordnungen (vgl. Abb. 30). Wegen des Unterschiedes in der Abhängigkeit zwischen Geschwindigkeit und Konzentration bei den einzelnen Teilreaktionen wird im kontinuierlich arbeitenden Rührkessel eine Reaktion höherer Ordnung gegenüber einer Reaktion niedrigerer Ordnung bei höherem Umsatz zurückgedrängt. Im diskontinuierlich betriebenen Behälter lautet das Zeitgesetz für eine bimolekulare Reaktion:

$$\frac{-dc}{dt} = k \cdot a \cdot b \tag{46}$$

für c: Konzentration,
t: Zeit,
a bzw. b: Reaktantenkonzentration,
k: Konstante.

Im kontinuierlich betriebenen Rührkessel mit idealer Durchmischung herrscht dagegen ein stationärer Zustand. Konzentrationen und Temperaturen sind über die Zeit konstant, d. h.

$$da/dt = db/dt = 0\,. \tag{47}$$

In diesem stationären Zustand bleiben Zusammensetzung und Konzentration der entstehenden Stoffe konstant. Werden mehrere Rührkessel zu einer Kaskade hintereinander geschaltet, so liegen mehrere, von der Kesselanzahl abhängige stationäre Zustände vor, die sich durch ein System algebraischer Gleichungen beschreiben lassen [*267*], wenn vollkommene Durchmischung, räumliche und zeitliche Temperaturkonstanz und eine definierte Verweilzeit herrschen. Die Beschreibung der Verweilzeitspektren läßt sich unabhängig vom Reaktionsbehältervolumen, von der Zulaufgeschwindigkeit und von den gemessenen Konzentrationen gestalten und ein Vergleich der Verweilzeitspektren verschiedener Reaktionsbehälter läßt sich durchführen, wenn die experimentell gefundene Funktion

$$c_t = f(t) \tag{48}$$

für c_t: Stoffkonzentration (z. B. radioaktiv markierter Stoff [*268*] im Produktablauf zur Zeit t)

in die dimensionslose Form übergeführt wird:

$$c_t/c_0 = f(t/\tau) \tag{49}$$

für c_0: Bezugskonzentration der reagierenden (markierten) Komponente im Produktzulauf,
t: Zeit,
τ: mittlere Verweilzeit (= Reaktionsvolumen v/Durchsatz q).

Die Spektren der Verweilzeiten lassen sich durch eine Differentialgleichung wiedergeben; ihre allgemeine Auflösung führt zu folgender Funktion [*269*]:

$$c_t/c_0 = 1 - e^{-t/\tau}\left[1 + \left(\frac{t}{\tau}\right)\cdot\frac{1}{1!} + \left(\frac{t}{\tau}\right)^2\cdot\frac{1}{2!}\cdots + \left(\frac{t}{\tau}\right)^{n-1}\cdot\frac{1}{(n-1)!}\right] \tag{50}$$

für n: Anzahl der Rührkessel,
τ: mittlere Verweilzeit (Reaktionsdauer).

Für die Grenzfälle der Reaktorgestalt ergeben sich hiernach:

a) einfach durchströmter Rührkessel ($n = 1$): $c_t/c_0 = 1 - e^{-t/\tau}$ (51)

b) unendlich viele durchströmte Rührkessel (ideales Strömungsrohr, $n = \infty$):

$$c_t/c_0 = 1\,. \tag{52}$$

Im Fall b) zeigen alle Volumanteile die gleiche Verweilzeit wie beim diskontinuierlich betriebenen Rührkessel. Bei horizontaler Anordnung der Kessel in einer Kesselkaskade ist der Einfluß der Dichteänderungen gering. Abb. 28 zeigt graphisch die Verweilzeitverhältnisse beim Rührkessel bzw. bei Rührkesselkaskaden.

Abb. 28 (c) macht deutlich, daß die Breite der Verteilung von der Anzahl (n) der Kessel abhängig ist.

Abb. 29 zeigt graphisch die Verweilzeitverhältnisse bei Strömungsrohren.

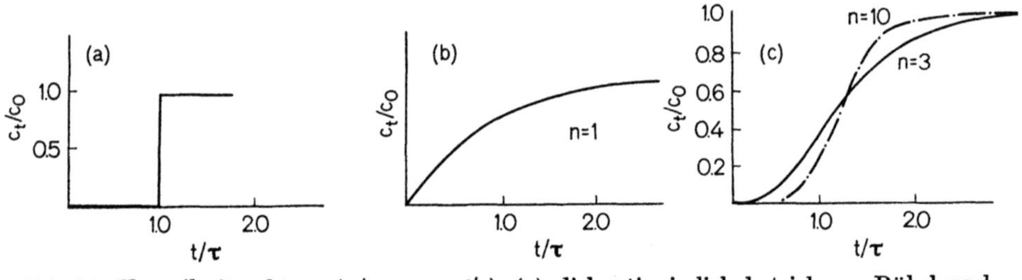

Abb. 28. Verweilzeitspektren (c_t/c_0 gegen t/τ). (a) diskontinuierlich betriebener Rührkessel; (b) kontinuierlich durchströmter Rührkessel ($n = 1$); (c) Rührkesselkaskade ($n = 3$ bzw. 10 Kessel)

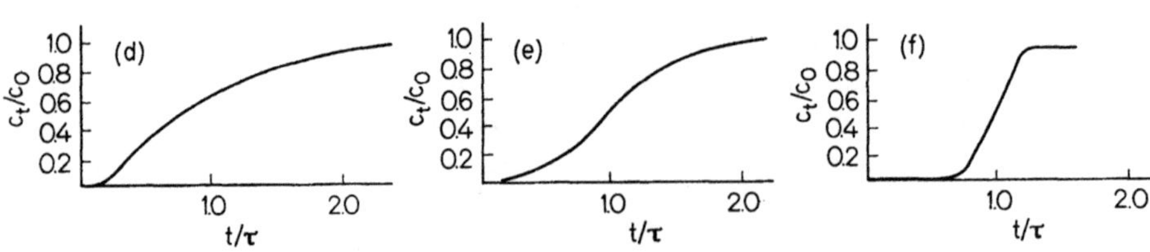

Abb. 29. Verweilzeitspektren (c_t/c_0 gegen t/τ). (d) Strömungsrohr ohne Einbauten; (e) Strömungsrohr mit Rührer; (f) Strömungsrohr mit Füllkörpern

Bei dem von oben nach unten einfach durchströmten senkrechten Strömungsrohr (*d*) ohne Einbauten tritt bei geringer Geschwindigkeit, d. h. bei laminarem Strömen, ein vom Verweilzeitspektrum eines ideal durchströmten Rohres stark abweichendes, zudem von Dichte- und Temperaturunterschieden stark beeinflußtes Spektrum auf. Beim Strömungsrohr mit Rührer (*e*) wird die Breite des Spektrums stark durch die Rührergestalt und Rühreranordnung beeinflußt. Beim Strömungsrohr mit Füllkörpern (*f*) ist das Spektrum wesentlich enger und ähnelt dem einer Rührkesselkaskade mit sehr hoher Kesselanzahl. Für die Form der Verweilzeitkurven sind im besonderen Apparateabmessungen bedingend (Rohrlänge, Durchmesser-Längen-Verhältnis, Stromgeschwindigkeit, Wichte- und Temperaturunterschiede im Prozeßablauf, Füllkörpergestalt und Oberfläche u. a.). Durch Kaskadenschaltung mehrerer Strömungsrohre läßt sich ein besonders enges Spektrum einstellen (im allgemeinen Beschickung der Rohre über Kopf, Verbindungsrohre mit möglichst geringem Volumen im Vergleich zum Reaktionsvolumen) [*270*].

Anlageeinrichtungen für die kontinuierliche Emulsionspolymerisation sind eingehend beschrieben: so für die Vinylchlorid-Polymerisation [*271*] und für die Butadien-Styrol-Copolymerisation [*272*]. Für die kontinuierliche Emulsionspolymerisation des Vinylchlorids wurden 1930 in der BASF [*271*] z. B. zwei hintereinander geschaltete, innenemaillierte „Reaktionstürme" (langgestreckte Rührkessel) mit 13,5 cbm- bzw. 3,5 cbm-Nutzinhalt, mit Rührern und Wärmetauscher-Mantelkammern verwendet. Beim Anfahren der Anlage wird die wässrige Phase (wässrige Lösung der Emulgier- und Initiatormittel) oder Keimlatex im Reaktor vorgelegt und Vinylchlorid dem Reaktorgut nach Maßgabe der fortschreitenden Polymerisation zugeführt. Sobald ein Umsatz von 80% (aus Wichtebestimmungen des Reaktionsgutes bestimmbar) erreicht ist, wird die kontinuierliche Polymerisation durch Zufuhr von 170 l Vinylchlorid und gleichzeitig 235 l der wässrigen Phase je Stunde eingeleitet. Hierbei wird die gewichtsgleiche Menge Polymerisatdispersion der Wichte 1,086 – am Boden des ersten Reaktionsturms entnommen – im „Nachreaktionsturm" bis zu einer Wichte von 1,120 (Feststoffgehalt ca. 40%, Umsatz von 90–95%) weiterpolymerisiert und danach in nachgelagerten Behältern für die Weiterverarbeitung aufgefangen. Die Polymolekularität, d. h. die von der Abbruchreaktionsgeschwindigkeit abhängige Streuung des Molekulargewichtes, bzw. der mittlere Polymerisationsgrad P hängt von der Temperatur und vom Umsatz ab. Das Polymerisat ist um so uneinheitlicher, je stärker sich die Temperatur und der Umsatz im Polymerisationsverlauf ändern. Die Beziehung zwischen K-Wert und Polymerisationstemperatur sowie zwischen K-Wert und Umsatzgrad verdeutlicht Tab. 39 [*273*].

Tabelle 39. *Abhängigkeit des K-Wertes von der Polymerisationstemperatur und vom Umsatzgrad bei der kontinuierlichen Vinylchlorid-Emulsionspolymerisation*

mittlere K-Werte des Polyvinylchlorids:

(Polymerisationstemperatur, °C)	75—80	(80—40° C)	65—75	(43—45° C)	58—64	(48—50° C)
(Umsatzgrad, Gew.-%)	100	(65%)	90	(90%)	58	(96%)

Die bei der kontinuierlichen Emulsionspolymerisation des Systems Vinylchlorid/wässrige Hilfsstoffphase im Volumenverhältnis 1 : 2 bei der Reaktionstemperatur 30° C eintretende Abhängigkeit des *K*-Wertes des Polymers vom Umsatzgrad gibt Tab. 40 [*273*].

Tabelle 40. *Abhängigkeit des Molekulargewichtes eines Emulsionspolyvinylchlorids vom Umsatzgrad*

Molekulargewicht (osmotisch):	104000	100000	83000	73000	35000	30000
K-Wert:	100	98	90	85	62	58
Umsatzgrad, %:	65	75	90	91	92	96

Bei der kontinuierlichen Emulsionspolymerisation des Vinylchlorids in der beschriebenen Anlage aus Vor- und Nachpolymerisationsreaktor erfolgt oberhalb eines Umsatzes von 75% ein langsamer, oberhalb eines Umsatzes von 90% ein steiler Abfall des Molekulargewichtes des Polyvinylchlorids entsprechend der Verarmung des Vinylchlorids in der Dispersionsphase und in den dispergierten latenten Polymerteilchen. Da niederpolymeres Polyvinylchlorid schlechte thermische Stabilität und verringerte mechanische Eigenschaften hat, wird der Umsatz zweckmäßig nicht zu 100% durchgeführt. Nichtumgesetztes Vinylchlorid wird aus der Dispersion abdestilliert und im Kreislauf der Polymerisation wieder zugeführt.

Da im besonderen bei der Emulsionspolymerisation der Diene (Butadien) durch Reaktion der wachsenden Kette mit der Doppelbindung in einem Polymermolekül verzweigte und vernetzte Produkte entstehen und diese Reaktionsart mit fortschreitender Polymerisation (steigende Konzentration des Polymers) zunimmt, wird bei der Herstellung der Kautschuklatices der Umsatz im allgemeinen nach Erreichen von 60–65% abgebrochen.

Abb. 30 gibt schematisch das Prozeß-Fließschema für eine typische kontinuierliche Butadien-Styrol-Emulsionspolymerisation.

Die Einsatzstoffe Butadien, Styrol, Wasser, Emulgiermittel-, Initiator- und Reglerlösungen werden nach dem Mischen als Emulsion unter Druck durch eine Kaskade aus großen Rühr-Druckkesseln mit Wärmetauschermänteln geschickt. Um die Reaktionszeit herabzusetzen, können die Rührkessel erforderlichenfalls im Umgang betrieben werden. Danach durchläuft das Reaktionsgut eine Kaskade aus kleineren Rühr-Druckkesseln mit Wärmetauschermänteln, die ihrerseits jeweils wieder im Umgang betrieben werden können. Sobald die Reaktion in der zweiten Kesselkaskade den gewünschten Umsatz (60–65%) erreicht hat, wird an dieser Stelle dem Reaktionsgut die Lösung oder Emulsion eines Abstoppmittels zugeführt. Das nicht in Reaktion getretene Butadien wird durch Ausgasen nach Druckentspannung zurückgewonnen und für erneute Verwendung im Kreislauf zurückgeführt. Das nicht zur Reaktion gelangte Styrol wird durch Dampfdestillation zurückgewonnen und dem Stoffkreislauf wieder zugeführt.

2.1.7 Nachbehandlung der Polymerdispersionen

Vielfach fordert die Verarbeitung der Polymerdispersionen – z. B. die Herstellung von Verpackungsmitteln, die unter Verwendung von Polymerdispersionen durch Beschichtung von Substraten (Papier, Karton, Zellglas) hergestellt werden

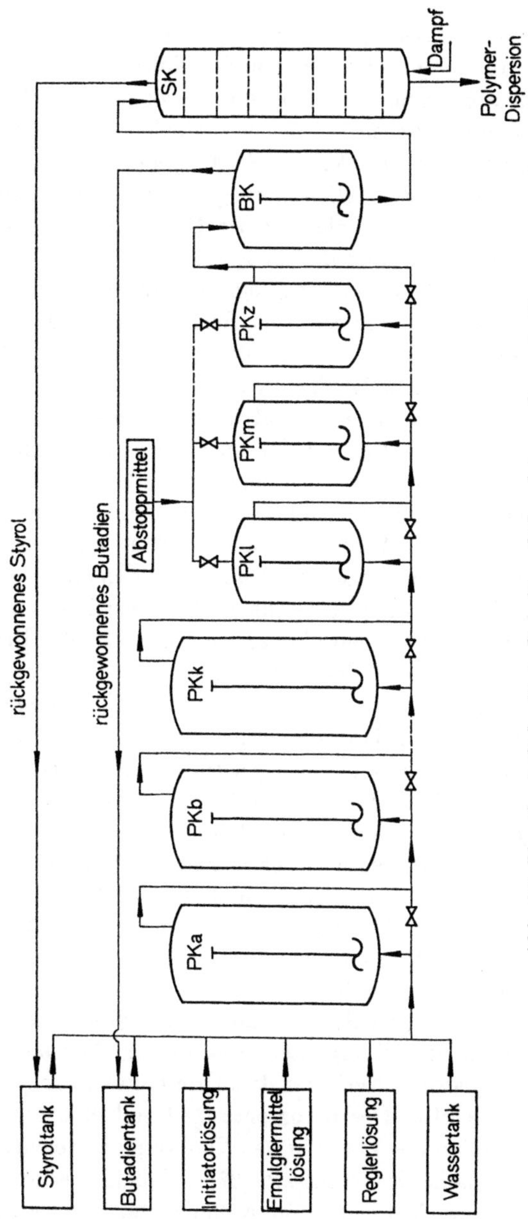

Abb. 30. Kontinuierliche Butadien-Styrol-Emulsionspolymerisation

– die Entfernung auch sehr geringer Mengen an Restmonomeren oder technisch unvermeidbarer Begleitstoffe aus der Dispersion. Es kann auch erforderlich sein, durch Teilverdampfung des Wassers einen höheren Feststoffgehalt zu erzielen oder Initiatorreste zu zerstören.

2.1.7.1 Konzentrieren und Entfernen wasserdampfflüchtiger Stoffe

Die Entfernung wasserdampfflüchtiger Stoffe und die Steigerung des Feststoffgehaltes (Aufkonzentrieren) erfolgen durch Nacherhitzen der Polymerdispersionen bei Temperaturen und Drucken, die von der Wärmebeständigkeit und von der Neigung zur Schaumbildung und damit von der Natur der Polymere wie der verwendeten Hilfsstoffe abhängen. Die Dispersionen werden hierbei über die Wärmetauschermäntel der Behälter mit Hilfe von Niederdruckdampf erwärmt. Die Schaumbildung wird über ein druckfestes Schauglas (im Reaktor-Mannloch) oder mit Hife eines emaillierten oder teflonüberzogenen Proberohrs beobachtet [*274*]. Starkes Schäumen wird durch Änderung der Höhe des Vakuums oder notfalls durch Einspritzen von Kaltwasser in den Reaktor bekämpft. Vakuum wird erst nach dem Aufheizen der Dispersion angelegt. Für die Schaumbekämpfung beim Eindampfen der Dispersionen haben sich Schaumzerstörungsbehälter bewährt [*275*]. Das Ende der Entfernung wasserunlöslicher, mit Wasserdampf flüchtiger Stoffe erkennt man daran, daß im Schauglas des Auffangbehälters eine Phasentrennung in Öl und Wasser nicht mehr eintritt. Der Auffangbehälter soll im allgemeinen einen Inhibitor enthalten, um das zurückgewonnene instabile Monomer vor einer Polymerisation zu schützen. In manchen Fällen (Vinylchlorid, Butadien, Styrol) ist eine Rückgewinnung der Monomere nach entsprechender Aufbereitung für eine Rückführung in den Polymerisationskreislauf wirtschaftlich. Chemische Antischaummittel sind nur in Sonderfällen und nur dann anwendbar, wenn durch das Ergebnis einer Untersuchung feststeht, daß sie der Dispersion nicht anwendungstechnisch ungünstige Eigenschaften erteilen (z. B. Erniedrigung der Adhäsions- und Kohäsionskräfte der Polymerfilme).

Technische Einrichtungen für das kontinuierliche Aufkonzentrieren und das gleichzeitige Entfernen wasserdampfflüchtiger Stoffe sind bekannt. Nach einem Verfahren der Metallgesellschaft AG [*276*] wird der durch Schutzkolloide stabilisierte Naturlatex auf 90° C aufgeheizt und durch Spezialdüsen in eine Verdampfungskammer eingesprüht, in der ein Druck von etwa 0,1 atm herrscht. Da der Siedepunkt des Wassers bei diesem Druck etwa 46° C ist, erfährt die eintretende Dispersion einen plötzlichen Temperaturabfall um 44° C und gleichzeitig einen Wasserentzug von etwa 7%. Um ein Konzentrieren des Naturkautschuk-Latex von 35% auf 75% Feststoffgehalt zu erreichen, muß der Vorgang etwa 10mal wiederholt werden. Während des Verdampfungsvorganges tritt Schäumen nur in geringem Maße auf. Wichtig ist der Aufbau der Einspritzdüse aus aufeinanderfolgenden konvergenten und divergenten Abschnitten. Der engste Düsenteil ist so konstruiert, daß im gedrosselten Latexstrom am konvergierenden Düsenteil eine Verdampfung nicht eintritt. Der divergente Teil soll eine allmähliche Druckminderung beim Eintreten des Latex in den Verdampfer erleichtern. Das Verfahren wurde technisch dadurch verbessert [*277*], daß in Verbindung mit einem einzigen Verdampfer eine Mehrzahl von Auffangbehältern verbunden wird, die jeweils abwechselnd für die Latexspeisung des Verdampfers bzw. als Auffangbehälter für aufkonzentrierten Latex aus dem Verdampfer dienen. Die nach diesem Verfahren erhaltenen Konzentrate werden als Standard-Revertex (72–75%) bzw. *T*-Revertex (62%) in den Handel gebracht.

Bei einem neueren Verfahren [*278*] wird ein unter einem Teilvakuum von 70–71 cm Hg-Säule gehaltener, stehender, zylindrischer Behälter nur etwa zur Hälfte mit Syntheselatex beladen, um durch ausreichendes freies Volumen die Schaumbildung regulieren zu können. Gleichmäßiges Aufheizen und gleichförmige Verdampfungsgeschwindigkeit werden erreicht durch Umpumpen des vom

Zylinderboden entnommenen und über einen Wärmeaustauscher aufgeheizten und am Zylinderkopf im Kreislauf geführten Latex. Während die Gleichgewichtstemperatur des Latex im Verdampferbehälter auf etwa 40° C gehalten wird, tritt der Latex am Behälterkopf mit 55° C ein. Der Wasserdampf aus dem überhitzten Latex wird durch Vor- und Nachkühlen kondensiert und das Kondensat tritt über einen unter barometrischer Fallhöhe stehenden Auffangbehälter aus. In einer ähnlichen Einrichtung [*279*] wird der Latex dem Verdampfer kontinuierlich zugeführt und gleichzeitig ein Teil des Latex kontinuierlich als Konzentrat an der Eintrittsstelle des Latex in den Wärmeaustauscher abgezogen.

Breitere Verwendung für das Aufkonzentrieren synthetischer Polymerdispersionen finden Luwa-Dünnschichtverdampfer [*280*]. Hierin erfolgt die Wasserverdampfung aus einem dünnen Film heraus, der mechanisch ständig in turbulenter Bewegung gehalten wird. Hierdurch wird ein rasches und gleichmäßiges Konzentrieren bei verhältnismäßig niedrigen Temperaturen erreicht. Der Apparat besteht aus zwei vertikal übereinander angeordneten zylindrischen Abschnitten. Der untere mit Wärmeaustauschermantel-Abschnitten versehene Teil ist der Verdampfer, der obere Teil dient der Abtrennung des Wasserdampfes. Beide Teile sind um eine gemeinsame zentrale Rührerwelle angeordnet. Diese trägt vertikal verlaufende Blätter, die sich radial von der Welle her durch beide Abschnitte erstrecken und die beheizte Wand des Verdampferabschnitts in einem Wandabstand von 0,76–1,5 mm bestreichen. Die Polymerdispersion wird an der Trennstelle zwischen Verdampfer und dem Wasserdampfseparator eingeführt. Im Separatorteil sind an der Innenwand vertikale Trennbleche angebracht. Die in den Apparat eintretende Polymerdispersion wird über die Blätter im Wirbel über die beheizte Wand verteilt. Auf Grund der engen Spalte zwischen Wand und Blattkanten wird ein turbulenter verdünnter Flüssigkeitsfilm auf der gesamten Wärmeübertragungsfläche aufrechterhalten. Während die Polymerdispersion spiralförmig über die beheizte Wand dem Bodenausgang zuläuft, strömt der Wasserdampf parallel zur Welle in den Separator. In den Separatorabschnitt eingedrungene Dispersion wird durch die Zentrifugalkraft der Blätter gegen die feststehenden Trennbleche der Separatorwand geschleudert und fließt nach dem Zusammenlaufen wieder in den Verdampferabschnitt. Da die Dispersion höchstens 20 sec auf der Verdampferwand verweilt, gestattet der Luwa-Dünnschichtverdampfer eine sehr schonende Wärmebeanspruchung der Dispersion.

Ein dem Luwa-Dünnschichtverdampfer ähnlicher Apparat ist der Kontro- oder Sarko-Verdampfer [*281*], der in Abb. 31 schematisch dargestellt ist.

Wesentlicher Bestandteil dieses Verdampfers ist der konische Rotor, der im dünnen Film einen ausreichend hohen Rückdruck für die Überwindung der Schwerkraftwirkung entwickelt und damit eine Regelung des Durchsatzes oder der Verweilzeit gestattet.

Der enge Spalt zwischen Rührblattkanten und beheizter Wand wird über die gesamte Länge der Verdampfungskammer – unabhängig vom Konzentrationsgrad – aufrechterhalten und damit das Ansetzen von Polymerisat verhindert. Die Spaltbreite kann verändert werden. Ein Vorteil des horizontal gelagerten Verdampfers ist die mit geringen Lösungsmittelmengen leicht mögliche Reinigung und damit Wiederherstellung der Wärmeübergangsverhältnisse. Dieser Verdampfer arbeitet im Gleichstrom: Dampf und wasserdampfflüchtige Stoffe bewegen sich in gleicher Richtung wie der dünne Flüssigkeitsfilm. Die Leistung technischer Kontro- oder Sarko-Verdampfer zeigt Tab. 41.

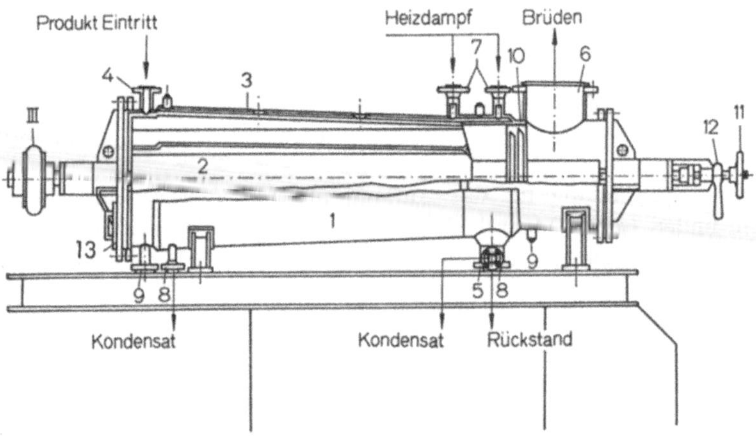

Abb. 31. Kontro- oder Sarko-Verdampfer für das Konzentrieren von Polymerdispersionen [aus Rubber Age (N. Y.) **1960**, S. 466]

1 Verdampferkörper
2 innerer Rotor
3 Verdampferheizmantel
4 Produkteintritt
5 Produktaustritt
6 Brüdenstutzen
7 Heizdampfstutzen
8 Kondensatstutzen
9 Reinigungsstutzen
10 auf der Rotorwelle angeschweißter Zentrifugal-Flüssigkeitsabscheider
11 Handrad für Axialverschiebung des Rotors
12 Handrad-Spindelarretierung
13 Blindflansch (für Reinigungs-Arbeiten)

Tabelle 41. *Leistung der Kontro- oder Sarko-Verdampfer*

Apparatetyp	Heizfläche m^2	Feststoffgehalt, % Eintritt	Ausgang	Geschwindigkeiten, kg/h Eintritt	Dampf	Produkt
1	0,37	20	50	90,8	54,5	36,3
1	0,37	45	60	181,6	54,4	136,2
3	1,86	40	55	908	272	636
4	3,72	43	55	2270	500	1770

Bei dem im Kontro- oder Sarko-Verdampfer erfolgten Konzentrieren von Butadien-Styrol-Copolymerdispersionen wurde für die gleichzeitig erfolgende Entfernung des Reststyrols ermittelt, daß die Erniedrigung des Styrolgehaltes in praktisch allen Fällen der Menge des verdampften Wassers logarithmisch proportional verläuft. So wird z. B. ein Anfangsstyrolgehalt von 1,0% auf 0,1% durch Verdampfen von 30% Wasser bzw. auf 0,05% durch Verdampfen von 40% Wasser erreicht [*281*].

Von den für das Konzentrieren der Naturkautschuklatices üblichen Verfahren
a) des Zentrifugierens und
b) des Aufrahmens

ist das Zentrifugierverfahren bei synthetischen Polymerdispersionen wegen der – selbst nach Agglomerationsvorgängen noch bestehenden – kleinen Teilchengrößen praktisch unwirtschaftlich. Das Aufrahmungsverfahren läßt sich jedoch – besonders nach Steigerung der Teilchengrößen durch vorangehendes Agglomerieren – wirtschaftlich tragbar durchführen [*282*]. Nach einem Verfahren der Polysar Corporation [*282*] läßt sich ein Styrol-Butadien-Latex (SBR-Latex Typ II) durch allmähliche Zugabe von 3 Gewichtsteilen Natriumsulfat und 0,8-Gewichtsteilen Ammonium-Alginat in 10%ig. bzw. 2%ig. wässriger Lösung je 100 Gewichtsteilen des Latex-Feststoffgehaltes unter schwachem Rühren während 30 min bei Aufrechterhaltung eines pH-Wertes oberhalb 10 und anschließendem Stehenlassen während 2 Std durch Phasentrennung aufrahmen. Die Konzentration der oberen Trennschicht erreicht nach 72 Std einen Feststoffgehalt von 60–65%.

2.1.7.2 Zerstörung der Initiatorreste

Im allgemeinen führen Peroxy-Initiatorreste oder die durch Peroxy-Initiatoren im Polymerisationsverlauf gebildeten Peroxy-Verbindungen – zunehmend mit der Lagerung der Dispersionen – zu anwendungstechnisch ungünstiger Beeinflussung des Dispersionssystems. Nach der Polymerisation im Dispersionssystem verbleibende Peroxy-Verbindungen sollten daher durch Umsetzung mit Reduktionsmitteln (Bisulfite, Pyrosulfite, Sulfoxylsäure-Derivate u. a.) zerstört werden.

2.1.7.3 Konditionieren der Polymerdispersionen

Die nach dem Emulsionspolymerisationsprozeß anfallenden Polymerdispersionen erfordern in der Regel für die Einstellung auf Lieferspezifikationen eine Reihe von Nachbehandlungen. Im einzelnen handelt es sich um die Einstellung des Feststoffgehaltes der Dispersionen, die Einstellung des an einer Glaselektrode zu ermittelnden pH-Wertes (Bevorzugung von pH-Werten oberhalb 7 im Hinblick auf günstigere Beständigkeit beim Lagern, bei der Frosteinwirkung und bei der Kombination mit Pigmenten, Füllstoffen, Schutzkolloiden und anderen Hilfsmitteln), die Einstellung geeigneter Oberflächenspannungen (Zusatz oberflächenaktiver Emulgiermittel für die Steigerung der Lagerstabilität und der Verträglichkeit mit Zuschlagstoffen), die Einstellung der Viskosität unter Verwendung von Schutzkolloiden und die Konservierung gegenüber der Wirkung von Mikroorganismen durch Zugabe von Mikroziden.

2.2 Lagerung, Transport und Handhabung

Wie alle Kolloidsysteme sind auch Polymerdispersionen dem Einfluß einer großen Reihe von Wirkfaktoren auf die Stabilität des Kolloidsystems unterworfen. Diesen Einflüssen muß nicht nur bei der Herstellung, sondern auch bei der Lagerung, beim Transport, bei der Handhabung und bei der Verarbeitung der Dispersionen ausreichend Rechnung getragen werden, wenn ihre Anwendungseignung erhalten bleiben soll.

Ungünstige Einflüsse werden bewirkt durch: die Zeitdauer der Lagerung, des Transports und der Verarbeitung, durch unzureichendes Behälter- oder Packmittelmaterial, durch Wasserverlust in unzureichend verschlossenen Behältern oder Packmaterialien, durch Einwirkung hoher Temperaturen oder von Frost, durch pH-Wert-Abfall, durch Scherkräfte und starke turbulente Strömungsverhältnisse, durch Gaseinschlüsse, durch Elektrolyteinwirkungen, durch Schaumbildung, durch Einwirkung elektromotorischer Kräfte und durch Mikroorganismeneinwirkung.

Als Folgewirkungen ungünstiger Einflüsse treten auf:

1. Bildung von Horizontalschichten verschiedenen Feststoffgehaltes bei längerer stationärer Lagerung in größeren Lagerbehältern infolge der von der Wichte der Polymerteilchen abhängigen Sedimentationsgeschwindigkeit. Zur Vermeidung der Ausbildung der bereits bei Lösungen niedermolekularer Verbindungen beobachteten Konzentrationsverschiebungen bei längerer stationärer Lagerung muß der Inhalt größerer Lagerbehälter vor der Produktentnahme in geeigneter Weise durchmischt werden (Mischen durch langsam laufende, höhere Scherkräfte vermeidende Blatt- oder Balkenrührer oder Umpumpen der Dispersion im Kreislauf über Pumpen niedriger Drehzahl). Bei sehr langer Lagerung kann Bodensatzbildung eintreten.

2. Haut- oder Oberflächenfilmbildung bei stationärer Lagerung in Behältern, die einen Wasserverlust durch Verdampfung aus der Oberflächenschicht der stationär gelagerten Dispersion zulassen (mit der Atmosphäre unmittelbar kommunizierende Behälter oder undichte Packmittel).

3. Koagulat- (Grieß-) oder Grenzschichtfilmbildung innerhalb der Dispersion durch Wasserentzug in wasserdurchlässigen Packmaterialien oder durch Elektrolyteinwirkung unzureichend korrosionsfester Verpackungsmaterialien (z. B. ungeschützter Eisenblechfässer). Auch die im Verlauf der Verarbeitung bei Berührung mit nicht korrosionsfesten Metallen entstehenden elektromotorischen Ketten in den Verarbeitungsmaschinen sowie Frosteinwirkung sind von Nachteil.

4. Schwamm-Koagulatbildung (Aerogele) innerhalb der Dispersion durch Eintragen größerer Mengen von Luft oder Gasen bei Einwirken von Maschinenteilen (Rührer), die mit hoher Geschwindigkeit in der Dispersion bewegt werden, oder durch Bakterieneinwirkung.

5. Geruchsbildung bei unzureichendem Mikrozidschutz während der Verarbeitung durch Mikroorganismeneinwirkung (Schimmelpilze, Schwefelbakterien: Schwefelwasserstoffbildung).

Allgemein müssen Polymerdispersionen pfleglich behandelt werden. Sie sollten im allgemeinen nicht länger als einige Monate gelagert werden. Sie müssen vor unkontrollierten Änderungen ihrer Zusammensetzung, vor schädlichen äußeren Einflüssen (Wasserverlust, Frost, hohe Temperaturen, hohe Scherkräfte, Mikroorganismen) und schädlichen Stoffen (nicht korrosionsfeste Materialien, Elektrolyte, Staub, von Mikroorganismen befallenes Prozeßwasser, ungeeignete oder unzureichend präparierte Zuschlagstoffe) geschützt werden. Die Sauberkeit der Lager-, Transport-, Handhabungs- und Verarbeitungseinrichtungen muß gewährleistet und regelmäßiger Kontrolle unterworfen sein.

Als Lieferbehälter werden verwendet:

Faßgebinde (Eisenblech- oder Sperrholzfässer oder Papptrommeln jeweils mit Einstellbehältern oder Innenauskleidung aus (Weich)Polyvinylchlorid- oder

Polyäthylenfolien, auch freitragende Polyäthylenkanister oder Polyäthylenfässer, selten innenparaffinierte Holzfässer oder Glasballons) in der Regel von 50–250 kg-Produktinhalt. Bei längerer Versanddauer unter Frosteinwirkung erfolgt der Bahntransport in geheizten, geschlossenen Güterwagen (Thermos-Wagen) oder der (Übersee-) Transport durch Einstellen der Faßgebinde in kälteisolierende Schutzumhüllungsbehälter [283].

Straßentransportable Behälter mit 1–6 Tonnen Produktinhalt (starre isolierte Behälter aus V_2A-Stahl oder V_2A-plattiertem Stahl, Aluminium-Seewasser-Legierung, glasfaserverstärkten Polyestern, emaillierten, gummierten, glattwandigen kunststoff- oder einbrennharzausgekleideten Stahlbehältern als Bahnbehälter oder Decktanks für Überseeversand oder kollapsible Spezialkunstkautschukbehälter), die (bei kleinerem Inhalt) auf von Hand zu betätigenden Fahrgestellen montiert sind oder (bei größeren Inhalten) am Entlade- und Empfangsort entsprechend leistungsfähige Ent- und Beladeeinrichtungen (Kranvorrichtungen) erfordern;

Schienen-, Straßen- oder Schiffsgroßbehälter mit 10–15 Tonnen Produkt-Ladegewicht und darüber (Bahnkesselwagen, Behältertankwagen und Straßentankzüge mit einer oder mehreren Füllkammern – auch kälteschutzisoliert – wie Schiffsladeräume und kollapsible Spezialkautschukbehälter in der für straßentransportable Behälter angegebenen Materialausführung), die technisch entsprechende Entlade- und Übernahmeeinrichtungen (Rohrleitungen, Pumpen) voraussetzen.

Das Abfüllen und Fördern der Polymerdispersionen erfolgt bevorzugt unter dem Eigendruck der Flüssigkeit (Schwerkraft) oder durch Drücken mit Druckluft oder Preßstickstoff (Druckförderung). Besonders bei hochviskosen Dispersionen ist bei Anwendung dieser Maßnahmen ein sonst nicht vermeidbarer Viskositätsabfall am geringsten. Bei Förderung mittels Druckluft muß ein wirksamer Wasser- bzw. Ölabscheider und ein zusätzliches Feinsieb verwendet werden, um Verunreinigungen zu vermeiden. Müssen Pumpen eingesetzt werden, so müssen sie mit niedriger Drehzahl arbeiten und ausreichend dimensioniert sein, um die unvermeidlichen Scherkräfte so niedrig wie möglich zu halten. Geeignet sind – besonders für scherempfindliche Dispersionen – Mohno-Pumpen (mit Edelstahlrotor und Stator mit synthetischem Gummi als Auskleidung), deren Umdrehungszahl je Minute bei hochviskosen Dispersionen 200 und bei niederviskosen Dispersionen 400 nicht überschreiten soll. Auch Drehkolbenpumpen und Schlauchpumpen sind geeignet. Eingeschränkt – für wenig scherempfindliche Dispersionen – verwendbar sind langsamlaufende Zentrifugal- und überdimensionierte Membranpumpen, seltener Kolbenpumpen jeweils mit Wasserringdichtung (Vermeidung der Koagulatbildung über Stopfbuchsverpackung). Bei der Wahl der Pumpen muß die Eigenschaft der Dispersion berücksichtigt werden. Pumpen dürfen niemals trocken laufen und nicht gegen ein geschlossenes System arbeiten. Die Zuführung auf der Saugseite muß ausreichend groß, kurz und möglichst frei von Rohrkrümmern sein, die Zuflußmenge soll einen ausreichenden Flüssigkeitsdruck (Standhöhe) haben und durch eine geeignete Filtervorrichtung geführt werden.

Lagerbehälter für Polymerdispersionen sollten grundsätzlich im Fassungsvermögen um mindestens 20% größer als die jeweilige einzelne Liefermenge gewählt werden, um die Liefer- und Verpackungskontiniutät aufrechterhalten zu können. Zweckmäßig ist die Aufstellung eines zweiten Behälters gleicher Größe (notfalls eines kleineren Behälters), um eine ununterbrochene Entnahme und vollständige Entleerung sowie eine in regelmäßigen Zeitabständen erforderliche Reinigung zu ermöglichen. Da von Lieferung zu Lieferung kleinere Schwankungen in den Eigenschaften der Kolloiddispersionen (Viskosität, Teilchengrößenverteilung u. a.) technisch unvermeidbar sind, soll bei sehr hohen Anforderungen an die Gleichmäßigkeit der Kolloideigenschaften – etwa bei der Verarbeitung in automatisierten Maschinenanlagen – eine Dispersionen-Neulieferung möglichst nicht mit Restbeständen einer älteren Lieferung gemischt werden.

Bestimmend für die Wahl der Behälter ist der Standort und die Beständigkeit der Dispersionen gegenüber den Werkstoffen. Geeignete Werkstoffe entsprechen den oben für Lieferbehälter genannten Werkstoffen. Außerdem eignen sich Behälter aus Beton oder Mauerwerk, wenn sie mit keramischen Platten ausgelegt und der Plattenbelag porendicht verfugt ist oder wenn sie mit V_2A-Blech oder mit Kunststoffen ausgekleidet sind. Für die Aufstellung muß ein geeigneter Unterbau oder eine ausreichende Deckentragkraft gegeben sein.

Liegen die Behälter so hoch über der Entnahmestelle, daß die Entleerung durch die Schwerkraft allein erfolgen kann, so lassen sich drucklose Behälter – auch aus Kunststoffen, z. B. glasfaserverstärkte Polyesterbehälter – zweckmäßig mit konischem Auslauf verwenden. Hierbei muß für niederviskose Dispersionen ein Leitungsgefälle von 2–5%, für hochviskose Dispersionen ein Gefälle bis zu 30% eingehalten werden. Bei hochviskosen Dispersionen sollten stehende zylindrische Behälter wegen der geringen Produktoberfläche liegenden Behälter vorgezogen werden, da sich diese nur unvollständig entleeren lassen und die bei hochviskosen Dispersionen zweckmäßige Befeuchtung der Flüssigkeitsoberfläche sich leichter durchführen läßt (Vermeidung der Bildung von Oberflächenhaut durch Wasserdampfsättigung der Behälterluft über eine Wasser-Gluckerflasche). Gummitanks (kollapsible Gummibehälter) sind nur für einige Dispersionen und wegen der schwierigen Reinigungsmöglichkeit nur für Dispersionen bei raschem Durchsatz geeignet.

Liegen oder stehen die Behälter unterhalb des Niveaus der Verarbeitungsanlage (Abb. 32 und Abb. 33), so wird die Dispersion bevorzugt durch Druckluft aus druckfesten Tanks aus V_2A oder V_2A-plattiertem oder emailliertem Stahl gefördert. Bei hochviskosen Dispersionen muß eine Sprühvorrichtung am Kopf des Behälters angebracht werden, um die Behälterluft und die Dispersionsoberfläche zu feuchten und hierdurch Hautbildung zu vermeiden. Bei praktisch nichtscherempfindlichen Dispersionen kann die Dispersion der Zapfstelle auch durch Pumpen (vgl. oben) zugeführt werden. Der Boden von Mauerwerk- oder Betonbunkerzellen sollte zur Bodenentnahmestelle (tiefster Punkt) mit Gefälle verlegt werden, um das Entleeren und Reinigungsarbeiten zu vervollständigen bzw. zu erleichtern.

Die Lagerbehälter müssen mit einem Mannloch versehen sein, da die Reinigungsarbeiten das Einsteigen eines Bedienungsmannes erforderlich machen können (vgl. unten: Reinigung).

Da bei der stationären Lagerung der Dispersionen in Abhängigkeit von der Zeit, dem Dichteunterschied zwischen dispergiertem Polymer und wässriger Phase und der Viskosität der Dispersionen Entmischung durch die Schwerkraft

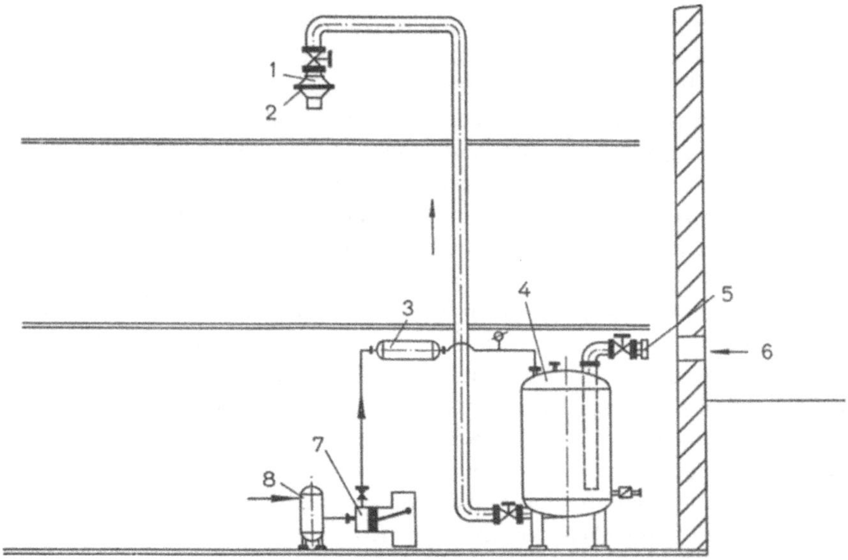

Abb. 32. Dispersionstanklager mit tiefgestelltem Behälter und Druckluftförderung. 1 = Zapfstelle, 2 = Sieb, 3 = Windkessel, 4 = Lagerbehälter, Drucktank, 5 = Schlauchkupplung, 6 = vom Tankwagen, 7 = Luftkompressor, 8 = Luftfilter

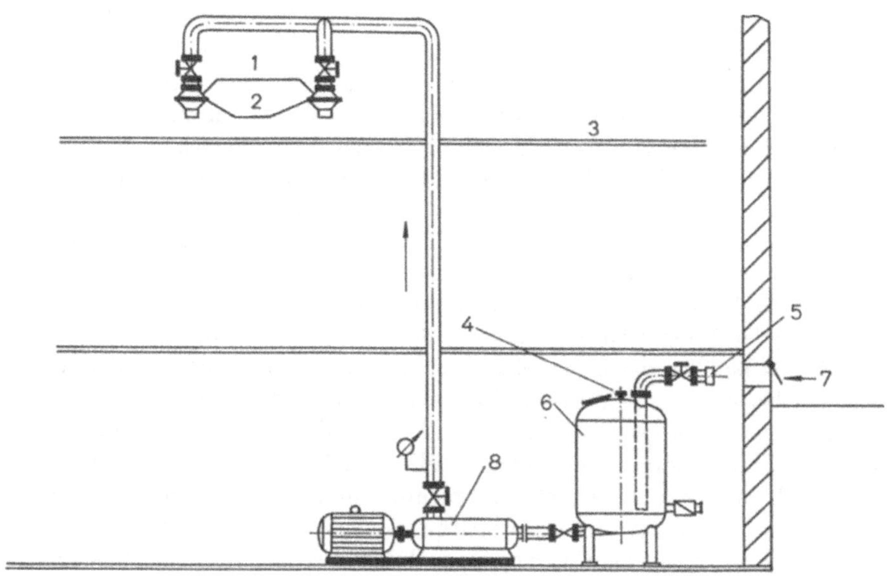

Abb. 33. Dispersionstanklager mit tiefgestelltem Behälter und Pumpenförderung. 1 = Zapfstellen, 2 = Sieb, 3 = Bühne max. 25 m über Pumpe, 4 = Ent- und Belüftung über Saug-Druck-Ventil und Gluckerflasche, 5 = Schlauchkupplung, 6 = Lagerbehälter drucklos, 7 = vom Tankwagen, 8 = Pumpe

(Sedimentation) auftreten kann, muß in manchen Fällen für ein Durchmischen des Tankinhalts vor der Dispersionenentnahme für die Verarbeitung gesorgt werden (20–40 min bei niederviskosen Dispersionen). Bei Dispersionen mit Dichteunterschieden zwischen Polymer- und wässriger Phase bis etwa 1,1 : 1 ist dies erst bei Lagerung über 4 Wochen notwendig. Hierfür ist der Einbau langsam laufender Rührwerke (z. B. Balkenrührer) mit einer Rührleistung von etwa 0,5–1 kW je Kubikmeter Dispersion und bei einer Rührerdrehzahl von 10–20 Umdrehungen je Minute zweckmäßig. Ein Durchmischen des Tankinhaltes durch Umpumpen im Kreislauf mit Rückführung in verschiedene Flüssigkeitshöhen ist wegen ungünstiger Einflüsse während des Pumpvorganges (Scherkräfte, Einmischen von Gasen, Erwärmung, unvollkommener Durchmischungsgrad) nur in wenigen Sonderfällen praktizierbar.

Die günstigste Lagertemperatur für Polymerdispersionen erstreckt sich von 5–30° C bei möglichst hoher relativer Luftfeuchtigkeit der Behälterluft. Die Lagerbehälter müssen vor Frosteinwirkung durch einen Isoliermantel (Schaumstoffe) oder durch einen Aufwärmmantel (Warmluft-, Warmwasser-, nicht dagegen dampfbeheizter Mantel) geschützt werden. Es gibt zwar eingeschränkt „frostbeständige" Polymerdispersionen, die ein mehrfaches Gefrieren und – nur langsam vorzunehmendes (durch Warmwasser, nicht dagegen durch Dampf) – Wiederauftauen überstehen, jedoch ist die Erhaltung bzw. die Wiederherstellung aller die Kolloidsystem-Stabilität bedingenden Zustandsgrößen außerordentlich stark abhängig von der Geschwindigkeit des Wärmeentzugs bzw. der Wärmezuführung (besonders kritischer Bereich wenige Grade oberhalb bzw. unterhalb 0° C). Die gleiche Dispersion kann bei Temperatur-„Abschreckung", z. B. auf –20 °C, beim langsamen Wiederauftauen nahezu ihre ursprünglichen Eigenschaften wiederannehmen, dagegen bei einer „schleichenden" Abkühlung im kritischen Bereich um 0° C irreversibel koagulieren. Selbst besonders „frostbeständige" Polymerdispersionen sollten nach dem Wiederauftauen sorgfältig gemischt und vor der Verarbeitung sorgfältig nach ihren kritischen Eigenschaften untersucht werden. Keinesfalls sollte für das Auftauen eingefrorener Dispersionen Dampf verwendet werden, da bei einem sehr großen Temperaturgradienten die rasche Verdampfung zur Bildung von Oberflächenfilmen führt. An einem mit Dispersion von 40,6° C gefüllten, schaumstoffisolierten Lagertank wurde ermittelt, daß der Tankinhalt bei einer Außentemperatur von –26° C 280 Std für den Rückgang der Temperatur des Tankinhalts auf +1,7° C benötigt.

Für das Befüllen der Lagerbehälter ist das Zuführen der Polymerdispersionen über ein bis nahe an den Boden des Behälters führendes Einführungsrohr und Unterflüssigkeitsspiegel-Auffüllen zweckmäßig, um die schädliche Bildung von Luftblasen und von Schaum zu vermeiden. Das Befüllen kann auch über das Bodenventil oder durch ein am Behälterkopf angebrachtes Einführrohr mit nahe an die Behälterwand führenden Rohrkrümmer (Dispersionenzufuhr als Wandfilm) erfolgen.

Als Rohrleitungen sind vorzuziehen Rohre aus Edelstahl (V_2A, V_4A), mit Einbrennharz, Polypropylen oder Hochdruck-Polyäthylen ausgekleidete Stahlrohre und eingeschränkt Kunststoffrohre, Aluminiumrohre und Gummischläuche (unmittelbare Wasserspülung nach ihrer Verwendung), die zwecks Zerstörung von Mikroorganismen wasserdampfbeständig sein müssen. In der Außenatmosphäre verlaufende Leitungen müssen wegen der Frostgefährdung isoliert sein oder mit einer (elektrischen oder Dampf-)Begleitheizung versehen werden. Die Rohrleitungen für Polymerdispersionen müssen möglichst kurz, in gerader Wegführung, mit ausreichendem Gefälle zum Aufnahmesystem und zweckmäßig in

Flanschausführung mit Ventilanschluß für Wasserspülung verlegt werden, um sie für Spül-, Reinigungs- und Reparaturarbeiten möglichst leicht zugänglich zu machen. Die Rohrleitungen einschließlich der Zulaufleitungen, soweit sie durch Ventile abgesperrt werden können, sind – abhängig vom Typ der Polymerdispersionen – entweder ständig mit Dispersion gefüllt zu halten oder – wie für freie Rohrleitungsenden vor den Ventilen sowie für Schlauchkupplungen in jedem Fall sofort erforderlich – jeweils nach Verwendung sofort mit Wasser leerzuspülen. Rohrleitungen sollen wegen sonst erfolgender Qualitätsminderung nicht in der Nähe von Warmwasser- oder Heizungsrohren verlegt werden. Die Auslaufstutzen-Nennweite soll für niederviskose Dispersionen mindestens 80 mm, für hochviskose Dispersionen mindestens 100 mm Leitungsdurchmesser betragen. Je höher die Innenflächenglätte der Rohrleitungen ist, um so größer ist das Zeitintervall zwischen den notwendigen Reinigungsoperationen.

Als Rohranschlüsse sind geeignet:

a) für Straßentankzüge bei niederviskosen Dispersionen Schlauchkupplungen (TW 500) für flexible Gummischläuche mit Spiraldrahtversteifung,

b) für Straßentankzüge bei hochviskosen Dispersionen Storz-Kupplungen („A“ -Feuerwehrkupplung) und

c) für Bahnkesselwagen Anschluß- und Übergangsstücke mit Zwischenstück aus flexiblem, spiraldrahtversteiftem Gummischlauch.

Für die Standanzeigung des Behälterinhalts bei Behältern ohne Rührer reicht häufig ein Meßstab aus. Als automatische Anzeigegeräte sind vielfach gegen Verdampfung dichte Schwimmeranzeiger oder Bodendruckmeßgeräte geeignet. Pneumatische oder andere Anzeigeeinrichtungen sind im allgemeinen wegen der durch Koagulatbildung eintretenden Störungen nicht zweckmäßig.

Als Siebe eignen sich Siebkorbfilter mit austauschbaren Edelstahlmaschengeweben oder Siebpakete aus rostfreiem Edelstahl jeweils vor den einzelnen Behälterein- und -ausgängen, vor Pumpen und unmittelbar vor der Verarbeitungsstelle der Dispersionen. Das Siebgewebe wird hierbei auf Stützkreuzen oder Lochplatten festgelegt. Siebpakete mit abnehmenden Maschenweiten der hintereinandergeschalteten Siebplatten bieten den Vorteil, einen hohen Grad der Abscheidung auch kleiner Polymerteilchen mit einer langen Standzeit vereinigen zu können. Zweckmäßig wird dem Sieb ein Manometer vorgeschaltet, um erkennen zu können, wann das Sieb gereinigt werden muß.

Als Absperrvorrichtungen eignen sich Schrägsitzventile aus rostfreiem Stahl oder in Teflonauskleidung (auch Polypropylen- oder Saran-Auskleidung), teflonausgekleidete Kugelventile und Membranventile aus ähnlichen Werkstoffen mit Membranen aus Neopren, Buna *N* oder ähnlichen synthetischen Kautschuken.

Für das Abwiegen und Abmessen eignen sich:

a) für niederviskose Dispersionen mit genauesten Ergebnissen das Abwiegen in transportablen Behältern, danach in manchen Fällen – bei unmittelbar anschließender oder häufig wiederholter Reinigung von Koagulatteilchen – Verdrängungsmesser (z. B. Ovalradzähler) und zylindrische Standbehälter mit unterem Auslauf und Flüssigkeitsstand (z. B. Phoenix-Stand oder Schwimmer-Anzeiger) und

b) für hochviskose Dispersionen mit genauestem Ergebnis das Abwiegen in transportable Behälter und nur bedingt Kreiskolbenpumpen. Durchflußmesser sollten vermieden werden.

Die Reinigung der Behälter muß in regelmäßigen Abständen erfolgen. Die Häufigkeit dieser Operation hängt von der Natur der Dispersion, von der Oberflächenglätte und Korrosionsbeständigkeit der Werkstoffe und von der sachgerechten Handhabung der Dispersionen ab. In den meisten Fällen muß der Zeitpunkt für die erforderliche Reinigung aus der Erfahrung hergeleitet werden. Längere Lagerzeit oder langdauernder Kontakt der Dispersion mit der Behälterwand führt zu einem Filmbelag, der nach dem Spülen des Tanks mit Wasser im Innern des Behälters von Hand aus mit geeigneten Schabern entfernt werden muß. Während dieser Operation muß im Behälter Frischluft-Atmosphäre aufrecht erhalten werden (offenes Mannloch, offenes Bodenventil, Sicherung des im Innern des Behälters Arbeitenden durch Ein- und Ausstiegsvorrichtungen und ständiger Überwacher am Behälter). Nach beendeter Reinigungsarbeit soll der Behälter mit Wasser gespült und zweckmäßig (besonders bei mikroorganismenempfindlichen Dispersionen) während 1–2 Std mit Dampf ausgeblasen werden. Pumpen, Rohrleitungen und Schläuche sind bei sachgerechter Arbeitsweise (Sauberhaltung, Spülen mit sauberem Wasser unmittelbar nach den Arbeitsvorgängen) im allgemeinen der Koagulatabscheidung nur in sehr geringem Grade unterworfen. Mechanische Koagulatentfernung ist in der Regel erst nach Jahren erforderlich. In neuerer Zeit haben sich für die Entfernung von Wandbelägen Reinigungsgeräte bewährt, die das Entfernen der Beläge durch einen Wasserstrahl unter hohem Druck (200–300 atü) ermöglichen.

Behälter der Straßentankzüge oder Bahnkesselwagen müssen sofort nach der Entleerung mit Wasser gespült werden, um die Bildung von Polymerhäuten an der Wand zu vermeiden. Um eine ausreichende Behälter-Luftfeuchte aufrechtzuerhalten, soll eine geringe Menge Wasser im Behälter für den Rücktransport verbleiben.

3 Prüfung

Die Methoden für die Bestimmung der Eigenschaften der Polymerdispersionen und der in ihnen dispergierten Polymere dienen verschiedenen Zwecken: für die Prüfung der Eignung und Reproduzierbarkeit der Herstellungsverfahren im Laboratorium, im technischen Versuchsraum oder in der Fabrikationsanlage – für die Güte- oder Qualitätskontrolle der erzeugten Latices und die Wareneingangskontrolle – für die Ermittlung der Wirkung von Zusatzstoffen – für die Feststellung der Veränderungen bei der Lagerung und Handhabung der Latices – für die Bestimmung der Eignung der Latices für anwendungstechnische Zwecke – für die Entwicklung neuer Produkte und von Produkten höheren anwendungstechnischen Leistungsvermögens in Erkenntnis der Beziehungen zwischen den Zusammensetzungen und Eigenschaften der Systeme und der Entsprechung zu anwendungstechnischen Forderungen.

Die Prüfverfahren können für spezielle Produkte in ihren Einzelheiten verschieden sein. Die folgende Darstellung ist auf die Beschreibung der wesentlichen Merkmale beschränkt. Für die Prüfmethoden sind vielfach Normvorschriften aufgestellt (BRD: DIN, Großbritannien: BS, USA: ASTM).

Für die routinemäßige Prüfung im Laboratorium oder zum Zweck der laufenden Qualitätskontrolle der Produktion ist im Hinblick auf die notwendige rationelle Arbeitsweise eine Eingrenzung der Zahl der laufend durchzuführenden Prüfungen unter Berücksichtigung der jeweils wichtigsten Produkteigenschaften notwendig.

3.1 Probenahme

Da Dispersionen bei (längerer) Lagerung in Abhängigkeit von ihrer Zusammensetzung mehr oder minder merklich zum Sedimentieren oder Aufrahmen neigen, muß der Latex vor der Entnahme einer Probe durchmischt werden. Wegen der Empfindlichkeit hochviskoser Latices gegenüber Scherkräften muß das Mischen unter Ausschluß wesentlicher Scherkräfte erfolgen. Zweckmäßig wird daher von Hand mit Hilfe eines Spatels durchmischt. Hierbei muß das Einrühren von Luft und damit Schaumbildung vermieden werden, da sonst die Meßergebnisse verfälscht werden können. Da bei unsachgemäßer Lagerung der Latices durch Oberflächenverdunstung und Antrocknen Hautbildung an der Oberfläche auftreten kann, ist besonders darauf zu achten, daß die unter Beachtung der vorstehend genannten Maßnahmen entnommene homogene, repräsentative Probe frei von Haut ist.

3.2 Feststoffgehalt

Meßmethode: Bestimmung des Tara-Gewichtes (W_t) eines Uhrglases von ca. 80 mm Durchmesser (bei Präzisionsbestimmung: Wägeschälchen mit Glasschliffdeckel) auf der Analysenwaage – Aufbringen von 1,0–1,5 g Latex in gleichmäßig dünner Schicht (bei hochviskosen Latices ergeben dickere Schichten ungenügende Durchtrocknung) – Auswägen des beladenen Uhrglases (W_E) – Trocknen bei 120° C während 90 min – Rückwägung (W_A) nach etwa 15 min Abkühlen im Exsikkator.

Auswertung: Der Feststoffgehalt in Gewichtsprozent ist gleich

$$(W_A - W_T) \cdot 100/(W_E - W_T) .$$

Für den Trockenvorgang kann auch Infrarotheizung angewendet werden. In besonderen Fällen können verschiedene Hochpolymere höhere Trockentemperaturen und längere Trockenzeiten erfordern. Soll durch eine Feststoffgehaltsbestimmung der Verlauf einer Polymerisationsreaktion verfolgt werden, so wird der dem Polymerisationssystem entnommenen Probe für die Unterbindung der Polymerisation der darin enthaltenen Monomere vor dem Wäge- und Trockenvorgang ein Abstoppmittel (Hydrochinon, -monomethyläther, p-Phenylendiamin, Dimethyldithiocarbamat) zugemischt.

3.3 pH-Wert

Indikatorpapiere, die auch für engere pH-Bereiche vom Handel geboten werden, gestatten nur die Ermittlung der pH-Größenordnung. Die Opazität der Latices erschwert die unmittelbare Beobachtung und die Zuordnung des pH-Wertes zu der Farbtonänderung je nach der Beurteilung der Randzone des aufgebrachten Tropfens oder der Farbe des Tropfenbereichs nach dem Abspülen des Latex.

Eine genauere Bestimmung des pH-Wertes erfolgt elektrometrisch mit einer Glaselektrode in Verbindung mit einer gesättigten Kalomelelektrode und einem elektronischen Anzeigegerät. (Antimon-Elektroden sind für die pH-Wert-Bestimmung bei wässrigen synthetischen Latices ungeeignet). DIN 19260 und 19261 erklären allgemeine Begriffe der pH-Messung. Eine geeignete Glaselektrode soll eine lineare Abhängigkeit bis mindestens pH = 13 zeigen. Besonders sorgfältig ist darauf zu achten, daß unverzüglich nach jeder Messung die Elektroden mit destilliertem Wasser und Abreiben mit saugfähigem Papier von anhaftendem Polymer völlig freigespült werden, da sonst Hautbildung auf der Elektrodenmembran eintreten kann. Bei Nichtgebrauch wird die Elektrode in destilliertem Wasser und die Kalomelelektrode in gesättigter Kaliumchloridlösung aufbewahrt. Anzeigegeräte mit Nullpunkteinstellung werden den Geräten mit Direktanzeige wegen höherer Empfindlichkeit oft vorgezogen.

Meßmethode: Eichung des pH-Wertes auf pH 9,18 durch Eintauchen der Elektroden in 0,05-molare Natriumtetraborat (Borax-)Lösung in kohlendioxidfreiem Wasser bei 25 ± 1° C – Prüfung der Anzeigelinearität der Glaselektrode durch Messen des pH-Wertes einer 0,01-molaren Trinatriumphosphatlösung in kohlendioxidfreiem Wasser bei 25 ± 1° C (Sollwert: 11,67–11,77) – Waschen der Elektroden mit destilliertem Wasser und Trockenreiben mit Filterpapier – Eintauchen der Elektroden in die Dispersion (bei hochviskosen Dispersionen in die mit dem gleichen Volumen destillierten Wassers verdünnte Probe) – Rühren des Latex während der Messung mit Magnetrührer oder von Hand und Ablesen des pH-Wertes bei 25 ± 1° C.

Wiederholungsbestimmungen sollen innerhalb 0,05 pH-Einheiten übereinstimmen.

3.4 Koagulatgehalt

Als Koagulat wird das Material bezeichnet, das von einem Maschensieb festgelegter Maschenweite unter festgelegten Prüfbedingungen zurückgehalten wird. Die Angabe des Koagulatgehaltes soll sich beziehen auf Koagulat als wasserfreies Trockenprodukt unter den vereinbarten Filtrierverhältnissen (Maschenweite des Siebes, Filterdruck, Filtriertemperatur, Trockenbedingungen).

Meßmethode: Filtrieren von 100,0 g Latex unter Atmosphärendruck durch ein gewogenes, trichterförmiges Maschensieb (S_T) aus rostfreiem Stahl vereinbarter Maschenzahl (z. B. 1600 Maschen je cm^2), wobei hochviskose Latices erforderlichenfalls mit destilliertem Wasser ausreichend verdünnt werden – Nachwaschen des Siebrückstandes mit destilliertem Wasser bis zum Ablaufen klaren Filtrats – Trocknen des beladenen Siebs auf einem Uhrglas bei 120° C im Trockenschrank während 120 min – Rückwägung nach 15 min Abkühlzeit im Exsikkator (Gewicht S_A).

Auswertung: Der Koagulat-Fessttoffgehalt in Gewichtsprozent ist $S_A - S_T$, bei Maschenweite x.

3.5 Flüchtige, nichtpolymerisierte, praktisch wasserunlösliche Bestandteile

Bei technischen Polymerisationsreaktionen ist der Umsatz der für die Polymerisation eingesetzten technischen Monomere nicht hundertprozentig. In den unmittelbar nach der Polymerisation anfallenden synthetischen Polymerlatices verbleiben geringe Mengen (meist unterhalb 1 Gewichtsprozent) nicht umgesetzter Monomerer („Restmonomere") und ihrer Oligomere sowie technisch unvermeidbare nicht polymerisierbare Begleitstoffe der technischen Monomere. Sofern ihre Konzentration im Latex – insbesondere bei wasserunlöslichen Stoffen – 1 Gewichtsprozent wesentlich überschreitet, kann dies zur Beeinträchtigung der mechanischen Latexstabilität und im besonderen zu unzulässigen Geruchsauswirkungen führen. Diese Rohlatices werden daher vielfach einer Nachbehandlung (Wasserdampfdestillation unter vermindertem Druck, Ausdämpfen) zur Herabminderung des Gehaltes an nichtpolymerisierten wasserdampfflüchtigen Bestandteilen unterworfen, bevor sie in den Handel gelangen.

Hydrophobe wasserdampfflüchtige Monomere und Begleitstoffe können im Wasserdampfdestillat volumetrisch oder auch nach chemischen Umsetzungsreaktionen (Olefinkohlenwasserstoffe durch Additionsreaktionen, z. B. Styrol durch Bromanlagerung, Butadien nach der Kuppe-Analyse, Acrylester nach Verseifung mittels alkoholischer Kalilauge durch Titration und Alkoxyl-Bestimmung u. a.) bestimmt werden. Mit höherer Aussagefähigkeit lassen sich die wasserdampfflüchtigen Bestandteile eines Latex mit den Methoden der Gas-Flüssigkeits-Chromatographie bestimmen [*284*]. Die gaschromatographische Erfassung der organischen Bestandteile in sehr verdünnten wässrigen Systemen ist erschwert, wenn sie unmittelbar nach dem Wasserpeak auftreten. Zur Vermeidung dieser Schwierigkeiten kann man wie folgt verfahren [*285*]:

1. Austreiben der wasserdampfflüchtigen Stoffe durch Verteilung des Latex über eine große Oberfläche (Raschig-Ring-Säule) im Wasserdampfgegenstrom –

2. Kondensation der Dampfbrüden in eine tiefgekühlte, mit Wasser nichtmischbare organische Flüssigkeit als Lösungsmittel für die organischen Bestandteile –

3. Ausschütteln der wässrigen Kondensatphase mit der als Lösungsmittel verwendeten organischen Flüssigkeit –

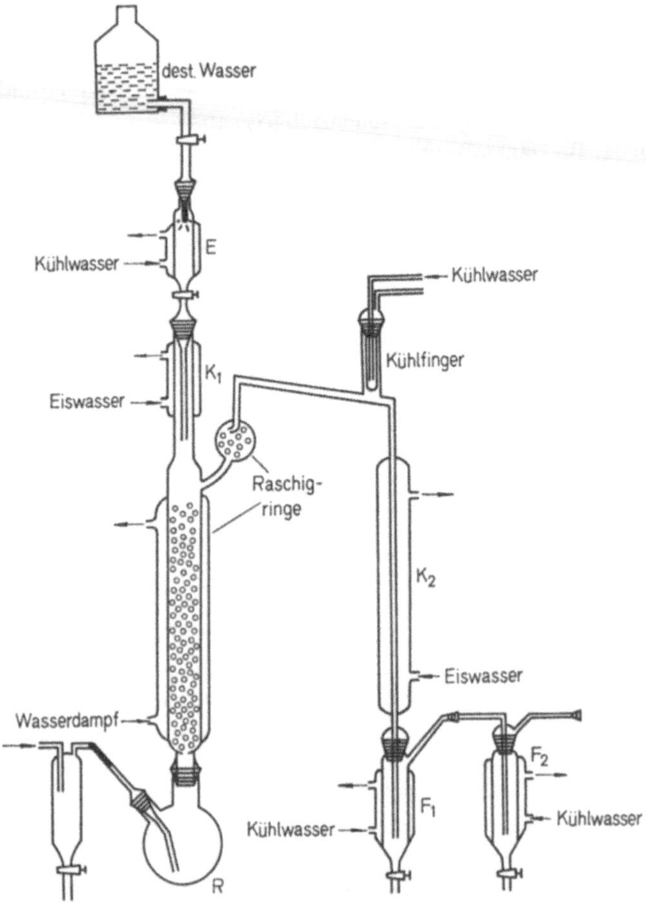

Abb. 34. Absorption der wasserdampfflüchtigen Bestandteile in einem Trägermaterial. *E*: Latexeintritt, K_1, K_2: Kühlmäntel, F_1, F_2: Kühlfallen, die das Lösungsmittel enthalten, *R*: Auffanggefäß für ausgedämpften Latex

4. gaschromatographische Analyse der vereinigten organischen Phasen unter Bezug auf einen inneren Standard, welcher zweckmäßigerweise bereits dem Latex zugesetzt wurde. Die als innerer Standard verwendete organische Flüssigkeit soll praktisch mit Wasser nicht mischbar, ausreichend rein, in ihrer Retentionszeit von der zu bestimmenden Substanz hinreichend verschieden und in ihrer chemischen Konstitution möglichst artähnlich sein.

Abb. 34 zeigt eine geeignete Analysenapparatur für die Absorption der wasserdampfflüchtigen Bestandteile.

Der Latex kann auch in einem geeigneten Lösungsmittel gelöst und diese Lösungsprobe auf Restbestandteile chromatographiert werden [*286*]. Durch eine vorgeschaltete Kammer wird eine Belegung der Trennsäule vermieden. In den meisten Fällen läßt sich ein Lösungsmittel finden, das den Latex vollkommen löst und so sicherstellt, daß keine wasserdampfflüchtigen Bestandteile eingeschlossen bleiben, wobei das Wasser, die Hauptkomponente der flüchtigen Bestandteile des Latex, in eine geeignete chromatographisch bestimmbare Komponente übergeführt werden kann. Die durch den Wassergehalt bedingten Schwierigkeiten bei der Chromatographie lassen sich durch Umsetzen der Latices mit Essigsäureanhydrid oder 2.2.-Dimethoxyäthan [*287*] ausschalten.

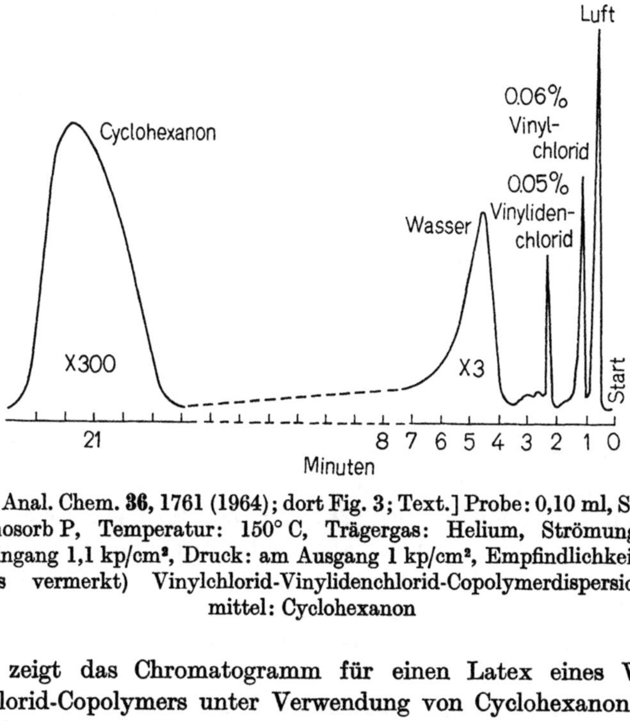

Abb. 35. [Aus Anal. Chem. **36**, 1761 (1964); dort Fig. 3; Text.] Probe: 0,10 ml, Säule: 3,048 m-E 6000-Chromosorb P, Temperatur: 150° C, Trägergas: Helium, Strömung: 85 ml/min, Druck: am Eingang 1,1 kp/cm², Druck: am Ausgang 1 kp/cm², Empfindlichkeit: × 1 (sofern nicht anders vermerkt) Vinylchlorid-Vinylidenchlorid-Copolymerdispersion, Lösungsmittel: Cyclohexanon

Abb. 35 zeigt das Chromatogramm für einen Latex eines Vinylchlorid-Vinylidenchlorid-Copolymers unter Verwendung von Cyclohexanon als Bezugslösungsmittel.

3.6 Viskosität

Die Bestimmung des Fließwiderstandes (Viskosität, innere Reibung) der Latices ist besonders wichtig für ihre Herstellung (Scherkraftwirkung), Handhabung (Strömungsscherkräfte) und Verarbeitung (Einfluß der Scherkräfte und Zusatzstoffe). Als Meßgeräte werden verwendet: absolute Viskosimeter, die einen Viskositätskoeffizienten ohne vorherige Eichung mit einem Fließmedium bekannter Viskosität anzeigen, oder technische Viskosimeter, die eine schnelle Prüfung für die Qualitätskontrolle, für die Anwendungstechnik und für Entwicklungsversuche ergeben und die teilweise nach vorangehender Eichung auch die Angabe eines Viskositätskoeffizienten gestatten. Als Einheit der dynamischen Viskosität dient 1 Poise ($1\ P = 1\ g/cm \cdot sec$) oder als gebräuchliche Untereinheit 1 Centipoise ($1\ cP = 0{,}01\ P$). Als Einheit der kinematischen Viskosität (Viskosität-

Dichte-Verhältnis) gilt 1 Stokes (1 *St* = 1 cm^2/sec; 1 Centi-Stokes, *cSt* = 0,01 *St*). Reines Wasser hat bei 20° C die dynamische Viskosität $\eta = 1{,}002\,cP$ bzw. die kinematische Viskosität $\nu = 1{,}0038\,cSt$.

Es ist verständlich, daß jede Orientierung und jede Strukturveränderung einer Zeitfunktion unterliegt. Die Einstellung des jeweiligen Gleichgewichtes kann Bruchteile von Sekunden bis Stunden benötigen. Bei der Verarbeitung der Kunststoffdispersionen tritt aber häufig schneller Wechsel der Schergeschwindigkeit auf, so daß sich der Fließwiderstand nicht immer auf den dem jeweiligen Schergeschwindigkeitsgefälle zugehörigen Gleichgewichtszustand einstellen kann. Man kann deshalb in einem solchen Fall von dem Fließwiderstand, der einer im Gleichgewichtszustand gemessenen Fließkurve entnommen wurde, nicht auf den Fließwiderstand schließen, den die gleiche Dispersion in einem Verarbeitungsverfahren mit schnellwechselnden Schergeschwindigkeitsgefällen ausübt. Beim Auftreten von Zeiteffekten ist daher neben der im stationären, d. h. im Gleichgewichtszustand gemessenen Fließkurve die Kenntnis der Anlaufvorgänge, also der Zeit notwendig, in der das Schergeschwindigkeitsgefälle sich beim betreffenden Verarbeitungsvorgang ändert.

Nach den Meßmethoden werden unterschieden: Kapillarviskosimeter, Kugelfall- oder Gasaufstiegviskosimeter und Rotationsviskosimeter. Ihre Auswahl richtet sich nach der rheologischen Natur des zu untersuchenden Systems und nach dem Prüfaufwand mit Rücksicht auf den geforderten Aussagewert der Methode.

3.6.1 Kapillarviskosimeter

Das Cannon-Fenske-Viskosimeter (ein modifiziertes Ostwald-Viskosimeter) ist ein Kapillarviskosimeter für die Bestimmung der Viskosität zwischen 0,3 und 20000 *cP* auch opaker Fließmedien [*288*]. Die Zeit für das Ausfließen des Latex aus dem Eichvolumen der Kapillare läßt sich bei Anwendung des Eichfaktors der Kapillare in kinematische Viskosität in *cSt* umrechnen. Durch Multiplizieren dieser Zahl mit der Dichtezahl der Probe erhält man ein Maß für die dynamische Viskosität in *cP*. Tab. 43 gibt Eichfließmedien des National Bureau of Standards (NBS [*289*]) an.

Tabelle 43. *NBS-Viskositäts- und Standardflüssigkeiten*

NBS-Viskositätsstandard	kinematische Viskosität in cSt					
	20,0° C	25,0° C	30,0° C	37,0° C	40,0° C	50,0° C
D	2,5	2,2		1,8		
H	9,1	7,7		5,4		
I	15	12		8,0		
J	25	20		12		
K	50	39		22		
L	110	84		43		
M	300	280		130		
N	1600	1100				
N	1600	1100		460		
O	38000	24000			7000	
P			50000		22000	10000

In Ausflußviskosimetern, die in verschiedenen Ausführungsformen als Ford-, Zahn-, DIN-Becher, ASTM-Latex-Viskosimeter, Redwood-, Engler- und Saybolt-Viskosimeter bekannt sind, wird die für das Ausfließen eines festgelegten Latexvolumens aus einer Standarddüse unter einem Standardflüssigkeitsdruck (im allgemeinen der hydrostatische Druck des Flüssigkeitsstandes) benötigte Zeit bestimmt. Das Ergebnis als Sekunden-Ausflußzeit steht unabhängig von Gerätegröße, Düsendurchmesser und Verfahren direkt in Beziehung zur kinematischen Viskosität in *cSt*. Die Ausflußdüse entspricht einer sehr kurzen Kapillare für welche die Poiseuille-Gleichung für kapillares Fließen nicht mehr genau gilt.

Das Poiseuille-Gesetz

$$\eta = \frac{\pi P r^4 t}{8 V L} \tag{53}$$

für η: Viskosität,
P: hydrostatischer Druck der Flüssigkeitssäule,
r: Kapillarradius,
t: Zeit des Fließens des Volumens V über die Länge L

gilt nur für laminares Fließen. Diese Bedingung läßt sich jedoch leicht einhalten, wenn die Länge der Kapillare im Vergleich zu ihrem Durchmesser sehr groß ist. Da die Flüssigkeit beim Verlassen der Kapillare kinetische Energie besitzt, muß die Poiseuille-Gleichung (53) berichtigt werden [*290*] zu

$$\eta = \pi h d g r^4 t / 8\,V L - m d V / 8\,\pi t \tag{54}$$

für h: Flüssigkeitshöhe,
d: Flüssigkeitsdichte,
g: Schwerkraft,
m: komplexe Konstante, die in den meisten praktischen Fällen ohne wesentliche Fehler als Null gewertet werden kann.

Der zweite Ausdruck auf der rechten Seite der Gleichung ist ein Korrekturglied für die kinetische Energie. Gleichung (54) läßt sich vereinfacht schreiben

$$\eta = \mathrm{C} \cdot \mathrm{d} \cdot \mathrm{t} - \mathrm{B} \cdot \mathrm{d/t} \tag{55}$$

für C und B: Konstanten, d. h. das zweite Glied läßt sich vernachlässigbar klein machen, wenn man das Viskosimeter so konstruiert, daß B sehr klein und t sehr groß ist. Für die kinematische Viskosität (ν) läßt sich Gleichung (55) verallgemeinert schreiben:

$$\nu = \eta / d = \mathrm{At} - B/t \tag{56}$$

für A und B: Konstanten.

Wenn auch die Poiseuille-Gleichung für Ausflußviskosimeter nicht mehr genau gilt, so lassen sich doch Relativmessungen durchführen, deren Ergebnis meistens nur in Sekunden-Ausflußzeit angegeben werden (z. B. Ford- oder DIN-Sekunden). Verschiedene Stoffe dürfen jedoch nicht miteinander verglichen werden.

3.6.2 Kugelfall- und Gasaufstiegviskosimeter

Für die Kugelfallmethoden gilt die Ladenburg-Gleichung [*291*]

$$\eta = \frac{2 r^2 (d_1 - d_2)\, g}{9 \nu (1 + 8 r/R)(1 + 3 r/L)} \tag{57}$$

für r: Kugelradius,
d_1 bzw. d_2: Dichte der Kugel bzw. der Flüssigkeit,
v: Geschwindigkeit der Kugeln,
R: Radius des Kugelfallrohres und
L: Länge der Flüssigkeitssäule unterhalb der Fallzone, die zum gemessenen Zeitpunkt noch nicht durchschritten wurde.

Die dynamische Viskosität η läßt sich in Vereinfachung der Gleichung (57) aus der Zahlenwertgleichung

$$\eta = K(d_1 - d_2) \cdot t \quad \text{erhalten;} \tag{58}$$

für K: Konstante für Meßgerätegrößen, in $cP \cdot ml/g \cdot s$ gemessen,
d_1 bzw. d_2: Dichte der Metall- oder Glaskugeln bzw. des zu prüfenden Fließmediums, beide in g/ml und
t: Laufzeit der Kugel in Sekunden (s).

Das Meßprinzip beruht auf der rollenden und gleitenden Bewegung einer Kugel in einem gegen die Vertikale geneigten zylindrischen Rohr, das die zu prüfende Dispersion enthält. Das Höppler-Kugelfallviskosimeter läßt Viskositätsbestimmungen von 0,6–250000 cP (für Newtonsche Fließmedien) im Temperaturbereich von $-20°$ C bis $+120°$ C zu. Das Höppler-Gerät ist einfacheren Kugelfallgeräten überlegen, da durch die geeignete Wahl der Kugeln und des Fallwinkels die Geschwindigkeit so eingestellt ist, daß echtes laminares Fließen erfolgt und damit die Ergebnisse aussagekräftig sind. Das in der Lack- und verwandten Industrien verwendete Gardner-Mobilometer verwendet an Stelle der Fallkugeln für den Fallzweck eine an einem Stab befestigte Siebscheibe.

Die Haake-Viskowaage dient zur Viskositätsmessung reinviskoser Stoffe wie auch zur Bestimmung der Fließanomalien (Strukturviskosität, Plastizität) und der qualitativen Kennzeichnung der Thixotropie. Ihr Meßbereich umfaßt 0,01 cP bis 10^8 cP mit einer Meßgenauigkeit von $\pm$ 0,5 bis $\pm$ 1% im Temperaturbereich von $-60°$ C bis $+150°$ C. Mit Hilfe der Viskowaage läßt sich entscheiden, ob ein Stoff reinviskos oder strukturviskos ist.

Ein Beispiel für Gasaufstiegviskosimeter bietet das Cochius-Rohr, das früher vielfach für die Bestimmung der Viskosität der Lacklösungen verwendet wurde. Die Methode wird heute kaum noch angewendet.

3.6.3 Rotationsviskosimeter

Die klassischen Methoden der Viskositätsbestimmung durch Rotationsmethoden beruhen auf dem Messen der Scherkräfte zwischen zwei rotierenden koaxialen Zylindern. Nach dem Vorbild des Couette-Viskosimeters [*292*] stehen eine Reihe technischer Viskosimeter zur Verfügung, bei denen der auf die im Fließmedium rotierenden Rührkörper ausgeübte Widerstand in ein Maß für die Viskosität umgesetzt wird, wobei die Randeffekte durch Wahl geeigneter Rotorformen korrigiert werden. Die Rotationsviskosimeter eignen sich vielfach für das Messen der absoluten Viskosität Newtonscher Flüssigkeiten und der scheinbaren Viskositäten nicht-Newtonscher Fließmedien.

Das häufig verwendete Brookfield-Synchrolectric-Viskosimeter mißt mittels einer geeichten Feder das Drehmoment, das auf einen im Latex mit bestimmter konstanter Geschwindigkeit rotierenden Rotor ausgeübt wird. Der Grad der Rotorhemmung wird auf einer rotierenden Skala abgelesen. Die Ablesung ergibt nach Multiplizieren mit einem Umrechnungsfaktor, der von der Rotorgestalt und der Drehgeschwindigkeit abhängt, den Wert für die Viskosität in *cP* an. Eine Reihe austauschbarer Rührerformen und die Anwendung verschiedener Drehgeschwindigkeiten ermöglicht das Messen in einem breiten Viskositätsbereich (bis 100000 *cP*) mit beträchtlicher Genauigkeit. Die veränderten Drehgeschwindigkeiten ermöglichen das Ausüben verschiedener Scherkräfte auf die Polymerdispersionen. Hängt die Viskosität von der Schergeschwindigkeit ab (Latices höherer Viskosität), so läßt sich hiermit ein Maß für die Thixotropie erhalten, indem man fortlaufend die Viskositäten mit stufenweise zunehmenden Drehgeschwindigkeiten ermittelt. Die Werte ergeben bei graphischer Auftragung eine Hysteresisschleife, deren Fläche ein Maß für die Thixotropie bietet. Die Ablesungen werden durch Turbulenz gestört und sind vom Eintauchwinkel des Rotors abhängig. Bei einer Ausführung für extrem hochviskose Systeme wird der Rotor während der Messung durch das Fließmedium so bewegt, daß ständig neues Medium mit dem Rotor in Berührung gebracht wird. Durch apparative Änderungen [*293*] ist das Gerät auch als absolutes Rheometer geeignet.

Das Stormer-Rotationsviskosimeter [*294*] eignet sich zur Bestimmung der Viskosität (Konsistenz, Deformationswiderstand) heterogener Latexmischsysteme (z. B. Anstrichbindemittel) im Bereich 50–5000 *cP*.

Das häufig verwendete, nach dem Couette-Prinzip konstruierte Epprecht-Viskosimeter STV (STV: für strukturviskose Systeme; Epprecht-Rheomat) eignet sich bei Verwendung der zugehörigen fünf zylindrischen Meßkörper (A bis E) über einen Meßbereich von 6 bis 300000 *cP* für das Messen der absoluten Viskosität der Newtonschen Flüssigkeiten und der scheinbaren Viskosität der nicht-Newtonschen Fließmedien sowie bei Nutzung der Möglichkeit des Umschaltens auf verschiedene Geschwindigkeitsstufen für die Meßkörper auch für das Aufnehmen einfacher Fließkurven nicht-Newtonscher Systeme.

Da die Viskosität hochviskoser Polymerdispersionen z. T. durch das Agglomerieren (Strukturbildung) der Polymerteilchen verursacht ist und diese Agglomerate mit steigender Scherkraft (Transportieren, Rühren, Strömen in Leitungen, Pumpen, Kneten, Fördern durch enge Spalten u. ä.) zwar abgebaut, jedoch bei Ausschalten der Scherkräfte nach Zeit und Umfang der Agglomeration zurückgebildet werden können, und die Bestimmung der scheinbaren Viskosität mit dem Einwirken von Scherkräften verbunden ist, sind die ermittelten Werte stark abhängig von den jeweils angewendeten Bedingungen des Prüfverfahrens und dem Probenzustand: vom Gleichgewichtszustand und der Homogenität der Stoffprobe, der Art des Meßrotors, der Rotationsgeschwindigkeit, der Temperaturkonstanz und der Meßzeit. Die Angabe eines einzelnen Zahlenwertes für die Kennzeichnung nicht-Newtonscher Systeme hat selbst bei Angabe aller Bedingungen, unter denen dieser Zahlenwert ermittelt wurde, nur beschränkten Wert. Eine wissenschaftlich ausreichende Kennzeichnung der nicht-Newtonschen Fließmedien läßt sich nur aus einer Vielzahl der zu bestimmenden Fließkurven oder der ihnen zugehörigen Meßzahlenreihen ermitteln. Für die Praxis geeignete Meßzahlkennzeichnungen bedürfen für Vergleiche der Angabe streng definierter Zustandsbedingungen, unter denen die angegebenen Meßwerte bestimmt wurden [*295*]. Sie geben auch dann nur das Verhalten an einem Punkt der Fließverhaltenskurven an.

3.7 Oberflächenspannung

Die Bestimmung der Oberflächenspannung bei Polymerdispersionen kann als Maß für die Bedeckung der dispergierten Teilchen mit oberflächenaktiven Stoffen dienen. Sie wird bei der Bestimmung der Teilchengröße nach der Methode der Seifentitration angewendet. Unter den vielen Bestimmungsmethoden haben breitere Verwendung die stalagmometrische und die Du Nouy-Methode gefunden.

Stalagmometrische Methode [*296*]. Meßgerät ist das Traube-Stalagmometer, d. h. eine Kapillarauslaufpipette mit am unteren Ende angeschliffener ebener Fläche.

Meßmethode: Es wird die Tropfzahl einer genau bestimmten Dispersionsmenge, deren Volumen durch zwei am Stalagmometer angebrachte Eichmarken begrenzt ist, bei freiem Auslauf gezählt. Entsprechend der Stalagmometer-Eichung ist die Meßtemperatur 20° C.

Die temperierte Dispersion wird in das Stalagmometer eingesaugt und auf die Kapillare die mit Glasschliff versehene Bremskapillare aufgesetzt. (Vermeidung zu schnellen und ungleichmäßigen Austropfens; unterschiedliche Bremskapillaren je nach Oberflächenspannungsbereichen). Sobald der Flüssigkeitsspiegel der austropfenden Dispersion die obere Eichkurve erreicht hat, wird ein elektrisches Zählwerk eingeschaltet. Eine aus zwei Drähten bestehende und elektrisch mit dem Zählwerk verbundene Gabel wird jeweils durch den auffallenden Tropfen kurzgeschlossen und löst jeweils eine Umdrehung des Zählwerks aus. Es wird die Anzahl der Tropfen bis zum Erreichen der unteren Eichmarke bestimmt.

Auswertung: die Oberflächenspannung σ wird nach der folgenden Gleichung berechnet:

$$\sigma\,[\mathrm{dyn/cm}] = \frac{\text{Wasserwert} \times \text{Oberflächenspannung des Wassers} \times \text{Dichte der Dispersion}}{\text{Tropfzahl der Dispersionsmenge}} \tag{59}$$

Oberflächenspannung des Wassers bei 20° C, σH_2O : 72 .

Im Moment des Abreißens des Tröpfchens ist die nach oben wirkende Kraft $2r\pi\sigma$ gleich dem nach unten wirkenden Tropfengewicht. Da an der benetzten Fläche stets etwas Flüssigkeit zurückbleibt, gibt die Methode nur unter besonderen Vorsichtsmaßnahmen und nach Korrekturen genaue Resultate für Absolutbestimmungen. Sie ist jedoch im allgemeinen gut brauchbar für Relativbestimmungen. Statt der Bestimmung des Tropfengewichts ermittelt man in der Regel die Anzahl der Tropfen des abgemessenen Dispersionsvolumens. Da sich bei zwei verschiedenen Flüssigkeiten die Gewichte gleicher Volumina wie ihre Dichten (d) verhalten, gilt für Z_1 bzw. Z_2 Tropfen aus dem gleichen Volumen V:

$$2\,r\pi\sigma_1 \cdot Z_1 = V d_1 \quad \text{und} \quad 2\,r\pi\sigma_2 \cdot Z_2 = V d_2$$

$$\sigma_1/\sigma_2 = d_1 Z_2/d_2 Z_1 \quad \text{und} \quad \sigma_2 = \sigma_1 \cdot (d_2 Z_1/d_1 Z_2)\,.$$

Du Noüy-Tensiometer [*297*]. Das nach BS- und ASTM-Prüfmethoden empfohlene Gerät ist schematisch in Abb. 36 wiedergegeben.

Meßprinzip: Es wird die zusätzlich zum Gewicht des Meßringes erforderliche Kraft für das Abziehen eines kleinen metallischen Meßringes von der Oberfläche der Dispersion gemessen. Die über einen Torsionsdraht ausgeübte Kraft wird durch den Torsionswinkel des einen Drahtendes im Verhältnis zum anderen Ende gemessen.

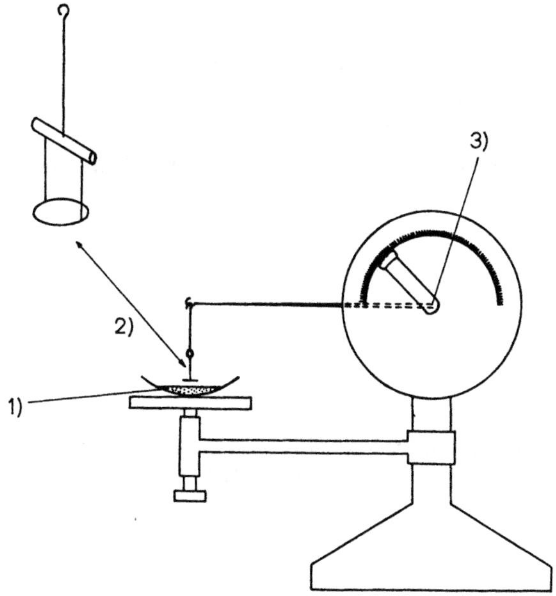

Abb. 36. Du Noüy-Tensiometer. 1. Latexprobe, 2. Meßring und Aufhängung, 3. Torsionsdraht (senkrecht zur Abbildungsebene)

Auswertung: Die Oberflächenspannung ergibt sich aus dem Skalenwert M des Tensiometers durch Multiplizieren mit N, das sich wie folgt berechnen läßt:

$$N = 0{,}7250 + \sqrt{\left(\frac{0{,}0003678 \cdot \mathrm{M}}{\mathrm{R}^2} + P\right)} \tag{60}$$

für R: Meßringradius in cm,
S: Radius des Ringdrahtes in cm,
P: Konstante ($P = 0{,}04534 - 1{,}679\ S/R$).

Für die Praxis ist das Eichen des Gerätes mit einer Reihe von Flüssigkeiten bekannter Oberflächenspannungen ratsam.

Das Messen der Oberflächenspannung bei Systemen mit oberflächenadsorbierten Filmen aus oberflächenaktiven Stoffen erfordert besondere Maßnahmen [*298*].

Ein Gerät für das Messen von Grenzflächenviskositäten ist von Ries [*299*] beschrieben. Hierbei wird ein an einem Torsionspendel befestigter Tauchkörper in Schwingungen versetzt und die Periode und Amplitude der Schwingungen bestimmt. Abb. 37 zeigt schematisch eine geeignete Ausführungsform.

Die mit diesem Gerät gemessene Größe ist das sogenannte logarithmische Dekrement

$$\lambda = \frac{1}{n - m} \ln \frac{\theta m}{\theta n} \tag{61}$$

für θ_n: Amplitude der n-ten Schwingung,
θ_m: Amplitude der m-ten Schwingung,
d. h. der Logarithmus des Verhältnisses zweier aufeinanderfolgender Amplituden.

Für eine Newtonsche Oberfläche ergibt die Neigung der Kurve logarithmische Amplitudenwerte gegen Zahl der Schwingungen das logarithmische Dekrement. Nach TSCHOEGL [300] ist die Oberflächenviskosität

$$\eta_s = 2\,H_s I_r \left[\frac{\lambda}{T} - \frac{\lambda_0}{T_0}\right] \tag{62}$$

für T: Schwingungsperiode,
I_r: Drehmoment der Trägheit des Schwingungssystems,
H_s: Apparatekonstante (λ_0 und T_0: λ- und T-Wert für die reine Grenzfläche).

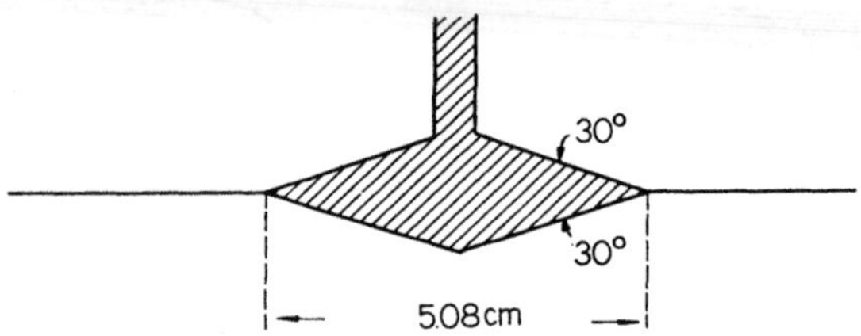

Abb. 37. Torsionskörper für das Messen der Grenzflächenviskosität nach der Schwingkörpermethode [299]

Für eine flache Scheibe oder den Doppelkegel der Abb. 37 ist die Apparatekonstante

$$H_s = \frac{1}{4\pi}\left[\frac{1}{r_1^2} - \frac{1}{r_2^2}\right] \tag{63}$$

für r_1: Radius der Scheibe,
r_2: Radius der Scheibe, welche die Dispersionsoberfläche mißt.

Da die Methode nur kleine Differenzen zwischen großen Werten mißt, mangelt es ihr an Genauigkeit.

Es muß darauf hingewiesen werden, daß die Werte für die Oberflächenspannung, besonders bei verdünnten Lösungen, sich mit der Zeit erheblich ändern.

3.8 Teilchengröße und Teilchengrößenverteilung

3.8.1 Lichtmikroskopische Methoden

Da das Auflösungsvermögen des Lichtmikroskops bei einigen Zehntel µm liegt, besitzt es für die Teilchengrößenbestimmung von synthetischen Hochpolymerdispersionen keine große Bedeutung. Lediglich zur orientierenden Voruntersuchung und Kontrolle der elektronenmikroskopischen Präparation leistet es gute Dienste.

3.8.2 Elektronenmikroskopische Methoden

Der Durchmesser synthetischer Latexteilchen liegt etwa im Bereich von 0,01 und einigen µm. Daher bedient man sich zur Ermittlung ihrer Größe gern der Elektronenmikroskopie. Diese Methode liefert unmittelbar die Teilchengrößenverteilung und hat den Vorteil, daß sich Fehler durch Agglomeration von Latexteilchen und Abweichen von der Kugelform ausschalten lassen. Folgende Faktoren aber können Schwierigkeiten bereiten:

1. Objektveränderungen bei der Präparation,
2. Objektveränderungen unter Elektronenbestrahlung,
3. die genaue Bestimmung des Abbildungsmaßstabes und dessen mangelhafte Reproduzierbarkeit.

Zur elektronenmikroskopischen Untersuchung müssen die Latexteilchen auf einen dünnen Trägerfilm aufgebracht werden. Bei „harten" Teilchen kann man im einfachsten Fall einen Tropfen der entsprechend verdünnten Dispersion mit einer feinen Pipette auf den befilmten Objektträger bringen und eintrocknen lassen. Handelt es sich jedoch um Polymerisate, deren Glastemperatur unterhalb der Raumtemperatur liegt, dann verlaufen die Teilchen beim Eintrocknen auf der Unterlage oder verschweißen bei dichterer Präparation zu einem Film, so daß eine Größenbestimmung nicht ohne weiteres möglich ist. Diese Schwierigkeiten lassen sich aber in den meisten Fällen durch spezielle Präparationsverfahren überwinden.

Auf diesem Gebiet sind in letzter Zeit wesentliche Fortschritte erzielt worden. Zuerst gelang es, Polymerisate mit additionsfähigen Doppelbindungen durch Behandlung mit Brom zu härten [*301*]. Zu den wichtigsten Vertretern dieser Art zählen die butadienhaltigen Kautschuke. Vor einigen Jahren ist erkannt worden, daß auch Osmiumtetroxid-Dampf eine Fixierung derartiger Teilchen bewirkt [*302*, *303*]. Diese Methode besitzt gegenüber der Bromierung den Vorteil, daß sie bequemer zu handhaben ist, störende Agglomerationen vermeidet und den Kontrast der Teilchen erhöht. Zur Präparation setzt man einen Tropfen der verdünnten Dispersion auf einen befilmten Objektträger und bringt ihn in ein dichtschließendes Gefäß, in dem sich eine geringe Menge einer etwa 2%ig. wässrigen Osmiumtetroxid-Lösung befindet. Nach 15—20 min sind butadienhaltige Kautschukteilchen soweit verfestigt, daß die Dispersion normal eingetrocknet werden kann. Für eine genaue Größenbestimmung ist je nach Butadiengehalt eine geringe Teilchenvergrößerung durch den Einbau von Osmiumtetroxid zu berücksichtigen.

Bei gewissen Polymerisaten kann auch durch Bestrahlung mit energiereichen Elektronen (2 MeV) eine Härtung der Latexteilchen erreicht werden [*304*], wenn als Folge der Bestrahlung bevorzugt eine Vernetzung auftritt. Häufig allerdings überwiegen dabei Abbaureaktionen, so daß die Teilchen zerstört werden. Obwohl das Verfahren auch auf nicht-butadienhaltige Polymerisate wie Polyäthylacrylat und Polyvinylacetat angewandt werden kann, ist sein Wert begrenzt infolge des hohen apparativen und zeitlichen Aufwandes und wegen zusätzlicher Störungen, die durch Zersetzung des Emulgators auftreten können, der zur Verhinderung einer Koagulation zugesetzt werden muß.

Gut bewährt hat sich dagegen die sehr universell anwendbare Gefriertrocknungsmethode [*305*]. Die verdünnte Dispersion wird auf dem Objektträger in möglichst dünner Schicht durch Abkühlung auf die Temperatur des flüssigen Stickstoffs eingefroren. Im Vakuum sublimiert man das Eis unterhalb der Glastemperatur des Polymers ab und verfestigt die Latexteilchen durch Umhüllungsbedampfung oder kurze Elektronenbestrahlung. Steht dafür keine geeignete Apparatur zur Verfügung, dann kann die gesamte Präparation mit Hilfe einer Objektkühleinrichtung auch im Elektronenmikroskop selbst durchgeführt werden [*306*]. Vielfach ist für die Fixierung der Teilchen ein Kälteschock nicht erforderlich, sondern es genügt, die Dispersion bei 0° C einzutrocknen. Erst danach wird das Präparat tief gekühlt und unter Verwendung einer Objektkühleinrichtung im Elektronenmikroskop durch Bestrahlung endgültig stabilisiert [*307*].

Weitere in der Literatur angegebene Verfahren zur Präparation filmbildender Latices, wie Einpolymerisieren einer Hartkomponente [*308*] oder Zusätze von Schwermetallsalzen (Phosphorwolframsäure, Uranylacetat u. a.) zur Unterbindung der Benetzung [*309*], besitzen heute neben der Osmiumtetroxid-Fixierung und der Gefriertrocknungsmethode nur noch geringe Bedeutung.

Zur Teilchengrößenbestimmung wird eine möglichst gleichmäßige, dichte, Verteilung einzeln liegender Latexteilchen angestrebt. Dieses Ziel erreicht man weitgehend durch eine interessante Methode [*310, 311*], die davon Gebrauch macht, daß sich Serumalbumine auf Wasseroberflächen in Form einer monomolekularen Schicht ausbreiten. Durch Spreitung einer proteinhaltigen Dispersion werden die Latexteilchen recht gleichmäßig verteilt. Ein Vorteil dabei ist weiterhin, daß alle wasserlöslichen Begleitsubstanzen aus dem Monofilm in das wässrige Substrat diffundieren und die Aufnahme nicht stören. Der Proteinfilm selbst wird wasserunlöslich und kann einfach auf die Trägerfolie übertragen werden. Vorsicht ist allerdings bei größeren Teilchen über 1 μm Durchmesser am Platze, da diese sich leicht durch Absinken aus dem Film der Beobachtung entziehen.

Über Veränderungen der Teilchengröße bei der Bestrahlung im Elektronenmikroskop ist wiederholt berichtet worden (vgl. etwa die zusammenfassende Darstellung von Bradford, Vanderhoff und Alfrey [*312*]). Soweit es sich heute übersehen läßt, dürften alle diese Störungen durch ungünstige Bestrahlungsbedingungen, weniger gut geeignete Trägerfolien und Trägernetze sowie durch Objektkontamination verursacht worden sein. In modernen Elektronenmikroskopen lassen sie sich bei entsprechender Technik vermeiden.

Ein Anwachsen der Latexteilchen durch Kontamination kann mittels einer Einrichtung für Objektsaumkühlung unterdrückt werden. Bradford und Vanderhoff [*313*] haben Edelstahl-Trägernetze empfohlen, da bei diesen keine Teilchenvergrößerung zu beobachten war. Edelstahlnetze haben aber wegen ihrer geringeren Wärmeleitfähigkeit eine höhere Objekttemperatur zur Folge. Höchstwahrscheinlich ist nämlich das Ausbleiben der Kontamination auf eine höhere Temperatur der Latexteilchen zurückzuführen, denn nach Ennos [*314*] tritt oberhalb etwa 200° C keine Kontamination mehr auf. Für diese Deutung sprechen auch die Beobachtungen der Autoren [*313*], daß Latexteilchen in der Nähe eines Netzsteges stärker anwachsen als in der Mitte einer Netzmasche und auch größere Teilchen ihren Durchmesser weniger oder gar nicht im Gegensatz zu kleinen Teilchen verändern. Objekttemperaturen von 100–200 °C können aber zu Beginn der Bestrahlung, solange noch keine hinreichende Vernetzung des Polymers eingetreten ist, ein Auseinanderfließen der Latexteilchen verursachen und einen zu großen Durchmesser vortäuschen. Durch Verkleinerung des bestrahlten Bereiches und möglichst geringe Strahlintensität läßt sich eine schädliche Temperaturerhöhung vermeiden.

Diese Maßnahmen wirken sich auch günstig hinsichtlich mitunter beobachteter Aufladungserscheinungen aus. Die früher üblichen Trägerfolien aus Kollodium besitzen nur eine geringe elektrische Leitfähigkeit, so daß sie sich unter Elektronenbeschuß aufladen können. Günstiger sind daher die von Bradley [*315*] eingeführten Objektträgerfolien aus vakuumverdampftem Kohlenstoff oder noch besser die Doppelschichtfolien (Kohlenstoff/Kollodium) nach DOWELL [316]. Diese vereinen die Vorzüge der Kohlenschicht (Stabilität, gute elektrische Leitfähigkeit) mit den vorteilhaften hydrophilen Eigenschaften der Kolloidumfolie und gewährleisten eine gleichmäßige Verteilung der Latexteilchen.

Als Testobjekte zur genauen Bestimmung des Abbildungsmaßstabes im hier interessierenden Bereich von 1000–60000 : 1 eignen sich am besten Abdrücke von optischen Metall-Beugungsgittern. Bei Verwendung eines Kreuz-Strichgitters kann man nach OSTER und SKILLMAN [317] sowie BAHR und ZEITLER [318] eine Meßgenauigkeit von ± 1% erreichen. Der Abbildungsmaßstab läßt sich routinemäßig mit einer Genauigkeit von ± 5–10% reproduzieren. Eine bessere Reproduzierbarkeit (bestenfalls ± 1,5%) ist nur bei äußerster Sorgfalt gewährleistet. Die Objektlage im Elektronenmikroskop und die Linsenströme müssen konstant gehalten oder Änderungen dieser Parameter durch empfindliche Messung erfaßt und berücksichtigt werden [319].

Ferner darf die Hochspannung über längere Zeit keine merkliche Drift aufweisen, und Hepterese-Effekte in den Eisenteilen der Linsen sollten durch geeignete Maßnahmen bei der Einstellung der Linsenströme unterdrückt werden.

Allerdings kommen so hohe Anforderungen an die Genauigkeit der Messung verhältnismäßig selten vor. Meist genügt es nach einem Vorschlag von BACKUS und WILLIAMS [320], den Abbildungsmaßstab mit Hilfe von monodispersen Polystyrol-Latexteilchen zu bestimmen, deren Größe man vorher einmal genau ermittelt hat. Derartige Eichlatices sind heutzutage mit so enger Größenverteilung zu haben, daß man nur wenige Teilchen zu vermessen braucht, um den Fehler bei der Maßstabsbestimmung unter ± 5% zu drücken. Den Eichlatex kann man auch der zu untersuchenden Kunststoffdispersion direkt zusetzen und bei den Aufnahmen mitphotographieren. Im Kühlschrank aufbewahrt, ist der Eichlatex jahrelang haltbar.

3.8.3 Seifentitration

Nach dieser Methode wird jene Menge oberflächenaktiver Substanz („Seife") bestimmt, die zur Absättigung der Oberflächen aller Polymerteilchen erforderlich ist. Sobald dieser Zustand erreicht ist, tauchen im Dispersionsmedium bei zusätzlicher Zugabe „Seifenmicellen" auf, die sich wie folgt nachweisen lassen:

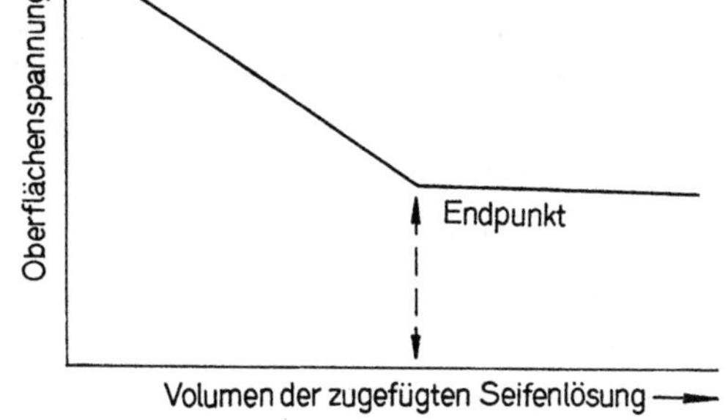

Abb. 38. Seifentitrationsmethode (Oberflächenspannung)

a) Zunächst fällt bei der Seifenzugabe die Oberflächenspannung bis zur beginnenden Micellbildung, um bei weiterer Seifenzugabe im wesentlichen konstant zu bleiben. Der Knickpunkt in der Kurve der Auftragung Oberflächenspannung in Abhängigkeit von der zugefügten Emulgatormenge (Abb. 38) gibt den Punkt beginnender Micellbildung an. Man verwendet beispielsweise für die Titration 25–50 ml Latex und 0,05- bis 0,25-normale Seifenlösungen, titriert und mißt den Abfall der Oberflächenspannung z. B. mit dem Du Noüy-Tensiometer. Zwischen jeder Seifenzugabe und Oberflächenspannungsmessung muß die Einstellung der Gleichgewichte abgewartet werden.

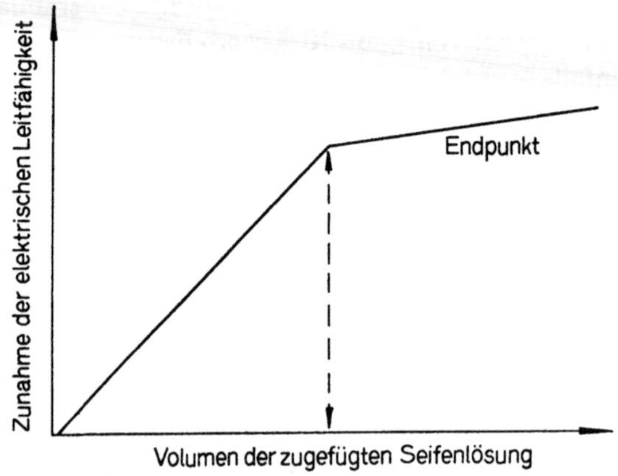

Abb. 39. Seifentitrationsmethode (elektrische Leitfähigkeit)

b) Zunächst steigt bei der Seifenzugabe die elektrische Leitfähigkeit bis zur beginnenden Micellbildung, um bei weiterer Seifenzugabe zu verflachen. Der Knickpunkt in der Kurve der Auftragung elektrische Leitfähigkeit gegen Volumen der zugefügten Seifenlösung (Abb. 39) gibt den Punkt beginnender Micellbildung an. Die Bestimmung der Änderung der elektrischen Leitfähigkeit kann nach verschiedenen Methoden erfolgen, stets soll jedoch Kohlendioxid aus der Dispersionenprobe ausgeschlossen werden, zweckmäßig durch Verwendung einer besonderen Leitfähigkeitszelle. Befriedigende Ergebnisse erhält man nur für Dispersionen bis zu 10% Feststoffgehalt, da bei höheren Feststoffgehalten die Leitfähigkeitsänderungen im allgemeinen zu klein sind für einen scharfen Knickpunkt in der Kurve.

Üblicherweise – jedoch nicht notwendigerweise – verwendet man für die Seifentitration die gleiche oberflächenaktive Substanz wie für die Herstellung der Dispersion, um die Berechnungen zu vereinfachen.

Ist die ursprüngliche Menge der Seife je Gramm Polymer bekannt, so läßt sich die Oberfläche je Gramm Polymer und damit der durchschnittliche Teilchenradius des dispergierten Polymers berechnen. Am Titrationsendpunkt ist die in der Dispersion vorhandene Gesamtmenge der Seife (S_t):

$$S_t = v_0 S_0 + v_0 S_a + c\,(V_0 + V)\ \text{Mole} \tag{64}$$

für v_0 bzw. V_0: Volumen des Polymers bzw. der wässrigen Phase in der Ausgangsdispersion,

S_0: Zahl der Gramm-Mole Seife, die je Volumeinheit des dispergierten Polymers ursprünglich adsorbiert waren,

V: Volumen einer Seifenlösung der Konzentration M Mole je Volumeinheit,

S_a: Zahl der hinzugefügten und adsorbierten Mole Seife je Volumeinheit des Polymers und

c: Kritische Micellkonzentration der Seife in der wässrigen Phase der Dispersion nach Zugabe der Seifenmenge $v_0 S_a + c(V_0 + V) = VM$.

Die Gesamtkonzentration der zugefügten Seife je Volumeinheit in der Dispersion nach der Titration ist dann

$$C = \frac{v_0 S_a + c(V_0 + V)}{v_0 + V_0 + V} = \phi S_a + c\,(1 - \phi) = \phi\,(S_a - c) + c$$

für ϕ = Volumbruchteil des Polymers in der Dispersion nach der Titration (d. h. $\phi = v_0/(v_0 + V_0 + V)$. Trägt man die Konzentration der je Volumeinheit adsorbierten oberflächenaktiven Substanz gegen den Volumenanteil des Polymers auf, so erhält man eine Gerade, die den Abschnitt c und die Neigung $(S_a - c)$ ergibt. Hieraus lassen sich c und S_a berechnen.

Für die Berechnung der Oberflächenspannung σ benötigt man noch die molekulare Adsorptionsfläche der oberflächenaktiven Substanz. Sie läßt sich aus Messungen der Grenzflächenspannung in Wasser-Hexan-(n-Dekan-)Mischungen bei verschiedenen Seifenkonzentrationen aus der Gibbsschen Adsorptions-Isotherme berechnen [*321, 322, 323*]. Tab. 44 zeigt die molekularen Adsorptionsflächen (θ) einiger oberflächenaktiver Stoffe.

Tabelle 44. *Molekulare Adsorptionsflächen* [*321*]

oberflächenaktive Substanz	molekulare Adsorptionsfläche in $(Å)^2$ je Molekül:
Natrium-myristat	34,1
Natrium-oleat	28,2
Natrium-palmitat	25,1
Natrium-stearat	23,4
Dresinat (Natriumsalz disproportionierter Abietinsäure)	43,7
Natrium-laurylsulfat	61
Triton X 200 (Rohm & Haas, USA: C_8H_{17} · 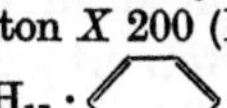 $OCH_2CH_2OCH_2CH_2SO_3Na$)	45
Triton X 405 (Rohm & Haas, USA: Octyl-phenol-oxäthylat mit 40 Äthylenoxid-Segmenten)	88,5
Lauryl-ammoniumchlorid	26

Die spezifische Oberfläche der Dispersion (A_{spez}) ist dann

$$A_{spez} = (S_0 + S_a) \cdot \theta \cdot N \times 10^{-16}$$

für N: Avogadrosche Zahl, S_0 und S_a in Gramm-Mol je cm^3 und θ in $(Å)^2$ je Molekül. Aus den spezifischen Oberflächen $(cm^2 \cdot cm^{-3})$ lassen sich die Teilchendurchmesser berechnen.

Die Seifentitration läßt sich im allgemeinen rasch und verhältnismäßig genau durchführen. Jedoch müssen hierbei Temperatureinflüsse (Adsorptionsabnahme und Zunahme der molekularen Adsorptionsfläche mit steigender Temperatur, Auftreten multipler Adsorptionsschichten bei niedrigen Temperaturen, Teilchenagglomeration) mit in Betracht gezogen werden [*324*].

3.8.4 Lichtstreuungsmethoden

Das Prinzip beruht auf der Bestimmung der Intensität des Streulichtes, das beim Passieren eines Lichtstrahls durch eine Probe der verdünnten Dispersion in einer Photometerzelle handelsüblicher Lichtstreugeräte (z. B. SOFICA) von den Polymerteilchen unter verschiedenen Einfallswinkeln gestreut wird. Die Winkelabhängigkeit der Streulichtintensität ist eine Funktion der Teilchengröße, der Wellenlänge des Lichts und des Verhältnisses der Brechungsindices der wässrigen und der dispergierten Phase.

3.8.5 Methode zur Bestimmung der minimalen Intensität

Nach der Mie'schen Lichttheorie ist die Intensität I_θ der Vertikalkomponente des unter dem Winkel θ zum Einfallswinkel gestreuten Lichtes der Einstrahlungsintensität I_0 proportional und eine Funktion von θ, μ/μ_0 und α; für μ: Brechungsindex der Teilchen, μ_0: Brechungsindex des Dispersionsmediums und α: Verhältnis des Teilchenumfangs (πx) zur Wellenlänge λ (im Dispersionsmedium bzw. $\lambda' = \lambda/\mu_0$ für die Wellenlänge im Vakuum).

Nach Lord Rayleigh und Debye ist für $\mu/\mu_0 \cong 1$ und für monochromatisches Licht die Änderung der Streulichtintensität in Abhängigkeit vom Winkel [*325*]

$$I_\theta = I_0 \left[\frac{3}{p^3}(\sin p - p\cos p)\right]^2 \tag{65}$$

für p: $(2\,\pi x n/\lambda)\,\sin 1/2\,\theta = 2\,\alpha\,\sin 1/2\,\theta$. ($n$: Brechungsindex des Suspensionsmediums).

Ist der dem beobachteten Winkel θ_1, bei dem die Streuintensität ein Minimum erreicht, zugehörige Wert p_1 bekannt, so läßt sich der Teilchendurchmesser aus $p_1 = (2\,\pi x/\lambda)\cdot\sin 1/2\,\theta_1$ oder $x = p_1\lambda/(2\,\pi\sin 1/2\,\theta_1)$ berechnen. Wegen der merklichen Konzentrationsabhängigkeit des θ_1 wird hierbei zweckmäßig linear auf die Konzentration Null extrapoliert. Die Methode liefert Gewichtsmittelwerte der Teilchengrößen; sie ist auf verhältnismäßig teilcheneinheitliche Dispersionen eingeschränkt [*326*]. Bei polydispersen Dispersionen kann sie wegen des starken Einflusses großer Teilchen zu größeren Fehlern führen. Maron und Mitarb. [*327*] haben kürzlich die Methode zu erweitern versucht, indem sie die Lagen der Maxima und Minima höherer Ordnung der Lichtstreuung für die Teilchengrößenbestimmung heranziehen. Nach Wesslau [*328*] lassen sich Streulichtmessungen an Polymerdispersionen so auswerten, daß man den log der reziproken Streuintensität bzw. $\log \frac{K\cdot c}{R_\theta}$ gegen $\sin^2\theta/2$ darstellt. Bei dieser Darstellung liefern Streufunktionen mono- und mäßig heterodisperser Dispersionen Geraden, aus deren Neigungen die Teilchengröße berechnet werden kann. Als Grundlage für die Rechnung genügt die Rayleigh-Gans-Debye-Theorie. Die Anwendbarkeitsgrenze ergab sich experimentell für Polystyrol bei 400 mμ und für Polyacrylate bei

800 mμ. Durch Messen der Absolutstreuung erhält man bei uneinheitlichen Dispersionen das Gewichtsmittel der Teilchenmasse, das sich in das Gewichtsmittel der Teilchengröße umrechnen läßt, wenn die Teilchendichte bekannt ist.

3.8.6 Methode zur Bestimmung des Tyndall-Spektrums zweiter Ordnung

Fällt „weißes" Licht auf größere kugelförmige Teilchen, so treten unter verschiedenen Winkeln zum einfallenden Lichtstrahl lebhafte Farben, die sog. Tyndall-Spektren zweiter Ordnung, auf. Ihre Ursache entspringt der Winkelveränderlichkeit der Streulichtintensität mit der Wellenlänge. Nach dieser Methode wird die Winkeländerung des Verhältnisses rotes Streulicht (Rot-Maxima) zu grünem Streulicht (Grün-Minima) unter Ausschaltung der Rot- und Grünstrahlungen durch Filter und Einschränkung der Messung auf die Erfassung der vertikal polarisierten Komponenten bestimmt. Empirisch gelten die Beziehungen

x: $\sin 1/2\, r_1 = R_1$ und $x \cdot \sin 1/2\, g_1 = G_1$ für

x: Teilchendurchmesser,

r_1 bzw. g_1: die Winkellagen für das erste Rotmaximum bzw. das erste Grün-Minimum, R_1 bzw. G_1: vom Teilchendurchmesser x unabhängige Konstanten.

Die Methode ist geeignet für die Bestimmung der mittleren Teilchendurchmesser von 0,25–3,5 μ [*327*], wenn die Dispersionen wegen der Lageabhängigkeit von der optischen Dichte jeweils auf eine bestimmte optische Dichte eingestellt werden.

3.8.7 Methode zur Bestimmung der Trübung (turbidometrische Methode)

Bei dieser Methode wird der von der Teilchenzahl und den Teilchendurchmessern abhängige und von der Dispersion durchgelassene Teil der eingestrahlten Lichtintensität bestimmt. Bei Definition der Trübung τ als

$$\tau = \frac{1}{l} \cdot \log (I_0/I) \qquad (66)$$

für I_0 bzw. I: einfallende bzw. durchgelassene Lichtintensität

l: Schichtdicke.

besteht zu den Kenngrößen der Dispersionen die Beziehung [*330*]:

$$\tau = 1/4\pi\, \Sigma\, x_i^2 N_i f(x_i, \lambda, \mu/\mu_0) \qquad (67)$$

für x_i: Teilchendurchmesser,

N_i: Zahl der Teilchen des Durchmesser x_i je Volumeneinheit,

λ: auf das Vakuum reduzierte (vgl. 3.1.8.3.1.) Wellenlänge des einfallenden Lichtes,

u bzw. μ_0: Brechungsindex der dispergierten Teilchen bzw. des Dispersionsmediums.

Nach der HOTS-Methode wird der Teilchendurchmesser aus dem Maximum des Verhältnisses Irot/Igrün oder dem Minimum Irot/Igrün errechnet. Nach Tabellenwerten für die Funktion f lassen sich die mittleren Teilchendurchmesser aus Trübungsmessungen berechnen [*331*]. Bei Messungen an Dispersionen der Konzentration 10^{-5} g je ml ($\lambda = 6000-11000$ Å) wurde eine Konzentrationsabhängigkeit für τ nicht beobachtet.

Für routinemäßig durchzuführende Relativbestimmungen an Dispersionen gleicher Stoffzusammensetzung nach gleichen Herstellungsbedingungen hat sich die Bestimmung des sogenennten LD-Wertes (Lichtdurchlässigkeitswert in Prozent des eingestrahlten „weißen" Lichtes) für Betriebs-Kontrollzwecke bewährt [*332*].

Meßmethode: Das Photometer wird zunächst mit destilliertem Wasser geeicht, indem man die mit destilliertem Wasser gefüllte Küvette in den Strahlengang bringt und mit der Feinregulierung genau auf den Skalenhöchstwert 100%ig Lichtdurchlässigkeit einstellt. Nach mehrmaligem Spülen der Küvette mit der zu messenden Dispersion vor dem Einfüllen der zu messenden 0,01-gewichtsprozentigen Dispersion liest man nach Einsetzen der mit der zu prüfenden Probe gefüllten Küvette in das Gerät den Zeigerausschlag ab. Hierbei ist darauf zu achten, daß die Küvette frei von Fingerabdrücken oder anhaftenden Flüssigkeitstropfen bleibt, da diese das Meßergebnis beeinträchtigen.

Auswertung: Der LD-Wert wird in Prozent der eingestrahlten Lichtintensität angegeben.

3.8.8 Sedimentationsbestimmungen in der Ultrazentrifuge

Bei dieser Methode wird die Abnahme des Gewichtsteils des dispergierten Polymers an einer bestimmten Stelle innerhalb des Zentrifugenrohres in Abhängigkeit von der Winkelgeschwindigkeit und von der Zeit bestimmt. Nach dem Stokes-Gesetz ist das Teilchen mit dem größten Durchmesser in einer Probe im Abstand R von der Drehachse

$$x_r = \sqrt{\frac{18\,\eta \log r_0/r}{(\sigma - \varrho)\,\omega^2 t}} \tag{68}$$

für η: Viskosität des Dispersionsmediums,
r: Abstand des Probenahmepunktes von der Drehachse,
r_0: maximaler Abstand zwischen Dispersionenprobe und Drehachse,
σ: Dichte des Dispersionsmediums,
ϱ: Dichte der dispergierten Teilchen,
ω: Winkelgeschwindigkeit,
t: Zeit.

Die Dichten müssen sehr genau gemessen werden. Der Gesamtfeststoffgehalt einer im Niveau r entnommenen Probe ist der Gewichtsteil aller Teilchen der Größen x_r und kleiner. Durch fortschreitende Probenentnahmen, die veränderten Werten für r bei konstanten ω und t oder für t bei konstanten ω und r entsprechen, lassen sich Häufigkeitsverteilungskurven aufstellen, aus denen sich Einzelverteilungskurven herleiten lassen, die eine Berechnung der Volum- bzw. Gewichtsmittel der Teilchendurchmesser erlauben.

Meßmethode (vgl. [*333*]): Die Dispersion wird auf 2–3 Gewichtsprozent verdünnt und der Feststoffgehalt c_0 genauestens gravimetrisch bestimmt. Die Probe wird dann unter Einhaltung einer konstanten Temperatur (Abweichung nicht größer als $\pm 2°$ C) bei konstantem ω zentrifugiert (z. B. 2700 Umdrehungen je

Minute, entsprechend $\omega^2 r = 1510$ g). Vielfach erweist es sich für die Einstellung ebener Oberflächen als zweckmäßig, eine geringe Menge Quecksilber in den unteren Teil des Zentrifugenrohres einzubringen. Nach bestimmten Zentrifugierzeiten wird mittels einer Injektionsspritze aus festgelegtem Niveau oberhalb der Quecksilberoberfläche eine 1 ml-Probe entnommen. Die prozentuale Abnahme des Gesamtfeststoffgehaltes wird (nach Korrektur in Berücksichtigung der nichtsedimentierten nicht-polymeren Hilfsstoffe im Dispersionsmedium) dem Volum- bzw. Gewichtsteil der Teilchen mit einem Durchmesser größer x_r gleichgesetzt. Werden die Messungen mit verschiedenen Zeitintervallen und Drehgeschwindigkeiten wiederholt, so gibt das Verhältnis c_ω/c_0 den Gewichtsteil der Teilchen mit dem Durchmesser r_c oder kleiner an. Durch Häufigkeitsauftragung von c_ω/c_0 gegen x_r lassen sich die Gewichtsanteile der Teilchen zwischen gegebenen Durchmessergrenzen und das Gewichtsmittel der Radien berechnen. Genaue Werte für die Zahlenmittel der Radien lassen sich nach dieser Methode nicht erzielen.

3.8.9 Methode des fraktionierten Aufrahmens

Die Methode gründet auf der Feststellung [*334*], daß sich die Größe der größten Teilchen in den Aufrahmungsphasen aus Dispersionen mit steigenden Mengen Aufrahmungsmittel gesetzmäßig vermindert. Aus der elektronenmikroskopischen Bestimmung der maximalen Teilchengrößen in den Aufrahmungsphasen einer Reihe verschiedener Dispersionen darf gefolgert werden, daß die für ein gegebenes Aufrahmungsmittel erhaltene Kurve allgemein anwendbar ist.

Meßmethode [*334*]: Die Dispersion wird mit Seife stabilisiert, dann auf 10 Gewichtsprozent Feststoffgehalt verdünnt, danach mit steigenden Mengen eines Aufrahmungsmittels (z. B. Natrium-Alginat) in einer Reihe der Proben der verdünnten Dispersion versetzt und jede Probe dann auf 2,5-Gewichtsprozent Feststoffgehalt eingestellt. Nach sorgfältigem Durchmischen läßt man die Proben bei Raumtemperatur in Trennzylindern während 24—48 Std aufrahmen. Danach wird in den Aufrahmungsschichten der Polymerfeststoff bestimmt. Die Differenz zwischen diesem und dem ursprünglichen Feststoffgehalt wird dem Gewichtsteil des mit Teilchengrößen unterhalb einer kritischen Teilchengröße vorhandenen Polymers gleichgesetzt. Diese kritische Teilchengröße ist durch das verwendete Aufrahmungsmittel festgelegt. Aus den Häufigkeitsverteilungskurven läßt sich das Volum- bzw. Gewichtsmittel der Teilchendurchmesser berechnen, wenn eine Korrektur in Berücksichtigung des Gewichtsteils der nichtaufrahmenden gelösten Stoffe angebracht wird.

Der Gewichtsteil M_a der Teilchen unterhalb des kritischen Teilchendurchmessers in Abhängigkeit von der Alginat-Konzentration läßt sich wie folgt berechnen:

$$M_a = \frac{c(1 - c_0)}{c_0(1 - c)} \tag{69}$$

für c bzw. c_0: Feststoffgehalt der Aufrahmungsphase bzw. der Ausgangsdispersion.

Aus elektronenmikroskopischen Messungen läßt sich eine Eichkurve über die Beziehung zwischen Größe der aufgerahmten Teilchen und der zugehörigen Alginat-Konzentration aufstellen. Als Näherungsgleichung für diese Beziehung wurde ermittelt:

$$d = 223 + (111{,}7/c_a) \qquad (70)$$

für d: Teilchendurchmesser in Å,
c_a: gewichtsprozentuale Alginat-Konzentration.

Die Teilchengrößenverteilung läßt sich in einem Diagramm M_a-Werte gegen d-Werte wiedergeben.

3.9 Methoden zum Erkennen der OW- bzw. WO-Dispersionen

Neben den beiden Grundtypen erster Ordnung sind auch Dispersionen höherer Ordnung bekannt, bei denen die dispergierte Substanz selbst schon eine Emulsion

Tabelle 45. *Unterschiede zwischen OW- und WO-Systemen*

	Bestimmungsmethode	OW-Systeme	WO-Systeme
1	Indikator- oder Anfärbbarkeitsmethode		
1a	Methylenblau oder Brillantblau FCF (wasserlöslich)	Blaufärbung der Dispersion	
1b	Sudan-Rot oder Öl-Rot XO (öllöslich) (Methode 1a ist recht brauchbar für das Erkennen der OW-Systeme)		Rotfärbung der Emulsion
2	Phasenverdünnungsmethode		
2a	Wasser als Verdünnungsmittel	leicht verdünnbar	
2b	Öl als Verdünnungsmittel (zweckmäßig unter einem Mikroskop geringen Auflösungsvermögens)		leicht verdünnbar
3	Filterpapier-Benetzungstest (vorteilhaft nach vorhergehendem Anfärben wie unter 1, beschrieben)	sofort breiter feuchter Rand um aufgebrachten Tropfen der Probe	kein oder nur schmaler Rand um aufgebrachten Tropfen der Probe
4	Kobaltchloridprobe auf trocknem mit Kobaltchlorid gefärbtem Filterpapier	Aufhellung und Farbtonumschlag von Blau nach Rosa	nur geringfügige Veränderungen im Blauton
5	elektrische Leitfähigkeitsprüfung für elektrolytfreie Systeme	gute elektrische Leitfähigkeit	sehr hoher elektrischer Widerstand
6	Fluoreszenzprüfung bei UV-Bestrahlung im UV-Mikroskop	nur wenige Fluoreszenz-Flecke im Beobachtungsfeld	Fluoreszenz des ganzen Beobachtungsfeldes

oder Dispersion ist, so kann z. B. eine WO-Emulsion wieder in Wasser verteilt sein (Sekundär-Emulsion oder (WO)W-Emulsion) oder es kann eine Tertiär-Emulsion des Typs (WO/W)O vorliegen.

Eine eindeutige Bestimmung des Dispersionentyps ist nicht immer möglich, häufig muß man die nach verschiedenen Methoden erhaltenen Ergebnisse für die Beurteilung heranziehen. Für die Praxis geeignete, schnelle und einfache Handhabung bzw. Beurteilung gestattende Methoden sind in Tab. 45 zusammengestellt.

3.10 Zeta-Potential (vgl. 1.3.5.8)

Die Stabilität der Polymerdispersionen ist unter anderem eine Funktion der elektrischen Erscheinungen an den Phasengrenzflächen des Dispersionssystems. Die technisch fast ausschließlich verwendeten Polymerdispersionen sind anionaktiv. Die dispergierten Polymerteilchen tragen negative Ladungen, d. h. ihr Zeta-Potential ist negativ. Die selten verwendeten kationischen Dispersionen haben ein positives Zeta-Potential. Eine unmittelbare Messung der Ladungsverhältnisse auf der Oberfläche der kolloiddispergierten Polymerteilchen ist bisher nicht möglich. Meßtechnisch möglich ist dagegen die Messung der Geschwindigkeit der elektrophoretischen Wanderung, z. B. im Zytopherometer (Zeiss) [*335*], d. h. in einer Glasapparatur mit Glasschliffansätzen für die Kupfer/Kupfersulfat-Elektroden, deren horizontaler Mittelteil aus zwei übereinanderliegenden Mikroskopdeckblättchen besteht und auf dem Objekttisch eines Mikroskopes befestigt ist. Für die quantitative Auswertung der in der Abramson-Zelle direkt beobachtbaren Teilchenbewegung werden bestimmt:

a) die Wanderungsgeschwindigkeit (Zeit für vorgegebene Strecke) mit einem Okular-Mikrometer durch Mitteln mehrerer Meßwerte nach Umpolen und damit Umkehren der Bewegungsrichtung und

b) die Feldstärke aus der zu messenden Leitfähigkeit und der Stromstärke.

Infolge elektro-osmotischer Strömungen in der Gesamtflüssigkeit wandern die Teilchen in verschiedenen Schichten verschieden schnell und scheinbar in verschiedenen Richtungen. Wegen der positiven Aufladung der Flüssigkeit an den Polymerteilchen und an der Glaswand bewegt sich die der Glaswand benachbarte Schicht zum negativen Pol. Sie nimmt hierbei die gesamte Flüssigkeit mit, wobei in der Mitte der Zelle ein Rückströmen eintritt. Diese schichtenabhängige Strömungsgeschwindigkeit ist der Teilchenwanderungsgeschwindigkeit überlagert. Da die Geschwindigkeiten klein sind, eine Turbulenz in der Flüssigkeit praktisch nicht auftritt und damit das Strömungsprofil berechenbar ist, läßt sich auch jene Ebene errechnen, in der sich Hin- und Rückströmung kompensieren und die in ihr gemessenen Wanderungsgeschwindigkeiten der Teilchen ohne Verfälschung durch elektro-osmotische Strömungen angibt. In der Praxis werden die in verschiedenen Schichten gemessenen Teilchengeschwindigkeiten graphisch gemittelt und hierdurch die wahren Geschwindigkeiten (μ/sec · Volt · cm) bestimmt. Nach Messungen von Schuller [*336*] nimmt die elektrophoretische Beweglichkeit der dispergierten Polymerteilchen mit steigender Emulgiermittelkonzentration zu und bleibt nach Überschreiten der kritischen Micellkonzentration konstant, da die Adsorption der Emulgiermittelmoleküle an den Polymerteilchen mit der Konzentration zunimmt. Wegen der vollständigen Dissoziierung der Emulgiermittelionen unter den im Dispersionssystem vorliegenden Verhältnissen bringt jedes Ion $4{,}80 \cdot 10^{-10}$ es E auf das Polymerteilchen, steigert dadurch dessen Gesamtladung und damit seine Wanderungsgeschwindigkeit, bis diese mit Erreichen der kritischen Micellkonzentration durch Sättigung der Teilchenoberfläche mit Emulgiermittel konstant wird. Bei Anlegen eines Feldes wandert das von einer Emulgiermittelmolekülschicht umgebene Polymerteilchen zur Anode, die Gegenionenschicht zur Kathode. Nach Schuller [*336*] strebt die Doppelschicht nach Wiederherstellung ihrer ursprünglichen Anordnung durch elektrische Leitfähigkeits- und Diffusionsvorgänge.

Wegen der hierfür erforderlichen Relaxationszeit wird der Außenteil der Doppelschicht etwas hinter den Teilchen hergeschleppt (Schleppeffekt), damit ein dem äußeren Feld entgegengesetztes inneres Feld erzeugt und so die Wanderungsgeschwindigkeit vermindert. Der Schleppeffekt wächst mit steigender Entfernung der Doppelschicht-Ionen von der Teilchenoberfläche. Da nach der Theorie der starken Elektrolyte die Doppelschicht-Dicke umgekehrt proportional der Wurzel aus der Ionenstärke ist, wird die Doppelschicht-Dicke mit steigender Salzkonzentration und damit die Bremswirkung des Schleppeffektes kleiner bzw. die Teilchenwanderungsgeschwindigkeit größer. Für die Erklärung der Geschwindigkeitsabnahme bei hohen Salzkonzentrationen wird vielfach das – in seiner Definition umstrittene – Zeta-Potential herangezogen, d. h. der Potentialabfall in jenem Teil einer elektrochemischen Doppelschicht, der durch die Teilchenbewegung im elektrischen Feld abgestreift wird und nicht notwendig den gesamten diffusen Anteil betreffen muß, da ein Teil der Gegenionen nach STERN fest adsorbiert und einer Wärmebewegung entzogen sein kann. In diesem Teil ändert sich das elektrische Grenzflächenpotential vom ursprünglichen Wert ψ_0 zu ψ_δ (Potentialabfall außerhalb der Stern-Schicht). Da auch ein (kleiner) Teil der Gegenionen-Schicht durch Scherkräfte abgetrennt werden kann, ist das Zeta-Potential (etwas) kleiner als ψ_δ anzunehmen und nur bei sehr kleinen Ionenstärken angenähert $\psi_0 = \psi_\delta =$ Zeta-Potential zu setzen.

Das Zeta-Potential läßt sich aus der elektrophoretischen Wanderungsgeschwindigkeit (u) berechnen nach den Formeln von

DEBYE-HÜCKEL $u = \frac{\varepsilon \cdot \zeta}{6\pi\eta} \cdot E$ (vgl. (19) in 1.3.5.8) bzw.

SMOLUCHOWSKI $u = \frac{\varepsilon \cdot \zeta}{4\pi\eta} \cdot E$ (vgl. (18) in 1.3.5.8).

Die durch den Faktor 1.5 unterschiedenen Formeln sind Grenzformeln für die Grenzfälle:

a) entsprechend (19): wanderndes Ion in einem homogenen elektrischen Feld und

b) entsprechend (18) wanderndes nichtleitendes Kolloidteilchen unter Berücksichtigung der Deformation des äußeren elektrischen Feldes, d. h. für sehr kleine Teilchen werden die Verhältnisse durch (19), für verhältnismäßig große Teilchen durch (18) beschrieben. Korrekturen sind ferner erforderlich *[336]* für die in den Formeln (18) und (19) gewöhnlich mit den für reines Wasser ermittelten Werten eingesetzte Dielektrizitätskonstante (ε) und Viskosität (η). Die Dielektrizitätskonstante ist im Bereich hoher, in der Umgebung geladener Teilchen herrschender elektrischer Ladung kleiner und die Viskosität höher als im reinen Wasser. Nach OVERBEEK *[337]* führt die Änderung der Dielektrizitätskonstanten nur in Grenzfällen zu einer Änderung des Zeta-Potentials um mehr als 5%, während die Viskositätszunahme in der Teilchenumgebung bei kleinen Potentialen und gleichzeitig hohen Elektrolytkonzentrationen sehr beträchtliche Formelkorrekturen erfordern kann.

Für die Berechnung der Teilchenladung bzw. der Flächenladungsdichte und des Adsorptionspotentials aus experimentellen Untersuchungen nach der Theorie von Stern und Langmuir [52] nimmt Schuller [336] an, daß die fest-adsorbierte Schicht aus Emulgiermittelmolekülen und die diffus-adsorbierte Schicht nur aus Gegenionen besteht, d. h.

$$\delta_2 = -\delta_1 \tag{71}$$

für δ_2: Ladung der Gegenionenschicht (es E),
δ_1: Ladung der Sternschicht (es E).

Dann gilt für 1-1-wertige Elektrolyte [336]:

$$\delta_1 = N_1 e_0 \Big/ \left(1 + \frac{N_L}{M \cdot n}\right) \cdot e^{\frac{-e\psi_0 + \varphi}{k \cdot T}} \tag{72}$$

für e_0: Elementarladung ($4{,}80 \cdot 10^{-10}$ es E),
N_L: Loschmidt-Zahl,
n: Zahl der Gegenionen je cm^3,
ψ_0: elektrisches Grenzflächenpotential (mV bzw. es E),
φ: Adsorptionspotential (kcal/mol),
k: Boltzmann-Konstante ($1.38 \cdot 10^{-16}$ erg/grad · mol),
T: absolute Temperatur (°Kelvin),
N_1: Zahl der Adsorptionsstellen je cm^2

und

$$\delta_2 = \int_{\delta}^{\infty} \varrho \, dx = \left(\frac{2\varepsilon k T N_L}{10^3 \pi}\right)^{1/2} \cdot J^{1/2} \cdot \sinh \frac{e_0 \cdot \psi_\delta}{2kT} \tag{73}$$

für ϱ: Dichte,
ε: Dielektrizitätskonstante der Dispersionsphase,
J: Ionenstärke,
ψ_δ: Potentialabfall außerhalb der Stern-Schicht (mV bzw. es E) und folglich:

$$N_1 e_0 \Big/ \left(1 + \frac{N_L}{M_n}\right) \cdot \left(e^{\frac{-e\psi_0 + \varphi}{kT}}\right) = \left(\frac{2\varepsilon k T N_L}{10^3}\right)^{1/2} \cdot J^{1/2} \cdot \sinh \frac{e_0 \psi_0}{2kT}. \tag{74}$$

Wählt man für die Auswertung der Messungen an einer monodispersen Polystyroldispersion der Teilchengröße 8770 Å (hochgereinigtes Natrium-Dodecylsulfonat als Emulgiermittel) jene Meßwerte aus, für die ψ_0 = Zeta gesetzt werden darf, so bleiben nur N_1 (die Zahl der Adsorptionsstellen je cm^2 Oberfläche) und φ (das Adsorptionpotentials in kcal/mol) unbekannt. Für die Bestimmung von N_1 verwendete Schuller [336] einerseits die Werte aus der Seifentitration der Latices und ersetzte andererseits – um den unmittelbaren Vergleich mit elektrokinetischen Daten herzustellen – die Polymerteilchen (Polystyrol) durch Äthylbenzol-Tröpfchen. Hierbei wurde festgestellt, daß die Wanderungsgeschwindigkeit der Äthylbenzol-Tröpfchen im Bereich der Meßgenauigkeit mit jener der Polymerteilchen übereinstimmt. Mit Hilfe der Gibbs-Gleichung

$$T = \frac{1}{RT} \left(\frac{\partial \gamma}{\partial \ln c}\right) \tag{75}$$

für n: $(e^{7/2} - 1)/(e^{7/2} + 1)$ und
c: Konzentration in mol/Liter

wurde durch Messen der Grenzflächenspannung als Funktion der Emulgiermittelkonzentration beim System Emulgiermittel-Lösung + Äthylbenzol (64) die Zahl (N_1) der adsorbierten Emulgiermittelmoleküle je cm^2 der Grenzfläche zu $2{,}4 \times 10^{14}$ bestimmt. Durch Einsetzen des Wertes für N_1 in Gleichung (74) wurde $\varphi = 8{,}4$ kcal/mol für die untersättigte Emulgiermittel-Polymerdispersion berechnet.

Die mechanische Stabilität der Polymerdispersionen ist u. a. von der Wanderungsgeschwindigkeit der Teilchen und damit von der Teilchenladung und der Ionenverteilung in der Doppelschicht abhängig. Die Berechnung der Abstoßungspotentiale für alle Teilchenabstände aus den Meßergebnissen [*336*] nach der Theorie von Overbeek [*337*] ergab für einen Teilchenabstand von 30 Å (d. h. für flache Doppelschichten), daß das Abstoßungspotential mit steigender Elektrolytkonzentration ein Maximum durchläuft und bei höheren Werten steil abfällt, d. h. daß die Dispersion bei dieser Konzentration koaguliert.

Literatur

1. *Fa. Bayer & Co.:* DRP 254672 (1912), 155129 (1912).
2. HOLT, A., u. G. STEIMMIG: DRP 287787, 281966 (Fa. BASF); — HOLT, A.: Chemiker-Ztg. **40**, 188 (1914); — STEIMMIG, G.: Ber. **47**, 350 (1914); — STAUDINGER, H.: Ber. **53**, 1073 (1920).
3. STAUDINGER, H.: Die hochmolekularen Verbindungen Kautschuk und Cellulose. Berlin: Springer 1932; — Organische Kolloidchemie, Braunschweig: Vieweg 1950.
4. CAROTHERS, H. W.: J. Am. Chem. Soc. **51**, 2548 (1929); — Collected papers of CAROTHERS, H. W. on: High polymeric substances. New York: Interscience Publ. 1940.
5. BOCK, W., u. E. TSCHUNKUR: DPR 511145 (1927), I. G. Farbenindustrie AG; — LUTHER, M., u. C. HEUCK: DRP 558980 (1927), I. G. Farbenindustrie AG.
6. TSCHUNKUR, E., u. W. BOCK: DRP 570980 (1929); DRP 588785 (1929). IG-Farbenindustrie AG; — KONRAD, E., u. E. TSCHUNKUR: DRP 658172 IG-Farbenindustrie.
7. KONRAD, E., u. W. BOCK: DPR 667163 IG-Farbenindustrie AG.
8. —, u. W. BECKER: Naturforschung und Medizin in Deutschland 1939—1946 (Für Deutschland bestimmte Ausgabe der F. I. A. T. Review of German Science, Bd. 38, Teil III, S. 215—273. Weinheim/Bergstr.: Verlag Chemie 1953.)
9. KERN, W.: Naturforschung und Medizin in Deutschland, l. c. [9], Bd. 38, Teil III, S. 175—213. Weinheim/Bergstr.: Verlag Chemie 1953.
10. FIKENTSCHER, H.: Kunststoffe **53**, 734 (1963).
11. STARKWEATHER, H. W., P. O. BARE, A. S. CARTER, F. B. HILL JR., V. R. HURKA, C. J. MIGHTON, P. A. SANDERS, H. W. WALKER, and M. A. YOUKER: Ind. Eng. Chem. **39**, 210 (1947).
12. SUTHEIM, G. M.: In: MATIELLO, J. J.: Protective and decorative coatings. New York: John Wiley & Sons 1944.
13. BACKUS, R. C., and R. C. WILLIAMS: J. Appl. Phys. **19**, 1186 (1948); — LUCK, W., M. KLIER u. H. WESSLAU: Ber. Bunsen-Ges. **67**, 75, 84 (1963); — Naturwissenschaften **50**, 485 (1962).
14. ALFREY, T., JR., E. B. BRADFORD, and J. W. VANDERHOFF: J. Opt. Soc. Am. **44**, 603 (1954).
15. STUART, H. A.: Die Physik der Hochpolymeren, Bd. 2, S. 369. Berlin-Göttingen-Heidelberg: Springer 1953; — DAVIES, C. N.: Nature **195**, 768 (1962).
16. GRIFFIN, W. C.: In: KIRK-OTHMER: Encyclopedia of chemical technology, Vol. 5, p. 695. New York: Interscience Encyclopedia 1950.
17. MIE, G.: Ann. Physik **25**, 377 (1908).
18. TABIBIAN, R. M., W. HELLER, and J. N. EPEL: J. Colloid Sci. **11**, 195 (1956).
19. GRETH, G. G., and J. E. WILSON: J. Appl. Polymer Sci. **5**, 135 (1961).
20. SWALLOW, J. C.: Proc. Roy. Soc. (London) Ser. A **238**, 1 (1956).
21. ZWICKER, B. M. G.: Ind. Eng. Chem. **44**, 774 (1952).
22. PETERLIN, A.: In: STUART, H. A.: Die Physik der Hochpoylmeren, Bd. 2, S. 280. Berlin-Göttingen-Heidelberg: Springer 1953. — PETER, S.: Z. Angew. Chem. **75**, 194 (1963); — PHILIPPOFF, W.: Viscosität der Kolloide. Dresden-Leipzig: Steinkopff 1942.
23. DANES, W. Z.: Kolloid-Z. **87**, 43 (1939); — PETER, S., u. H. PETERS: Z. Physik. Chem. N. F. **3**, 103 (1955); — PETER, S.: Chem.-Ing.-Tech. **32**, 437 (1960); — BRODKEY, R. S.: Ind. Eng. Chem. **54**, 44 (1962).
24. PETERFI, T.: Arch. Entwicklungsmech. Organ. **112**, 689 (1927).
25. FREUNDLICH, H.: Tixotropy. Actualitèes scientifiques et industrielles Nr. 267 (Paris 1935).
26. BRAUNE, H., u. J. RICHTER: Kolloid-Z. **113**, 20 (1949).
27. GOODEVE, C. H.: Trans. Faraday Soc. **35**, 342 (1939); — HERMANNS, J. J.: Kolloid-Z. **106**, 95 (1944).

28. PETER, S.: Kolloid-Z. **114**, 44 (1949); — EINSTEIN, A.: Ann. Phys. **19**, 289 (1906); **34**, 591 (1911).
29. SHERMAN, P.: Research (London) **8**, 396 (1955).
30. MARON, S. H., and SHIU MING FOK: J. Colloid Sci. **10**, 482 (1955).
31. PÖGE, W.: Plaste u. Kautschuk **9**, 619 (1962).
32. REINER, M.: Deformation and flow, p. 56. London: H. K. Lewis 1949.
33. OLIVER, D. R., and S. G. WARD: Nature **171**, 396 (1953).
34. RICHARDSON, E. G.: Kolloid-Z. **65**, 32 (1933).
35. MOONEY, M.: Colloid Sci. **6**, 162 (1951).
36. MARON, S. H., and B. P. MADOW: J. Colloid Sci. **6**, 590 (1951); **8**, 130 (1953).
37. MARDLES, E. W. J., u. A. DE WAELE: J. Colloid Sci. **6**, 42 (1949).
38. OLDROYD, J. G.: Proc. Roy. Soc. (London) A **218**, 122 (1953).
39. CRIDDLE, D. W., and A. L. MEADER JR.: J. Appl. Phys. **26**, 838 (1955).
40. MARON, S. H., and B. P. MADOW: J. Colloid Sci. **8**, 300 (1953).
41. JOHNSON, P. H., and R. H. KELSEY: Rubber Wld. **138**, 877 (1958).
42. WARD, S. G., and R. L. WHITMORE: Brit. J. Appl. Phys. **1**, 286 (1950).
43. ROSCOE, R.: Brit. J. Appl. Phys. **3**, 267 (1952).
44. SHERMAN, P.:Proc. Intern. Congr. Surface Activity, 3. Tagung Köln, Bd. 2, 596 (1950).
45. EVENSON, G. F.: In: MILL, C. C.: Rheology of disperse systems, pp. 61—83. New York: Pergamon Press 1959.
46. LAWRENCE, A. S. C., and E. ROTHWELL: Proc. Intern. Congr. Surface Activity, 2. Tagung, London, Bd. 1, 464 (1957).
47. GILLESPIE, T.: J. Colloid Sci. **18**, 32 (1963).
48. JÄCKEL, E.: Badische Anilin- & Soda-Fabrik AG, unveröff.
49. GOUY, G.: J. Phys. Chem. **4**, 9 (1910); — Ann. Physik **7**, 129 (1917).
50. CHAPMAN, D. L.: Phil. Mag. (6) **25**, 475 (1913).
51. VAN DER WAARDEN, M.: J. Colloid Sci. **9**, 215 (1954).
52. STERN, O.: Z. Elektrochem. **30**, 508 (1924); — LANGMUIR, I.: J. Am. Chem. Soc. **39**, 1848 (1917).
53. SCHMUT, R.: Ind. Eng. Chem. **56**, 28 (1964); — PRIESING, C. P.: Ind. Eng. Chem. **54**, 41 (1962).
54. DUNKEL, M.: Z. Physik. Chemie A **138**, 42 (1928); — DUNKEL, M., u. K. L. WOLF: In: MÜLLER-POUILLET: Lehrbuch der Physik, Bd. **4**, Teil **3**, S. 579. Braunschweig: Vieweg & Sohn AG 1933.
55. MARK, H., W. O. BAKER, and C. S. FULLER: In: TWISS, S. B.: Advancing fronts in chemistry, Vol. 1, p. 12. New York: Reinhold Publ. Corp. 1945.
56. HARWOOD, H. J.: Angew. Chem. **77**, 1124 (1965).
57. SCHILDKNECHT, C. E.: Chem. Eng. News **29**, 1390 (1951).
58. MARX-FIGINI, M.: Makromol. Chem. **68**, 227 (1963); **80**, 235 (1964); — SCHULZ, G. V.: Angew. Chem. **77**, 181 (1965).
59. NATTA, G.: J. Polymer Sci. **16**, 143 (1955); — ROHA, M.: Fortschr. Hochpolymer.-Forsch. **1**, 524 (1960).
60. JENCKEL, E.: In: STUART, H. A.: Die Physik der Hochpolymeren, Bd. **3**, S. 620. Berlin-Göttingen-Heidelberg: Springer 1956; — KAUZMANN, W.: Chem. Rev. **43**, 219 (1948); — BEKKELDAHL, N.: J. Res. Natl. Bur. Std. **43**, 145 (1949); — SCHMIEDER, K., u. K. WOLF: Kolloid-Z. **134**, 149 (1953); — LOSHAEK, S.: J. Polymer Sci. **15**, 391 (1955); — HELLER, J., and D. D. LYMAN: Polymer Letters **1**, 317 (1963); — EISENBERG, A., and E. ROVIRA: Polymer Letters **2**, 269 (1964); — WILLIAMSON, E.: Brit. Plastics **9**, 87 (1950); — LEWIS, A. F., u. J. K. GILLHAM: J. Appl. Polymer Sci. **6**, 422 (1962); — ILLERS, K. K.: Kolloid-Z. **160**, 16 (1963); Angew. Chemie **75**, 381 (1963); Theorie: KANIG, G.: Kolloid-Z. u. Z. Polymere **190**, 1 (1963).
61. GORDON, M., and J. S. TAYLOR: J. Appl. Chem. **2**, 493 (1952).
62. KANIG, G.: Kolloid-Z. u. Z. Polymere **190**, 1 (1963).
63. SPENCER, R. S., and F. R. BOYER: J. Appl. Phys. **16**, 594 (1945).
64. Mitteilung aus dem Kunststoff-Rohstoff-Laboratorium der IG-Farbenindustrie AG, Ludwigshafen. Kunststoff **28**, 171 (1938).
65. BY DARWIN, J. M., R. L. TICHENOR, and R. M. FUOSS: J. Am. Chem. Soc. **64**, 283 (1942); — ZHURKOV, S. N.: Compt. Rend. Acad. Sci. (UdSSR) **47**, 106, 475 (1945).
66. WÜRSTLIN, F.: Kolloid-Z. **105**, 9 (1943); — LEILICH, K.: Kolloid-Z. **99**, 107 (1942).

67. JONES, H.: Trans. Inst. Rubber Ind. **21**, 298 (1945/46).
68. FLORY, P. J.: Principles of polymer chemistry, S. 256. New York: Cornell University Press 1953; — KELLER, A.: Makromol. Chem. **34**, 1 (1959).
69. CARLIN, R. B., u. D. L. HUFFORD: J. Am. Chem. Soc. **72**, 4200 (1950); — SMETS, G., u. M. CLAESEN: J. Polymer Sci. **8**, 289 (1952).
70. WILHELM, H., u. G. FAULHABER: In: Ullmanns Encyclopädie der techn. Chemie, 3. Aufl., Bd. 14, S. 287. München: Urban & Schwarzenberg 1963.
71. SELKER, M. G. L., G. G. WINSPEAR, and A. R. KEMP: Ind. Eng. Chem. **34**, 157 (1942).
72. VERWEY, E. J. W., and J. TH. G. OVERBEEK: Theory of the stability of lyophobic colloid. Amsterdam: Elsevier 1948.
73. HAMAKER, H. C.: Physica **4**, 1058 (1937).
74. FITCH, R. N.: Offic. Digest Federation Soc. Paint Technol. **34**, 534 (1962).
75. JENCKEL, E., u. B. RUMBACH: Z. Electrochem. **55**, 612 (1951); — SIMHA, R., u. H. FRISCH: J. phys. Chem. **58**, 507 (1954).
76. MOONEY, M.: J. Colloid Sci. **6**, 162 (1951); — MARON, S. H.: J. Colloid Sci. **6**, 590 (1951).
77. LEVITSCH, W. G.: Ber. Akad. Wiss. UdSSR **103**, 453 (1955).
78. FLORY, P. J.: J. Chem. Phys. **10**, 51 (1942).
79. FISCHER, E. W.: Kolloid-Z. **160**, 120 (1958); — SCHULLER, H.: Kolloid-Z. **211**, Heft 1—2 116 (1966).
80. HENGSTENBERG, J., u. W. SLIWKA: In: Kunststoffe, Bd. 1, S. 826, (Chemie, Physik und Technologie der Kunststoffe in Einzeldarstellungen, Bd. 6.) Berlin-Göttingen-Heidelberg: Springer 1962.
81. LOGEMANN, H.: In: HOUBEN-WEYL: Methoden der org. Chemie — Makromolekulare Stoffe, Bd. 14/1, Teil 1, 4. Aufl., S. 474. Stuttgart: G. Thieme 1961.
82. DIGIOIA, F. A., u. R. E. NELSON: Ind. Eng. Chem. **45**, 745 (1953).
83. BARB, W. G., u. W. MIKUCKI: J. Polymer Sci. **37**, 499 (1959).
84. FIKENTSCHER, H., H. BURKERT, E. NEUFELD, K. KÜSPERT, u. E. PLÖTZ: DAS 1044408 (1957) BASF; DAS 1050058 (1957) BASF; DAS 1055239 (1957) BASF.
85. FRAZIER, CH., and J. H. FORTUNE, US 2868748 (1955) Cyanamid; — FIKENTSCHER, H. BUKERT, E. NEUFELD, E. PLÖTZ u. K. KÜSPERT: DAS 1044408 (1957) BASF; DAS 1050058 (1957) BASF; DAS 1055239 (1957) BASF; — POHLEMANN, H., u. D. BRÜNING: DAS 1218155 (1961) BASF.
86. WALKER, H. W.: J. Phys. Colloid Chem. **51**, 451 (1947).
87. FIKENTSCHER, H., H. GERRENS, u. H. SCHULLER: Angew. Chem. **72**, 863 (1960).
88. HELMHOLTZ, H.: Wiedemann's Annalen **7**, 537 (1879).
89. SMOLUCHOWSKI, M. VON: Z. Phys. Chem. **93**, 129 (1918).
90. DEBYE, P., u. E. HÜCKEL: Phys. Z. **25**, 49 (1924).
91. GOUY, G.: Compt. Rend. **149**, 654 (1909); J. Phys. (4) **9**,457 (1910); Ann. Phys. (9) **7**,129 (1917).
92. CHAPMAN, D. L.: Phil. Mag. (6) **25**, 475 (1913).
93. STERN, O.: Z. Elektrochem. **30**, 508 (1924).
94. GRAHAME, D. C.: Chem. Revs. **41**, 441 (1947).
95. VERWEY, E. J. W.: Proc. Koninkl. Nederl. Akad. Wetenschap. **53**, 376 (1950); — VERWEY, E. J. W., u. J. TH. G. OVERBEEK: Theory of the stability of lyophobic colloids, Vol. 50. Amsterdam: Elsevier Publ. Co., 1948; — LOEB, A. L., J. TH. G. OVERBEEK u. P. H. WIERSMA: In: The electrical double layer around a spherical colloid particle. Cambridge, Mass.: M. T. I. Press 1961.
96. HENRY, D. C.: Proc. Roy. Soc. (London) A **133**, 106 (1931).
97. BOOTH, F.: J. Chem. Phys. **19**, 1331 (1951).
98. PICKARD, W. F.: Kolloid-Z. **179**, 117 (1961).
99. HUNTER, R. J.: J. Phys. Chem. **66**, 1367 (1962).
100. LYKLEMA, J., u. J. TH. G. OVERBEEK: J. Colloid Sci. **16**, 501 (1961).
101. SCHENKEL, J. H., u. J. A. KITCHENER: Trans. Faraday Soc. **56**, 161 (1960).
102. ALBERS, W., u. J. TH. G. OVERBEEK: J. Colloid Sci. **15**, 489 (1960).
103. GILLESPIE, T., u. R. M. WILEY: J. Phys. Chem. **66**, 1077 (1962).
104. VERWEY, E. J. W.: Trans. Faraday Soc. **36**, 192 (1940).
105. VAN DEN TEMPEL, M.: Rec. Trav. Chim. **72**, 419 (1953).

106. RAUCH-PUNTIGAM, H., u. TH. VÖLKER: In: K. A. WOLF: Chemie, Physik und Technologie der Kunststoffe, Acryl- und Methacryl-Verbindungen, Bd. 9. Berlin-Heidelberg-New York: Springer 1967.
107. Carl Heymans Verlag KG, Köln.
108. ROBERTS, D. E.: J. Res. Natl. Bur. Std. **44**, 221 (1950); — TONG, L. K. J., u. W. O. KENYON: J. Am. Chem. Soc. **71**, 1925 (1949).
109. SCHILDKNECHT, C. E.: Vinyl and related polymers. New York: John Wiley & Sons 1952.
110. Jedermann-Verlag, Dr. O. Pfeffer, Heidelberg
111. Hauptverband der gewerblichen Berufsgenossenschaften e. V., Zentralstelle für Unfall-Verhütung, Bonn.
112. VDE-Verlag GmbH., Berlin-Charlottenburg 2.
113. Verlag-Chemie, Weinheim/Bergstraße.
114. HÖLSCHER, F., u. H. SCHILD: Publication Board Report, U. S. Office of Technical Services; — SCHILDKNECHT, C. E.: Vinyl and related polymers, p. 188. New York: John Wiley & Sons 1952.
115. JOHNSON, D. P., F. E. CRITCHFIELD, and L. G. HESS: Ind. Eng. Chem. **53**, 71 (1961); — JOHNSON, D. P., u. F. E. CRITCHFIELD: Anal. Chem. **33**, 910 (1961).
116. Ullmanns Encyclopädie der technischen Chemie, 3. Aufl., Bd. 14, S. 251. München: Urban & Schwarzenberg 1963.
117. MUSSO, H.: Angew. Chem. **75**, 965 (1963); — PENKETH, G. E.: J. Appl. Chem. **7**, 512 (1956); — INGOLD, K. U., u. J. A. HOWARD: Nature **195**, 280 (1962); — WATERS, W. A.: Progr. Org. Chem. **5**, 21 (1961); — HARTEL, H.: Chimia **19**, 116 (1965); — BARTLETT, P. D.: Angew. Chem. **67**, 45 (1955).
118. BOVEY, A. F., u. I. M. KOLTHOFF: Chem. Revs. **42**, 491 (1948); J. Polym. Sci. **5**, 569 (1950).
119. KERN, W.: Makromol. Chem. **1**, 199, 209, 249 (1947); — BARNES, C. E.: J. Am. Chem. Soc. **72**, 210 (1950).
120. BARTLETT, P. D.: Angew. Chem. **67**, 45 (1955); — J. C. BEVINGTON, N. A. GHANEM, and H. W. MELVILLE: Trans. Faraday Soc. **51**, 946 (1955); — SCHULZ, G. V., u. G. HENRICI: Makromol. Chem. **18/19**, 437 (1956).
121. TESSMAR, K.: In: HOUBEN-WEYL, Bd. 14, Teil I, S. 1039. Stuttgart: W. Thieme 1961.
122. BECK, F.: Badische Anilin- & Soda-Fabrik AG, 1963, unveröffentlicht.
123. OETTEL, H.: In: Ullmanns Encyclopädie der techn. Chemie, Bd. 14, S. 304. München: Urban & Schwarzenberg 1963; — OETTEL, H.: Die Berufsgenossenschaft, H. 2. Bielefeld: E. Schmidt, 1954 und Firmenschriften der Firmen Rohm & Haas Company, USA; American Cyanamid Comp., USA; Union Carbide and Carbon Chem. Comp., USA; DOW Chemical Comp., USA, DOW-Badische Chemical Comp. USA.
124. FISHER, C. H., W. C. MAST, C. E. REHBERG, and L. T. SMITH: Ind. Eng. Chem. **36**, 1032 (1944); — DIETZ, T. J., W. C. MAST, R. L. DEAN, and C. H. FISHER: Ind. Eng. Chem. **38**, 960 (1946).
125. AGGARWAL, S. L., u. F. A. LANG: J. Polymer Sci. **11**, 130 (1953); — FRANK, R. L., C. E. ADAMS, J. R. BLEGEN, and P. V. SMITH: Ind. Eng. Chem. **40**, 879 (1948); — RINNE, W. W., and J. E. ROSE: Ind. Eng. Chem. **40**, 1437 (1948).
126. FIKENTSCHER, H., A. STEINHOFER, H. SCHEUERMANN, K. WOLF u. G. HAGEN: DRP 947338 (1936) BASF; — BAUER, W.: DRP 733317 (1935) Röhm & Haas.
127. MÜLLER, E., u. H. HOLTSCHMITT: DAS 1002326 (1954) Bayer.
128. FP 1266016 (1960) Röhm & Haas.
129. WILHELM, H., E. PENNING, D. BRÜNING u. F. POSCHMANN: FP 1252325 (1960) BASF.
130. MÜLLER, E., K. DINGES u. W. GRAULICH: Makromol. Chem. **57**, 27 (1962).
131. WILHELM, H., G. LOUIS, G. LANGE, E. PENNING u. H. WEIDINGER: DBP 1115925 (1961) u. DBP 1136302 (1963) BASF.
132. MCBAIN, J. W.: In: KRAEMER, E. O.: Advances in Colloid Sci. Bd. 1, p. 124. New York: Interscience Publ. 1942; — KIESSIG, H.: Kolloid-Z. **98**, 213 (1942); — POLAND, D. C., and H. A. SCHERAGA: J. Phys. Chem. **69**, 2431 (1965); — POLAND, D. C., and H. A. SCHERAGA: J. Colloid Sci. **21**, 273 (1966); — MUKERJEE, P., u. A. RAY: J. Phys. Chem. **67**, 190 (1963).
133. VAN DER HOFF, B. M. E.: J. Polymer Sci. **44**, 240 (1960).
134. WHISTLER, R. L., u. J. N. BEMILLER: Industrial gums. New York: Academic Press 1959.

135. HARKINS, W. D.: J. Amer. Chem. Soc. **39**, 354, 541 (1917); **41**, 970 (1919); **42**, 700 (1920).
136. FIKENTSCHER, H., H. GERRENS u. H. SCHULLER: Angew. Chem. **72**, 856 (1960); — VAN DER HOFF, B. M. E. : In: GOULD, R. F.: Kinetics of emulsion polymerization. Advances in Chem. No. 34, p. 6. Washington: Am. Chem. Soc. 1962; — BECHER, P.: Emulsions, 2. Ed., p. 42. New York: Reinhold Publ. Corp. 1965.
137. HESS, K., W. PHILIPPOFF u. H. KIESING: Kolloid-Z. **88**, 40 (1939).
138. HERZFELD, S. H.: J. Phys. Chem. **56**, 953, 959 (1952); — SCHOLBERG, H. M., R. A. GUENTHNER u. R. I. COON: J. Phys. Chem. **57**, 923 (1953); — KLEVENS, H. B.: Anal. Chem. **22**, 1141 (1950).
139. Firmenschrift Rohm & Haas Company, Philadelphia/USA, Emulsion Polymerization of Acrylic Momoners, Sept. 1965; — Firmenschrift Cyanamid International, Wayne N. J./USA, 1960.
140. MCBAIN, J. W.: Advances in colloid science, p. 116. New York: Interscience Publ., 1942; — MCBAIN, M. E. L., and E. HUTCHINSON: Solubilization. New York: Academic Press 1955; — STAUFF, J.: Kolloid-Chemie, S. 568. Berlin-Göttingen-Heidelberg: Springer 1961.
141. — u. J. J. O'CONNOR: J. Am. Chem. Soc. **62**, 2855 (1940).
142. — u. P. H. RICHARDS: Ind. Eng. Chem. **38**, 642 (1946); — KLEVENS, H. B.: Chem. Revs. **47**, 1 (1950).
143. PETHICA, B.: Proc. Intern. Congr. Surface Activity **1**, 212, 3. Teil. Köln 1960.
144. HEIBERGER, P.: Offic. Dig. Federation Soc. Paint Technol. **29**, 100 (1957).
145. MAST, W. C., u. C. H. FISHER: Ind. Eng. Chem. **41**, 790 (1949).
146. NAIDUS, H.: Ind. Eng. Chem. **45**, 712 (1953); — ALEXANDER, A. E.: J. Oil Colour Chemists' Assoc. **45**, 12 (1962).
147. MCCOY, C. E.: Offic. Digest Federation Soc. Paint Technol. **35**, 327 (1963).
148. SAVINA, A. R., u. D. D. RITSON: AP 3061568, Okt. 1962. American Cyanamid Co.
149. SIRIANNI, A. F., u. R. D. COLEMAN: Can. J. Chem. **42**, 682 (1964).
150. BROWN, G. L.: Offic. Digest Federation Soc. Paint Technol. **28**, 456 (1956).
151. FIKENTSCHER, H., H. BURKERT, E. NEUFELD, E. PLÖTZ u. K. KÜSPERT: DAS 1044408 (1957) BASF; — FRAZIER, C., and J. H. FORTUNE: AP 2868748 (1959) American Cyanamid Co.; — BP 940366 (1963) Shell International Research Maatschappij N. V.; — MAXWELL, J.: BP 790070 (1958) Imperial Chemical Industries; — STRANGHAN, J. R. et ali. AP 3057812 (1962) Union Carbide Corp.; — KRAY, R. J., and C. A. DE FAZIO: AP 3080333 (1963) Celanese Corp. of America.
152. JÄCKEL, K.: BASF, unveröffentlicht.
153. STARK, W.: Kunststoffe **3**, 197 (1948).
154. SCHEWLJAKOV, A. S., u. K. S. MINSKEV: Kolloid-J. (russ.) **20**, 237 (1958).
155. GRIFFIN, W. C.: J. Soc. Cosmetic Chemists **1**, 311 (1949); **5**, 249 (1954); — GRETHAND, G. G., u. J. E. WILSON: J. Appl. Polym. Sci. **5**, 135 (1961).
156. BECHER, P.: J. Soc. Cosmetic Chemists **11**, 325 (1960); — BECHER, P., H. J. RANAUTO: J. Phys. Chem. **63**, 1681 (1959).
157. DAVIES, J. T.: Proc. International Congress Surface Activity, 2. Teil. London **1**, 426 (1957).
158. HUEBNER, V. R.: Anal. Chem. **34**, 488 (1962); — BECHER, P., u. R. L. BIRKMEIER: J. Am. Oil Chemists' Soc. **41**, 169 (1964).
159. BECHER, P.: J. Soc. Cosmetic Chemists **11**, 325 (1960).
160. FLORY, P. J.: Principles of polymer chemistry, p. 108. Ithaka, N. Y.: Cornell University Press 1953; — LEWIS, F. M., u. M. S. MATHESON: J. Am. Chem. Soc. **71**, 747 (1949).
161. PRICE, C. C., R. W. KELL u. E. KREBS: J. Am. Chem. Soc. **64**, 1103 (1941); — KERN, W., u. H. KÄMMERER: J. Prakt. Chem. **161**, 81 (1942); Makromol. Chem. **2**, 127 (1948); **6**, 216 (1951).
162. BACON, R. G. R.: Trans. Faraday Soc. **42**, 140 (1946); — BARB, W. G., J. H. BAXENDALE, P. GEORGE u. K. R. HARGRAVE: Trans. Faraday Soc. **47**, 462 (1951).
163. KATCHALSKY, A., u. G. BLAUER: Trans. Faraday Soc. **47**, 1360 (1951); — BAXENDALE, J. H.: Advan. Catalysis **4**, 31 (1952).
164. SMITH, W. V.: J. Am. Chem. Soc. **70**, 3695 (1948).
165. KOLTHOFF, I. M., u. I. K. MILLER: J. Am. Chem. Soc. **73**, 30, 55 (1951); — ORR, R. J., u. H. L. WILLIAMS: J. Am. Chem. Soc. **77**, 3715 (1955).
166. BAXENDALE, J. H., M. G. EVANS, and G. S. PARK: Trans. Faraday Soc. **42**, 155 (1946).
167. EVANS, M. G.: J. Chem. Soc. **1947**, 266.

168. Kolthoff, I. M., I. K. Miller, I. W. L. Fordham, and H. L. Williams: J. Am. Chem. Soc. **73**, 4855 (1951).
169. Bartlett, P. D., u. K. Nozaki: J. Polym. Sci. **3**, 216 (1948); — Kolthoff, I. M., R. R. O'Connor u. J. L. Hanson: J. Polym. Sci. **15**, 459 (1955).
170. Palit, S. R.: Makromol. Chem. **38**, 96 (1960); Kunststoffe **50**, 513 (1960); — Ghosh, P., S. C. Chadha, A. R. Mukkerjee u. S. R. Palit: J. Polymer Sci. A **2**, 4433 (1964).
171. Ghosh, P., S. C. Chandha u. S. R. Palit: J. Polymer Sci. A **2**, 4441 (1964).
172. Andersen, H. M., u. S. I. Proctor: Midwest Chemistry Conference, Kansas City/USA, Nov. 20 (1964).
173. Whitby, G. S., N. Wellman, F. W. Floutz, and H. L. Stephens: Ind. Eng. Chem. **42**, 445 (1950).
174. Bond, J., u. D. B. Hobson: J. Polymer Sci. A **1**, 2179, 2185 (1963).
175. Naarmann, H., u. E. G. Kastning: DAS 1176864 (1965) BASF.
176. Kastning, E. G., H. Naarmann, H. Reis u. Ch. Berding: Angew. Chem. **77**, 313 (1965).
177. Prince, A. K., u. R. D. Spitz: Ind. Eng. Chem. **52**, 235 (1960).
178. Flory, P. J.: J. Am. Chem. Soc. **59**, 241 (1937).
179. Mayo, F. R.: J. Am. Chem. Soc. **65**, 2324 (1943).
180. Walling, C.: Free radicals in solution, p. 150. New York: Wiley 1957.
181. Smith, W. V.: J. Am. Chem. Soc. **68**, 2059 (1946); — Kolthoff, I. M.: Anal. Chem. **21**, 963 (1949).
182. Harris, W. E., and I. M. Kolthoff: J. Polymer Sci. **2**, 82 (1947).
183. Flory, P. C.: Principles of polymer chemistry, p. 172. Ithaka, N. Y.: Cornell University Press 1953.
184. Gregg, R. A., u. F. R. Mayo: J. Am. Chem. Soc. **70**, 2373 (1948); — Breitenbach, J. W., u. A. Maschin: Z. Physik. Chem. A **187**, 175 (1940).
185. Fuhrmann, N., and R. B. Mesrobian: J. Am. Chem. Soc. **76**, 3281 (1954).
186. Gregg, R. A., D. M. Aldermann, and F. R. Mayo: J. Am. Chem. Soc. **70**, 3740 (1948).
187. O'Brien, J. L., and F. Gornick: J. Am. Chem. Soc. **77**, 4757 (1955).
188. Scott, G. P., and J. C. Huang: J. Org. Chem. **28**, 1314 (1963).
189. Scott, G. P., Chia Chu Soong, Wann-Sheng Huang, and J. L. Reynolds: J. Org. Chem. **29**, 83 (1964).
190. Walling, C.: J. Am. Chem. Soc. **70**, 2561 (1948).
191. Kolthoff, I. M., and W. E. Harries: J. Am. Chem. Soc. **67**, 1672 (1945); J. Polymer Sci. **2**, 41, 72, 78 (1949); — Fryling, C.: Ind. Eng. Chem. **40**, 928 (1948); — Frank, R. L., V. S. Smith, F. E. Woodward, W. B. Reynolds, and P. J. Canterino: J. Polymer Sci. **3**, 39 (1948); — May, D. R., and I. M. Kolthoff: J. Polymer Sci. **4**, 735 (1949); — Starkweather, H. W., P. O. Bare, A. S. Carter, F. B. Hill, U. R. Hurka, C. J. Mighton, P. A. Sanders, H. W. Walker, and M. A. Youker: Ind. Eng. Chem. **39**, 210 (1947).
192. Flockhart, B. D., and H. Graham: J. Colloid Sci. 8, 105 (1953); — Harkins, W. D., R. W. Mattoon, and M. L. Corrin: J. Am. Chem. Soc. **68**, 220 (1946); — Burcik, E. J.: J. Colloid Sci. 8, 520 (1953); — Howland, H. L., V. C. Neklutin, R. L. Provost, and F. A. Mauger: Ind. Eng. Chem. **45**, 1304 (1953).
193. Howland, L. H.: Ind. Eng. Chem. **44**, 762 (1952).
194. Klevens, H. B.: J. Am. Chem. Soc. **74**, 4624 (1952).
195. Stanton, G. W., and W. A. Henson: Ind. Eng. Chem. 38, 468 (1946).
196. Maron, S. H.: J. Am. Chem. Soc. **70**, 582 (1948).
197. Antlfinger, G. J., and N. H. Sherwood: High polymers, Vol. 10, p. 641. New York: Interscience Publ. Inc. 1956.
198. Lohmann, J.: Dissertation, Köln 1942; — Wintgen, R.: Kolloid-Z. **124**, 141 (1951); — Owen, J. J., C. T. Steele, and P. T. Parker: Ind. Eng. Chem. **39**, 110 (1947).
199. Johnson, P. H., and R. L. Bebb: J. Polymer Sci. **3**, 389 (1948); Ind. Eng. Chem. **41**, 1617 (1949).
200. Howland, L. H., V. C. Neklutin, R. L. Provost, and F. A. Mauger: Ind. Eng. Chem. **45**, 1304 (1953); Brown, H. P.: AP 2566821.
201. Becker, W., u. W. Wiesemann: F.I.A.T. 916.
202. Smith, W. V.: J. Am. Chem. Soc. **70**, 3695 (1948); **71**, 4077 (1949).
203. Bartholomé, E., H. Gerrens, R. Herbeck u. H. M. Weitz: Z. Elektrochemie **60**, 334 (1956).

204. Bovey, F. A., and I. M. Kolthoff: High polymers, Vol. 9, p. 199. New York: Interscience Publ. Inc., 1955.
205. Brown, R. M., u. C. A. Winkler: Can. J. Chem. **31**, 13 (1953).
206. Mooney, M.: Ind. Eng. Chem., Anal. Edit. **6**, 147 (1934).
207. Back, A. L.: Ind. Eng. Chem. **39**, 1339 (1947).
208. Medalia, A. F., and I. M. Kolthoff: J. Polymer Sci. **6**, 433 (1951); — Morton, M., and P. P. Salatiello: J. Polymer Sci. **6**, 225 (1951); — Morton, M.: Ind. Eng. Chem. **47**, 333 (1955).
209. Smith, W. F.: J. Am. Chem. Soc. **70**, 3695 (1948); **71**, 4077 (1949).
210. Kolthoff, I. M., u. W. E. Harris: J. Polymer Sci. **2**, 41, 49 (1947).
211. Kluchesky, E. F., u. L. B. Wakefield: Ind. Eng. Chem. **41**, 1768 (1949); Antlfinger, G. J., u. C. H. Lufter: Ind. Eng. Chem. **45**, 182 (1953).
212. Van der Hoff, B. M. E.: In: Gould, R. F.: Kinetics of emulsion polymerization, Advances in Chem. Series No. 34, 23. Washington: Am. Chem. Soc. 1962.
213. Fikentscher, H., H. Gerrens u. H. Schuller: Angew. Chem. **72**, 856 (1960).
214. Gilbert, R. D., and H. L. Williams: J. Am. Chem. Soc. **74**, 4114 (1952).
215. Johnson, P. H., and R. L. Bebb: Ind. Eng. Chem. **41**, 1577 (1949); — Beu, K. E., W. B. Reynolds, C. F. Fryling, and H. L. McMurry: J. Polymer Sci. **3**, 465 (1948).
216. Meyer, A. W.: Ind. Eng. Chem. **41**, 1570 (1949); — Condon, F. E.: J. Polymer Sci. **11**, 139 (1953); — Medalia, A. I.: J. Am. Chem. Soc. **75**, 4790 (1953).
217. Hampton, R. R.: Anal. Chem. **21**, 923 (1949).
218. Smith, H. S., H. G. Werner, J. C. Magidan u. L. H. Howland: Ind. Eng. Chem. **41**, 1584 (1949).
219. Bovey, F. A.: Emulsion polymerization, p. 354. New York: Interscience Publ. 1955.
220. Hohenstein, W. P., u. H. Mark: J. Polymer Sci. **1**, 549 (1946).
221. Starkweather, H. W., P. O. Bare, A. S. Carter, F. B. Hill, and U. E. Hurka: Ind. Eng. Chem. **39**, 210 (1947).
222. Mast, W. C., u. C. H. Fisher: Ind. Eng. Chem. **41**, 790 (1949).
223. Pinner, S. H.: J. Polymer Sci. **9**, 282 (1952); — Bovey, F. A.: J. Polymer Sci.: A **1**, 843 (1963).
224. Zimmt, W. S.: J. Appl. Polymer Sci. **1**, 323 (1959).
225. Williams, H. L.: In: High polymers, Vol. 10, p. 156. New York: Interscience Publ. Inc., 1956.
226. Ostorski, A. S., and R. R. Stambaugh: J. Appl. Phys. **21**, 478 (1950).
227. Maron, S. H., and B. P. Madow: J. Colloid Sci. **8**, 130 (1953); — Troyan, J. E.: Rubber Age **63**, 585 (1948).
228. Kolthoff, I. M., and W. E. Harris: J. Polymer Sci. **2**, 49 (1947).
229. Büche, W.: Z. Ver. Deut. Ing. 81, 1065 (1937); — Andersen, H. E.: Chem.-Ing. Techn. **35**, 825 (1963); — Church, J. M., u. R. Shinnar: Ind. Eng. Chem. **53**, 479 (1961); — Horn, F., u. U. Troltenier: Chem. Ing. Techn. **35**, 11 (1963).
230. Staudinger, H., u. W. Frost: Ber. Deut. Chem. Ges. **68**, 2351 (1935).
231. Fikentscher, H.: Angew. Chem. **51**, 433 (1938).
232. Herrle, K.: I.G.-Farbenindustrie-Bericht vom 29. 7. 1944.
233. Fikentscher, H., u. G. Hagen: I.G.-Farbenindustrie — Berichte vom 9.2. und 19. 4. 1938, 7. 2. 1939.
234. Hartley, G. W.: Aqueous solutions of paraffin chain salts. Paris: Hermann et Cie. 1936; — Hengstenberg, J.: I.G.-Farbenindustrie-Berichte vom 22. und 26. 2. 1938; — McBain, M. E. L., and E. Hutchinson: Solubilization and related phenomena. New York: Academic Press 1955.
235. Harkins, W. D.: J. Amer. Chem. Soc. **69**, 1428 (1947); J. Polymer Sci. **5**, 217 (1950); — Fryling, C. F., u. E. W. Harrington: Ind. Eng. Chem. **36**, 114 (1944); — Trommsdorff, E., H. Köhle u. P. Lagally: Makromol. Chem. **1**, 169 (1947); — Harkins, W. D.: J. Chem. Phys. **13**, 381 (1945).
236. Gerrens, H.: Ber. Bunsen-Ges. **67**, 741 (1963); — Bovey, F. A., I. M. Kolthoff, A. J. Medalia u. E. J. Meehan: Emulsion polymerization. New York: Interscience Publ. Inc. 1955; — Harkins, W. D.: The physical chemistry of surface films. New York: Reinhold Publ. Corp. 1952.
237. Jacobi, B.: Angew. Chem. **64**, 539 (1952).
238. Trommsdorff, E., H. Köhle u. P. Lagally: Makromol. Chem. **1**, 169 (1947); Norris, R. G. W., u. R. R. Smith: Nature **150**, 336 (1942); — Melville, H. W.: J. Polymer Sci. **11**, 299 (1953); — Gordon, M., u. B. M. Grievesan: J. Polymer Sci. **17**, 107 (1955).

239. Smith, W. V., u. R. H. Ewart: J. Chem. Phys. **16**, 592 (1948).
240. Haward, R. N.: J. Polymer Sci. **4**, 273 (1949).
241. Gerrens, H.: Z. Elektrochemie **60**, 400 (1956).
242. Roe, C. P., u. P. D. Brass: J. Polymer Sci. **24**, 401 (1957); — Morton, M., P. P. Salatiello u. H. Landfield, **8**, 111 (1952); — Zimmt, W. S.: J. Appl. Polymer Sci. **1**, 323 (1959); — Brodnyan, J. G., J. A. Cala, T. Konen u. E. L. Kelley: J.Colloid Sci. **18**, 73 (1963).
243. Gerrens, H., u. E. Köhnlein: Angew. Chem. **72**, 275 (1960).
244. Stockmayer, W. H.: J. Polymer Sci. **24**, 314 (1957).
245. Van der Hoff, B. M. E.: J. Polymer Sci. **33**, 487 (1958); Kinetics of emulsion polymerization. In: Gould, R. F.: Polymerization and polycondensation processes, Advances in Chem., Series No. 34. Washington: Am. Chem. Soc., 1962; — Gerrens, H.: Angew. Chem. **71**, 608 (1959).
246. Fikentscher, H.: Angew. Chem. **51**, 433 (1938); — Whitby, G. S., M. D. Gross, J. R. Miller u. A. J. Costanza: J. Polymer Sci. **16**, 549 (1955).
247. Van der Hoff, B. M. E.: J. Polymer Sci. **44**, 240 (1960).
248. Donell, J. T. O., R. B. Mesrobian, and A. E. Woodward: J. Polymer Sci. **28**, 171 (1958); — Schuller, H.: Vortrag III. Internat. Kongress für grenzflächen-aktive Stoffe, Köln, Sept. 1960.
249. Stark, W.: Kunststoffe **3**, 197 (1948).
250. Jäckel, K.: BASF, unveröffentlicht.
251. French, D. M.: J. Polymer Sci. **32**, 395 (1958).
252. Wall, F. T.: J. Am. Chem. Soc. **66**, 2050 (1944); — Jenckel, E.: Z. Physik. Chem. **A 190**, 24 (1942); — Mayo, F. R., and F. M. Lewis: J. Am. Chem. Soc. **66**, 1594 (1944); — Alfrey, T., Jr., and G. Goldfinger: J. Chem. Phys. **12**, 205 (1944).
253. Ham, G. E.: Copolymerization. New York: Interscience Publ. 1964.
254. Price, C. C.: Discuss. Faraday Soc. **2**, 304 (1947); J. Polymer Sci. **3**, 772 (1948).
255. — J. Polymer Sci. **1**, 83 (1946).
256. Alfrey, T., Jr., u. C. C. Price: J. Polymer Sci. **2**, 101 (1947).
257. — J. J. Bohrer, u. H. Mark: In: Copolymerization, High Polymer Series, Vol. 8. New York: Interscience 1952; — Ham, G. E.: Copolymerization. New York: Interscience 1964.
258. Schwan, T. C., u. C. C. Price: J. Polymer Sci. **40**, 457 (1959).
259. Sorensen, W. R., and W. Tod: In: Campbell: Präparative Methoden der Polymeren-Chemie. Weinheim: Verlag Chemie 1962; — Bovey, F. A.: Emulsion polymerization, High Polymers, Vol. 9. New York: Interscience Publ. 1955; — Schildknecht, C. E.: Polymer processes, High Polymers, Vol. 10. New York: Interscience Publ. 1956.
260. Houston, R. J.: Anal. Chem. **20**, 49 (1948).
261. Meehan, E. J.: J. Polymer Sci. **1**, 318 (1946); — Marvel, C. S., W. J. Bailey, and G. E. Inskeep: **1**, 275 (1946); — Hightower, J. W.: Chem. Eng. **55**, 100 (1948); — Reynolds, W. B.: J. Chem. Educ. **27**, 494 (1950); — Handley, E. T., and E. Glenn: C.I.O.S. Sammel-Mappe XII-21; — Naunton, W. J., G. L. Hammond, G. H. Perry, C.I.O.S. Sammelmappe XXXIII-19.
262. Laundrie, R. W., and R. F. McCann: Ind. Eng. Chem. **41**, 1568 (1949); **42**, 1439 (1950); **46**, 465 (1954); — Owen, J. J., C. T. Steele, and P. T. Parker: Ind. Eng. Chem. **39**, 110 (1947); — Bebb, R. L., E. L. Carr, and L. B. Wakefield: Ind. Eng. Chem. **44**, 724 (1952).
263. Feldon, M.: India Rubber World **128**, 51 (1953); — Howland, L. H.: Rubber Age **72**, 493 (1953); — Howland, L. H., V. C. Neklutin, R. L. Provost, and F. A. Mauger: Ind. Eng. Chem. **45**, 1304 (1953); — Miller, J. R.: **46**, 1065 (1954); — Becker, W., and W. Wiesemann: F.I.A.T. 916; — Shearon, W. H., J. P. McKenzie, and M. E. Samuels: Ind. Eng. Chem. **40**, 769 (1948); — Soday, F. J.: Trans. Am. Inst. Chem. Eng. **42**, 647 (1946); — Larson, M. W.: Trans. Am. Inst. Chem. Eng. **47**, 270 (1951); Francis, D. H., u. H. R. Sontag: Trans. Am. Inst. Chem. Eng. **45**, 402 (1949); — Mitchelson, J. B.: Chem. Eng. **57**, 102, 176 (1950); — Pryor, B. C., E. W. Harrington, and D. Druesedow: Ind. Eng. Chem. **45**, 1311 (1953); — B.I.O.S. Final Report No. 999 (1946).

264. Serven, E. J., u. R. R. Rhodes: Ind. Eng. Chem. **52**, 557 (1960); — Hoffmann, E. G., u. D. M. Calkus: **52**, 561 (1960); — Vetter, G.: Chem.-Ing. Technik **35**, 267 (1963).
265. Fisher, H. L.: Ind. Eng. Chem. **44**, 2309 (1952).
266. Büche, W.: BASF-Bericht: Über den Begriff der Verweilzeit bei Apparaturen der chemischen Industrie, 1944.
267. McMullin, R. B.: Trans. Am. Inst. Chem. Eng. **31**, 409 (1935); — Mason, D. R., u. E. L. Piret: Ind. Eng. Chem. **42**, 817 (1950).
268. Schoenemann, K.: Dechema-Monographien, Bd. **21**, 203 (1952).
269. Ham, A., u. H. S. Col: Chem. Met. Eng. **19**, 663 (1918); — Damköhler, G.: In: Euken-Jakob: Der Chemieingenieur, Bd. 3, 1. Teil, S. 367. Leipzig: Akadem. Verlagsgesellschaft 1937.
270. Langemann, H.: Chem. Ztg./Chem. App. **90**, 663 (1966).
271. FIAT Final Report No. 862 (1946), Bataafse Petroleum Mij., DBP 891746 (1950).
272. Fennebresque, J. D., C. C. Monrad, J. E. Troyan: C.I.O.S. No. XXII-22; — Handley, E., and E. Glenn: C.I.O.S. No. XXII-21; — Naunton, W. J. S., H. P. Staudinger, J. M. Buist, F. A. Jones, M. D. L. Alton, and J. Downing: B.I.O.S. 1779; — Handley, E., and E. Glenn: C.I.O.S. XXII-4; — Hopkins, R., W. C. Davey, and P. D. Patterson: C.I.O.S. XXII-7; — Patterson, P. D.: C.I.O.S. XIX-1; — Marvel, C.: F.I.A.T. 618; — Soday, F. J.: Trans. Am. Inst. Chem. Eng. **42**, 647 (1946); — Pahl, W. H.: Chem. Eng. Progr. **43**, 515 (1947); — Larson, M. W.: Trans. Am. Inst. Chem. Eng. **47**, 270 (1951); — Francis, D. H., and H. R. Sontag: Trans. Am. Inst. Chem. Eng. **45**, 402 (1949); — Pryor, B. C., E. W. Harrington, and D. Druesedow: Ind. Eng. Chem. **45**, 1311 (1953); — Fisher, H. L.: Ind. Eng. Chem. **44**, 2309 (1952).
273. Fikentscher, H., u. K. Herrle: BASF, Schweizer-Patent 295067 (1944).
274. Chem. Eng. **68**, 220 (1961).
275. Duck, E. W.: Chem. Ind. (London) **1963**, 1393.
276. Metallgesellschaft AG, Britisches Patent 382235 (1932).
277. Quasebarth, K. H.: US-Patent 2360445 (1944).
278. Howland, L. H., E. J. Aleska, R. W. Brown u. E. L. Borg: Rubber Plastic Age **42**, 868 (1961).
279. Steel, R. C., J. C. Blackwell u. P. J. Henry: Ind. Eng. Chem. **49**, 1835 (1957).
280. Luwa GmbH, Frankfurt/M. 1.
281. Gudheim, A. R.: Rubber age, S. 466. Petersham, Mass.: Kontro Co., Inc. 1960.
282. Schmidt, E., and R. H. Kelsey: Ind. Eng. Chem. **43**, 406 (1951).
283. Dowling, T. E.: Chem. Ing. **67**, 85 (1960); — Rahlfs, H.: Kunststoffe **57**, 15 (1967).
284. Cobler, J. G., u. E. P. Samuel: SPE Trans. **2**, 145 (1962).
285. Schmötzer, G., u. Cl. Miersch: Badische Anilin- & Soda-Fabrik AG, 1963, unveröffentlicht.
286. Cincotta, J. J., u. R. Feinland: Anal. Chem. **36**, 488 (1964).
287. Wilkinson, L. B., C. W. Norman u. J. P. Bueltner: Anal. Chem. **36**, 1759 (1964).
288. Cannon, M. R.: Ind. Eng. Chem. Anal. Ed. **16**, 708 (1944); — Riley, J., u. G. Seymour: Ind. Eng.Chem. Anal.Ed. **18**, 387 (1946); — Geist, J. M., u. M. R. Cannon: Ind. Eng. Chem. Anal. Ed. 18, 611 (1946).
289. ASTM Standards, Teil 5, S. 195. Philadelphia: American Society for Testing Materials, 1955.
290. Swindells, J. F., R. Ullman, and H. Mark: In: Weissberger: Technique of organic Chemistry, 3. Ed., Vol. 1, p. 701. New York: Interscience Publ. Inc. 1959.
291. Ladenburg, R.: Ann. Physik **22**, 287 (1907).
292. Couette, M.: Ann. Phys. Chim. (6) **21**, 433 (1890).
293. Wood, J. H., G. Catacolos, and S. V. Liebermann: J. Pharm. Sci. **52**, 296 (1963).
294. ASTM Standards D-562-55.
295. Maron, S. H., and I. M. Krieger: In: Eirich, F. R.: The rheology of latex, Vol. 3, Chap. 4. New York: Academic Press 1960.
296. Traube, J.: Liebigs Ann. Chem. **265**, 27 (1891); — Lottermoser, A., u. E. Schladitz: Kolloid-Z. **63**, 295 (1937).
297. Du Noüy, L.: J. Gen. Physiol. **1**, 521 (1919); — Zuidema, H. H., and G. W. Waters: Ind. Eng. Chem. Anal. Ed., **13**, 312 (1941).
298. Ewers, W. E., u. R. A. Sack: Austr. J. Chem. **7**, 40 (1954).

299. Wilson, R. E., u. E. D. Ries: Colloid Symposium Monograph, Vol. 1, p. 145. Baltimore: Williams & Wilkins 1923; — Criddle, D. W., and A. L. Meader: J. Appl. Phys. **26**, 838 (1955).
300. Tschoegl, N. W.: Kolloid-Z. **181**, 19 (1962).
301. Brown, W. E.: J. Appl. Phys. **18**, 273 (1949).
302. Stabenow, J.: BASF, interner Bericht vom 17. 10. 1963.
303. Kato, K.: Polymer Letters **4**, 35 (1966).
304. Bradford, E. B., u. J. W. Van der Hoff: J. Colloid Sci. **14**, 543 (1959).
305. Grasenick, F.: Proc. Eur. Reg. Conf. on Electron Microscopy, Delft (1960).
306. Stabenow, J.: BASF, interner Bericht vom 20. 10. 1965; — Keppler, H.-G., H. Wesslau u. J. Stabenow: Angew. Makromol. Chemie **2**, 1 (1968).
307. — BASF, Jahresbericht des Ammoniaklaboratoriums 1964.
308. Vanzo, E., R. M. Marchessault u. V. Stannet: J. Colloid Sci. **19**, 578 (1964); — Morganson, N. E.: J. Colloid Sci. Interface Sci. **23**, 605 (1967).
309. Mahl, K.: Kunststoffe **54**, 15 (1964).
310. Hartmann, R. E., T. G. Green, J. B. Bateman, C. A. Senseney u. G. H. Hess: J. Appl. Phys. **24**, 90 (1953).
311. Kleinschmidt, A.: Kolloid-Z. **142**, 74 (1955).
312. Bradford, E. B., J. W. Van der Hoff u. T. Alfrey Jr.: J. Colloid Sci. **11**, 135 (1956).
313. Bradford, E. B., u. J. W. Van der Hoff: J. Appl. Phys. **26**, 864 (1955).
314. Ennos, A. E.: J. Appl. Phys. **5**, 27 (1954).
315. Bradley, D. E.: Brit. J. Appl. Phys. **5**, 65 (1954).
316. Dowell, W. C. T.: Optik **21**, 47 (1964).
317. Oster, C. F., u. D. C. Skilleman: V. Intern. Congr. Electron Microscopy, Philadelphia, Vol. I, EE-3 (1962).
318. Bahr, G. F., u. E. Zeitler: Lab. Invest. **14**, 880 (1965).
319. Elbers, P. F., u. J. Pierers: Proc. 3. Europ. Reg. Conf. on Electron Microscopy, Prag, Vol. A, 123 (1964).
320. Backus, R. C., u. R. C. Williams: J. Appl. Phys. **20**, 224 (1949).
321. Maron, S. H., M. E. Elder, and J. N. Ulevitch: J. Colloid Sci. **9**, 89 (1954).
322. Cockbain, E. G.: Trans. Faraday Soc. **50**, 874 (1954).
323. McBain, J. W., and R. C. Swain: Proc. Roy. Soc. **A 154**, 608 (1936); **A 174**, 286 (1940); — Wilson, A., M. B. Epstein u. J. Ross: J. Colloid Sci. **12**, 345 (1957); — Haydon D. A., u. J. N. Philps: Trans. Faraday Soc. **54**, 698 (1958); — Flengas, S. N., u. E. K. Rideal: Trans. Faraday Soc. **55**, 339 (1959).
324. Sekhar, B. C.: J. Rub. Res. Inst. Malaya **16**, 93 (1960).
325. Lord Rayleigh: Proc. Roy. Soc. (London) **A 90**, 219 (1914).
326. Tabibian, R. M., W. Heller u. J. N. Epel: J. Colloid Sci. **11**, 195 (1956); — McEllison, J.: Nature **173**, 948 (1954); Brit. J. Appl. Phys., Suppl. **3**, 66 (1954).
327. Maron, S. H., P. E. Pierce, and M. E. Elder: J. Coll. Sci. **18**, 391 (1963); — Stavenson, A. F., W. Heller u. M. L. Wallach: J. Chem. Phys. **34**, 1789, 1796 (1961); — Gledhill, R. J.: J. Phys. Chem. **66**, 458 (1962); — Wales, M.: J. Phys. Chem. **66**, 1768 (1962).
328. Wesslau, H.: Makromol. Chem. **69**, 213 (1963).
329. Heller, W.: J. Chem. Phys. **14**, 565, 566 (1946); — Meehan, E. J.: J. Polym. Sci. **27**, 590 (1958); Kiani, S.: J. Colloid Sci. **15**, 287 (1960).
330. Blackley, D. C.: High polymer latices, Vol. 2, p. 495. London: MacLaren & Sons Ltd. 1966.
331. Wales, M.: J. Phys. Chem. **66**, 1768 (1962).
332. Wesslau, H.: Badische Anilin- & Soda-Fabrik AG., unveröffentlicht (1962).
333. Nisonoff, A., W. E. Messer u. L. H. Howland: Anal. Chem. **26**, 856 (1954).
334. Schmidt, E., and R. H. Kelsey: Ind. Eng. Chem. **43**, 406 (1951); — Schmidt, E., and P. H. Biddison: Rubber age 88, 484 (1960).
335. Abranson, H.: Electrokinetic phenomena. New York: Reinhold Publ. 1934; — Moore, D. H.: In: Weissberger, A.: Technique of organic chemistry, 2. Ed., Vol. 1, Sect. 2, p. 1685. New York: Interscience Publ. 1949.
336. Schuller, H.: BASF **1962**, unveröffentlicht.
337. Lyklema, J., u. J. Th. G. Overbeek: J. Colloid Sci. **16**, 501 (1961).

Autorenverzeichnis

Die kursiven Ziffern bezeichnen die Nummern der Literaturzitate

Sachverzeichnis

GPSR Compliance

The European Union's (EU) General Product Safety Regulation (GPSR) is a set of rules that requires consumer products to be safe and our obligations to ensure this.

If you have any concerns about our products, you can contact us on ProductSafety@springernature.com

In case Publisher is established outside the EU, the EU authorized representative is:

Springer Nature Customer Service Center GmbH
Europaplatz 3
69115 Heidelberg, Germany

Batch number: 10683525

Printed by Printforce, the Netherlands